生物學實驗
EXPERIMENTS IN BIOLOGY

諸亞儂　著

三民書局

國家圖書館出版品預行編目資料

生物學實驗／諸亞儂著. －－初版四刷.－－臺北
市：三民，2009
　　　面；　　公分
　　含索引
　　ISBN 978－957－14－1906－0　（精裝）

　　1.實驗生物學

360.34　　　　　　　　　　　　　　　81004225

© 生 物 學 實 驗

著作人	諸亞儂
發行人	劉振強
著作財產權人	三民書局股份有限公司 臺北市復興北路386號
發行所	三民書局股份有限公司 地址／臺北市復興北路386號 電話／(02)25006600 郵撥／0009998-5
印刷所	三民書局股份有限公司
門市部	復北店／臺北市復興北路386號 重南店／臺北市重慶南路一段61號

初版一刷　1992年9月
初版四刷　2009年2月
編　號　S 360041
行政院新聞局登記證局版臺業字第○二○○號

ISBN　978-957-14-1906-0　（精裝）

http://www.sanmin.com.tw　三民網路書店

序　言

　　拙著三民書局大專用生物學，自出版以來，承先進同好厚愛，時賜指教，不勝感荷！甚多教授並提出建議，希望能配合教本編撰實驗指導，以利教學。經反覆思忖，乃勉力嘗試。

　　本實驗指導配合拙著生物學，每章編列實驗一至三個（除極少數例外），共計實驗四十六個，足供壹學年教學之用。各實驗分前言及實驗設計兩部分，前言敍述與該實驗有關之內容，該等內容或爲拙著生物學中未曾討論者，或爲較簡略者，以避免與該書重複爲原則，俾兩者能收相輔相成之效。實驗設計包括目的、器材及步驟三項。器材一項，分列該實驗所使用之儀器及材料，並註明數量，俾便教師準備。涉及之儀器，在一般學校之設備，即足供使用。生物材料，以易於採集或市上能購得者爲原則，當無匱之之虞。步驟一項，將實驗方法逐條列出，學生於實驗前，宜先行預習，至實驗時，即可按步驟所列之順序逐條進行；如此則可省卻任課教師講解之勞，並容學生有充裕時間操作實驗，以收「從做中學習」之效。

　　本書之撰寫，其結構及內容未盡理想之處，尚祈學者專家不吝指正。

諸　亞　儂　謹序

民國八十一年八月於國立臺灣師範大學生物系

生 物 學 實 驗

目 次

序 言

實驗1-1 顯微鏡

甲、前 言

在某些情況下，人眼能觀察到很小的物體。例如在黑暗的室內，若有一道陽光射入，肉眼可以看到懸浮於這道光芒中的塵埃。這些塵埃顆粒，直徑僅 1μm。但是，在一般的光線下，100μm 以下的顆粒，肉眼便不能察見。許多生物的個體，常小於 100μm，因此就要使用顯微鏡來觀察。顯微鏡是學習和研究生物學的重要工具，其設計乃在擴大人們的視力範圍，協助人們觀察到肉眼所不能察見的物體。光學顯微鏡利用可見光以增加解像力 (resolving power)，電子顯微鏡 (electron microscope) 則利用電子 (electron) 而產生影像。目前使用的顯微鏡，有下列數種:

（一）**光學顯微鏡** (light microscope) 光學顯微鏡利用可見光作爲照明，受光波波長的限制，其放大倍率便有限。

（1）**複式顯微鏡** (compound microscope) 最佳的複式顯微鏡其放大倍率不超過1000×，解像力爲人眼的500倍（圖1-1-1）。一般學生用者，放大倍率爲100×至440×。複式顯微鏡皆利用穿透光，卽光線透過物體而入眼，因此，觀察的物體必須很薄，光線才能穿透；加之在光學顯微鏡下，物體呈現透明狀，所以觀察的物體，常需染色。通常顯微切片要利用切片機（microtome）（圖1-1-2），將標本切爲 $5\sim15\mu$m 之厚度，在切片以前，要先將標本固定、封蠟，然後才能用切片機將標本切成薄片。

（2）**位相差顯微鏡** (phase contrast microscope) 爲複式顯微鏡

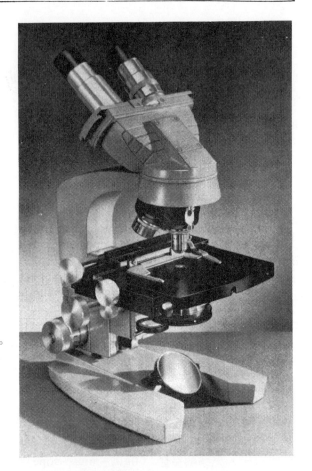

圖 1-1-1　較精密的複式顯微鏡。
（錄自： Biological Sciences
Curriculum Study, *Biological
Science, Student Laboratory
Guide*, 2nd ed., New York:
Harcourt, Brace & World.
1968. p. 12。）

圖 1-1-2　切片機。
（同圖1-1-1, p. 12。）

中構造較複雜者，這種顯微鏡，在光線通過物體的各部時，會改變光線的位相（phase），而使各部分呈現出對比的情形。 前述的複式顯微鏡觀察時，標本常要經過切片、染色等過程，如此則會將標本殺死。使用位相差顯微鏡時，則無需經過此等處理，因此，可以觀察到活細胞內的各種構造。在活細胞內的許多構造，通常都在移動並改變形狀、位置，這些情況，在位相差顯微鏡下，可以一覽無遺。

（3）**立體解剖顯微鏡**（stereoscopic dissecting microscope） 這種顯微鏡的放大倍率為 4× 至 40× 或更高， 其放大倍率雖不高，但可以觀察不透明的物體，因為光線是由物體表面反射入鏡，此與複式顯微鏡的光線穿透標本的情形不同。 解剖顯微鏡包含兩個目鏡、兩個物鏡（圖 1-1-3），使用時要兩眼同時觀察，觀察到的物像是正的而且有立體感，可以一邊觀察，一邊進行解剖或其他操作處理。

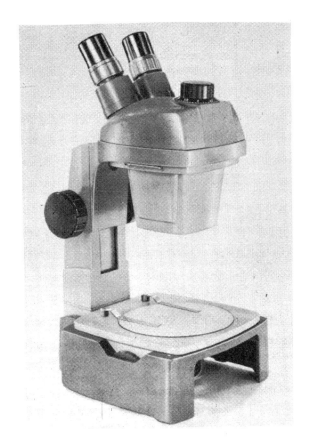

圖 1-1-3 立體解剖顯微鏡。
（同圖 1-1-1，p. 11。）

　　（二）**電子顯微鏡**（electron microscope）　由於光學顯微鏡受光本身性質的限制，因此，欲增加顯微鏡的解像力，就要利用較可見光波長爲短的電子產生影像，此爲電子顯微鏡的原理。

　　（1）**穿透式電子顯微鏡**（transmission electron microscope）1932年，兩位德國科學家利用電子束替代可見光製成顯微鏡，這種儀器乃稱爲電子顯微鏡。以後漸漸改進，至1950年代，穿透式電子顯微鏡（圖1-1-4）已成爲研究生物學的重要儀器；其解像力是人眼的 10,000 倍，

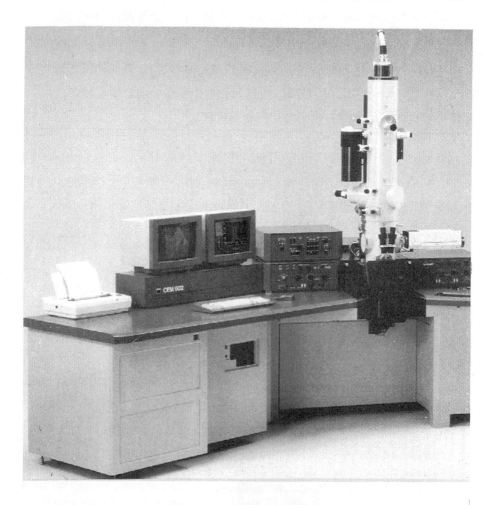

圖 1-1-4　穿透式電子顯微鏡

放大倍率達250,000倍或更多。電子束的波長為0.1～0.2nm。使用穿透式電子顯微鏡必須將標本切得非常薄（7.5～15nm），若厚度超過500nm（0.5μm）影像便模糊不清，無法觀察。

（2）**掃描電子顯微鏡**（scanning electron microscope）　掃描電子顯微鏡的電子束不穿過標本（圖 1-1-5），故標本無需經切片處理，而

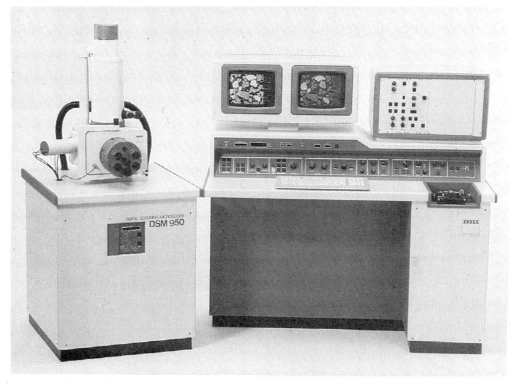

圖 1-1-5　掃描電子顯微鏡

代之以在標本的表面塗一薄層金，當電子撞擊至標本表面各點時，便產生次級電子，這些次級電子使標本表面呈現立體狀態，因此，可以觀察標本的形狀以及表面的特徵（圖 1-1-6），故與穿透式電子顯微鏡的效果不一樣（圖1-1-7）。

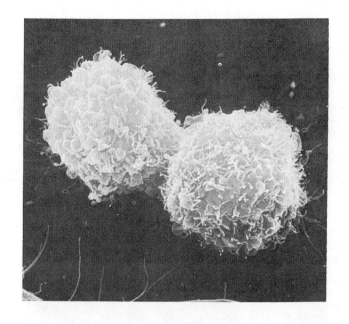

圖 1-1-6　掃描電子顯微鏡下正在分裂之淋巴球表面的
形態。(錄自：Claude A. Villee, Eldra Pearl Solo-
mon, P. William Davis, *Biology*, Holt-Saunders
International　Editions, 1985. p. 70。)

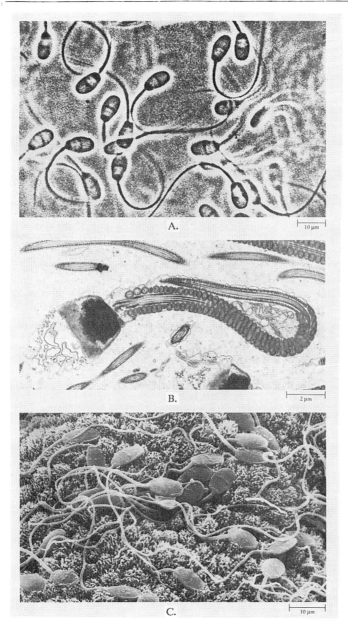

圖 1-1-7　不同種類的顯微鏡下兔之精子。A. 光學顯微鏡下。B. 穿透式電子顯微鏡下。C. 掃描電子顯微鏡下。（錄自：Helena　Curtis, *Biology*, 4th ed., New York: Worth, 1985. p. 91。）

乙、實驗設計

目　的

顯微鏡是學習、研究生物學的重要儀器。本實驗的目的在了解複式

顯微鏡的構造，並熟悉其使用方法。

器　材

複式顯微鏡	1臺
載玻片	1片
蓋玻片	1片
拭鏡紙	1張
軟木塞	1個（全班合用）
刀　片（單面鋒利）	1片
拭鏡軟布	1塊

步　驟

（一）顯微鏡的構造

1. 將顯微鏡自鏡箱中取出，注意取拿顯微鏡時，必須一手握鏡臂，一手托鏡座，切勿傾斜，以免目鏡自鏡筒滑出。將顯微鏡輕輕放在實驗桌上，將鏡臂靠身，鏡座離桌緣約數吋。

2. 依照圖 1-1-8 認識顯微鏡的各部，熟記各部名稱並了解其用途。

3. 轉動旋轉盤，使低倍物鏡位於鏡筒下方。

4. 調整反射鏡（使用平的一面，勿使陽光直射反射鏡）。從目鏡觀察，至能察見光線自鏡臺的小孔向上反射，光度不宜太亮。

5. 調節光圈，仍從目鏡觀察，使顯微鏡的圓形視野光線均勻。

6. 假若目鏡或物鏡染有塵埃或模糊不清，必須用拭鏡紙擦拭，切勿使用其他紙張或軟布，以免損傷鏡片。顯微鏡其他各部，在使用前用軟布擦拭清潔。

（二）玻片標本的製備

1. 將載玻片及蓋玻片用軟布擦拭乾淨，手持玻片邊緣(圖1-1-9)，勿觸及玻片表面，以免污染。

2. 切取軟木一小片，切取時，將軟木塞置玻璃板上，用單面的鋒利刀片斜置軟木塞上方，輕輕切下（圖1-1-10）。注意，軟木片必須很

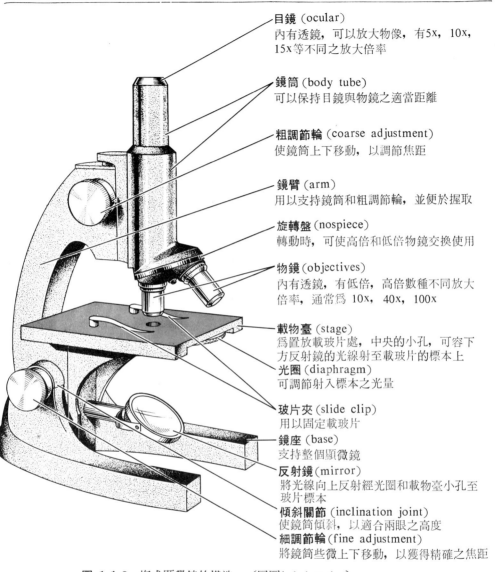

目鏡 (ocular)
內有透鏡，可以放大物像，有5x，10x，15x等不同之放大倍率

鏡筒 (body tube)
可以保持目鏡與物鏡之適當距離

粗調節輪 (coarse adjustment)
使鏡筒上下移動，以調節焦距

鏡臂 (arm)
用以支持鏡筒和粗調節輪，並便於握取

旋轉盤 (nospiece)
轉動時，可使高倍和低倍物鏡交換使用

物鏡 (objectives)
內有透鏡，有低倍，高倍數種不同放大倍率，通常為 10x，40x，100x

載物臺 (stage)
為置放載玻片處，中央的小孔，可容下方反射鏡的光線射至載玻片的標本上

光圈 (diaphragm)
可調節射入標本之光量

玻片夾 (slide clip)
用以固定載玻片

鏡座 (base)
支持整個顯微鏡

反射鏡 (mirror)
將光線向上反射經光圈和載物臺小孔至玻片標本

傾斜關節 (inclination joint)
使鏡筒傾斜，以適合兩眼之高度

細調節輪 (fine adjustment)
將鏡筒些微上下移動，以獲得精確之焦距

圖 1-1-8 複式顯微鏡的構造。（同圖1-1-1, p. 4。）

圖 1-1-9 載玻片和蓋玻片的拿法。（同圖 1-1-1, p. 5。）

薄，始能清晰觀察。

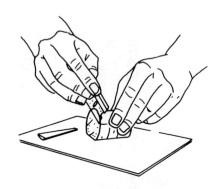

圖1-1-10　徒手切取軟木片的方法。
（同圖 1-1-1, p. 24。）

　　3. 將小片軟木置載玻片上，加水一滴，加放蓋玻片。注意加蓋玻
片時，必須如圖 1-1-11，先將蓋玻片的一邊與載玻片表面作 45° 的接
觸，再慢慢將蓋玻片放下，才不致產生氣泡。

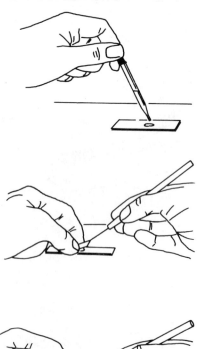

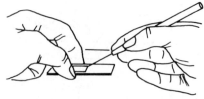

圖1-1-11　玻片標本的製作法。
（同圖 1-1-1, p. 6。）

（三）觀察軟木的木栓細胞

1. 將製就之軟木玻片標本置載物臺上，使軟木片正對載物臺之小孔。

2. 轉動旋轉盤，使低倍物鏡位於鏡筒下方。

3. 轉動粗調節輪，使鏡筒下降至接近玻片，但不能觸及玻片。

4. 左眼自目鏡觀察，觀察時要兩眼同時睜開。

5. 慢慢轉動粗調節輪，使鏡筒漸漸上升，至一定距離，影像便會顯現。注意鏡檢時，切勿將鏡筒往下降，以免物鏡觸及玻片而損及鏡片及標本。

6. 如欲較高放大倍率時，則轉動旋轉盤，使高倍物鏡位於鏡筒下方。使用高倍鏡時，務必轉動細調節輪，物鏡才會移動至適宜的焦距。

7. 觀察到的木栓細胞，具有何種構造？細胞是活的還是死的？

8. 將玻片向左移動，視野中的細胞向那一邊移動？

9. 將玻片向後移動，影像向那一方向移動？

10. 複式顯微鏡下的像是正的還是倒的？

實驗1-2　生物來自生物

甲、前　　言

　　生物係由親代經生殖作用產生，但是細菌和病毒等微生物是否也由親代所生？這一問題生物學家經過長時間的爭論，直到十九世紀末葉，始獲得結論，卽微生物亦是由親代繁殖而來。生物必須由親代產生的說法，稱謂生源說 (biogenesis)，生物可以由無生物產生的假說，叫做無生源說 (abiogenesis)，亦稱自然發生說 (spontaneous generation)。

　　生源說與無生源說的爭論　希臘哲學家亞里斯多德 （384BC～332BC）深信大多數魚類是由魚卵孵化而來，但也有若干種魚如鰻，可自泥土中自然發生。這一構想雖不正確，但當時這種觀念，對以後的生物學發展，卻有很大的影響。兩千年後，生物學家仍舊深信生物可以自然發生。例如，范赫蒙 (Jean-Baptist van Helmont) 曾於1625年著書，謂米粒與髒衣服置於缽中，可以產生鼠。其他生物學家，也觀察到腐肉生蛆的現象。因此，他們對無生源說堅信不疑。

　　但當時有一位生物學家瑞廸 (Francesco Redi, 1626～1697) 則持不同的看法。他認為腐肉生蛆的說法，並無可靠的根據，於是決定要以實驗方法來求取答案。他將死蛇置於盒內，任其腐爛，第三天卽有蛆出現，至第九天，一部分蛆漸漸停止活動，縮成一個小球，該小球很像蝶的幼蟲形成的蛹。再過八天，小球破裂而爬出蠅來。他認為出現於腐肉上的蛆可能是蠅的幼蟲，並非由腐肉自然發生。於是，他又再設計實驗，將魚肉放在瓶內，瓶口用細網封閉，瓶外再罩以紗罩，故瓶內的空氣可以流通，但又可防蠅污染魚肉。結果，瓶內的魚肉雖腐，但卻不生

蛆。根據實驗結果，瑞迪乃提出：任何生物在地球上一經出現，就必須由親代繁殖而來，絕不可能自然發生。

微生物與自然發生 經由瑞迪以及其他生物學家的努力，終於推翻了無生源說。但是在雷文霍克 (Leeuwenhoek, 1632～1723) 發明顯微鏡觀察到了微生物以後，有關這些微生物的來源問題，使生源說與無生源說之爭又起。主張無生源說者認為較大的動物如鼠、蛆等，是由親代所生，但是，微生物則可自然發生。兩派學者，對微生物的來源，爭論了將近三百年之久。

這兩派學者的論戰，大都採用同樣的實驗方式，那就是觀察枯草浸液中有無微生物出現，進而推斷其由來。他們將枯草浸液置於玻璃瓶內，瓶口敞開，任浸液暴露於空氣中。數天後，浸液卽變混濁，若作顯微鏡檢查，便可觀察到無數微生物充斥其間。

雙方對微生物的出現，持不同的看法，無生源說者認為微生物必定是在浸液冷卻後，自枯草和水中自然發生。生源說者則認為空氣中含有微生物的孢子，孢子呈休眠狀態，一旦有機會進入富有營養的枯草浸液，便會恢復活力而大事繁殖。此一推論，於 1711 年由喬伯羅 (Louis Joblot) 用實驗獲得證明。他取兩瓶枯草浸液，一瓶用牛皮紙密封瓶口，另一瓶的瓶口敞開。數日後，未封口的一瓶卽呈現混濁，內含無數微生物。封口的一瓶，瓶內液體仍保持清澈，雖放置更久，亦無微生物出現。這一現象，可用「空氣中含有微生物的孢子」來解釋。

於是，兩派學者，分別提出實驗，各自證明自己的假設是正確的，其中尤以蒲歇 (Pouchet) 與巴斯德 (Louis Pasteur) 的爭辯最為激烈。蒲歇設法製達純潔的空氣，以避免空氣中有微生物的孢子，並自製純水。用純水與枯草煮沸，結果浸液內仍有微生物出現。因而得到結論：微生物是自然發生的。巴斯德用酵母菌和糖製成浸液，若細心防止空氣與浸液接觸，就不會有微生物出現。

1864年6月22日，巴斯德在法國科學院的審斷委員前，進行實驗。他携帶六十瓶經煮沸的酵母糖溶液，其中五十六瓶密封分成三組：

第一組十九瓶在委員會的會議廳打開再行封閉。

第二組十九瓶在會議廳近穹頂的高處打開再封閉。

第三組十八瓶在大樓外打開再行封閉。

因為室內空氣中的塵埃少，所以污染機會少。實驗結果，第一組中有五瓶（26％）、第二組六瓶（32％）、第三組十六瓶（89％）發生微生物。其餘各瓶的浸液，仍保持純淨，這種沒有微生物出現的結果，可以說是否定自然發生的證據。

餘下的四瓶，巴氏將瓶頸改製成彎曲細長的鵝頸，瓶頸末端任其敞開，再將浸液煮沸，使浸液的蒸氣，升至瓶頸以殺死頸管內可能有之微生物。燒瓶冷卻後，雖長久暴於空氣中，但仍無微生物出現，因為彎曲細長的瓶頸，可以阻擋隨空氣進入之塵埃。得保持空氣之純淨。

蒲歇則拒絕在委員面前進行實驗。法國科學院的委員面對巴斯德的實驗證據，乃裁決巴斯德獲勝。於是，　生源說與無生源說之爭遂告結束。

乙、實驗設計

目　的

自然發生說認為生物可以由無生物產生，這一學說，在當時廣被大家所接受。但是雷迪、巴斯德等用實驗證明生物必須來自生物，從而推翻了自然發生說。本實驗在重複巴斯德的實驗，並學習如何用熱殺死微生物，藉以了解這些微生物亦必須由親代產生。

器　材

（一）

顯微鏡	1 架
載玻片	6 片
蓋玻片	6 片
250ml 錐形瓶	6 個

瓶　塞	4個（兩個鑽孔，兩個不鑽孔）
10公分長直玻璃管	1枝
Ｓ形彎玻璃管	1枝
乳頭吸管	6個
滅菌器或壓力鍋	全班合用
鋁　箔	酌量
營養肉湯（nutrient broth）	1000ml

（二）

池　水	酌量
枯　草	約20段，每段長3公分
試　管	5支
試管塞	5個
試管架	1個
溫度計	1個
1000ml 燒杯	1個
滅菌器或壓力鍋	1臺（全班合用）
顯微鏡	1架
載玻片	6片
蓋玻片	6片
乳頭吸管	6支

步　驟

（一）重覆巴斯德實驗

1. 取六個錐形瓶，用防水筆標註A至F，A與B敞開，C，D，E，F加瓶塞，其中E之瓶塞插入直玻璃管，F之瓶塞插入S形管，如圖1-2-1。

2. 將營養肉湯（nutrient broth）1000ml 分裝於六個錐形瓶內。

3. 將錐形瓶C，D，E及F之瓶口用鋁箔包起。

4. 將六個錐形瓶及D，E，F之瓶塞，置於滅菌器或壓力鍋內，

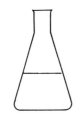

A. 未消毒，敞開   B. 未消毒，加蓋瓶塞

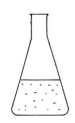
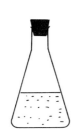

C. 消毒，敞開   D. 消毒，加蓋瓶塞   E. 消毒，瓶塞插   F. 消毒，瓶塞插
                                   入直玻璃管   入S形彎管

圖 **1-2-1** 錐形瓶A～F的裝置。（錄自: James H. Otto, Albert Towle, W. David Otto, *Biology Investigations*, Teacher's Edition, New York: Holt. 1981. p. 14。）

在 15 lb 壓力下消毒15分鐘。

5. 消毒後，待錐形瓶及瓶塞在消毒器內冷卻，除去鋁箔，將C，D，E，F加蓋瓶塞。

6. 將所有錐形瓶置入溫箱中，溫度為 35°～37°C，歷經72小時。

7. 用6支清潔的乳頭吸管，分別自錐形瓶中吸取營養肉湯，置一滴於載玻片上，加放蓋玻片。

8. 將載玻片置於顯微鏡下，先用低倍，再換高倍檢視，若觀察到移動的小物體，便是微生物。這些微生物，有時需將顯微鏡的光圈調小些，使光線變暗始能觀察到。

9. 六個錐形瓶中，那些有微生物，那些沒有，何故?

（二）滅菌消毒

1. 用乳頭吸管吸取池水一滴，置載玻片上，加放蓋玻片，在顯微鏡下觀察，應可看到微生物，包括原生動物、藻類及其他。

2. 將含有微生物的池水，分裝於五支試管中，至試管之一半高度。

3. 在試管中加入 5 或 6 根長約 2 公分之枯草。

4. 將試管用防水筆分別標註 H, H-1, H-2, H-3和H-4。

5. H試管置於室溫下。

6. 其他試管加熱處理。

7. 大燒杯中置水約七分滿，加溫至71°C，將H-1試管置燒杯中，用溫度計測量試管中的水溫，至池水溫度達 71°C，至少15秒鐘後，取出試管，加放試管塞。（此爲消毒牛奶之溫度及時間）

8. 燒杯中的水加熱至沸點，將H-2試管放入沸水中，直至管中的水沸騰，取出試管，加放試管塞。

9. 將H-3試管放入燒杯的沸水中，經十分鐘後取出，加放試管塞。

10. 將H-4 試管置滅菌器或壓力鍋中，在 15 lb 壓力下經15分鐘取出，加放試管塞。

11. 將所有試管置於試管架上，經一星期或稍久後，再行觀察。

12. 用五支清潔的乳頭吸管，分別吸取試管中的池水，置載玻片上，加放蓋玻片。

13. 將載玻片置顯微鏡下檢視，先用低倍，再換高倍。

14. 那些試管中有生物，那些沒有，何故?

15. 設置試管H，是何意義?

16. 用熱消毒，根據實驗結果推測，何者最佳?

實驗2-1　構成生物體的有機物

甲、前　言

　　生物體內，70~80%是水分，構成生物體的元素，最多者是碳、氫和氧。許多氫與氧結合而成水，但也有相當可觀的氫和氧則與碳結合。碳是生物體內最重要的構造元素。碳原子能與多達四個的其他碳原子或他種元素形成共價鍵。在細胞內，碳原子彼此連結成鏈狀或環狀（圖2-1-1），以這些碳原子為骨架，再分別與其他元素相結合，形成不同

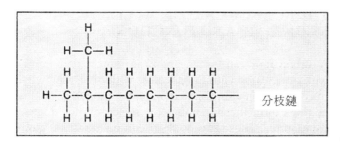

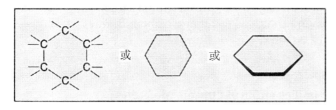

圖 2-1-1　碳原子連結成鏈狀或環狀。（錄自: Cecie Starr, Ralph Taggart, *Biology*, 5th ed., Wadsworth. 1989. p. 50。）

的化合物；細胞內的含碳化合物，稱為有機物 (organic compound)，

以與無機物 (inorganic compound) 如水和二氧化碳等相區別，這些無機物皆不含碳鏈或碳環。

有機物中所含碳原子的數目，若是不超過二十個，稱為小分子有機物。小分子有機物包括單糖、脂肪酸、胺基酸和核苷酸四大類，這些物質是細胞內能量的來源，或是作為合成大分子 (macromolecule) 的單位（圖2-1-2）。細胞內主要的大分子有機物為多糖、脂質、蛋白質和

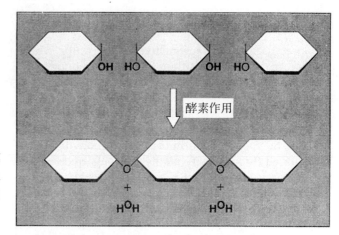

圖 2-1-2　由三個單體結合而成一大分子的聚合體，兩個次單位結合時會釋出一分子水。（同圖 2-1-1, p. 51。）

核酸。茲將這些大分子物質分述於下：

（一）醣 (carbohydrate)　醣類包括單糖、雙糖及多糖。幾乎所有真核細胞皆直接或間接以醣類作為能量的來源。醣是糖的單體 (monomer) 或聚合體(polymer)，含有碳、氫、氧三種元素、比例為1:2:1 的化合物，即有一個碳原子時，必有兩個氫原子和一個氧原子同時存在；因此，醣的成分為 $(CH_2O)_n$，n 等於或大於三。換言之，醣類中最小分子者是三碳化合物。

（1）單糖 (monosaccharide)　最簡單的糖是單糖。單糖是糖的單體，典型的單糖含有 3 ～ 7 個碳原子。在已知的二百種單糖中，最常見者是含有五個或更多碳而形成環狀者。例如核糖與去氧核糖，皆有五個碳原子，兩者是核酸中的成分。葡萄糖 (glucose) 和果糖 (fructose) 含有六個碳原子，是最普遍的單糖。

葡萄糖與果糖的分子式相同，皆為 $C_6H_{12}O$，但其構造及性質則不

一樣。兩者在構造上是異構體 (isomer)，即含有同種類及同數目的原子，但是原子的連接方式則有差異（圖 2-1-3）。

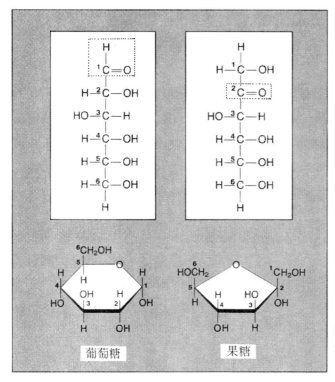

圖 **2-1-3** 葡萄糖與果糖的原子連接方式。（同圖2-1-1, p. 52。）

（2）**雙糖** (disaccharide) 單糖含有游離的羥基 (hydroxyl group)，利用此羥基可與另一單糖相結合，由兩個分子的單糖結合乃形成

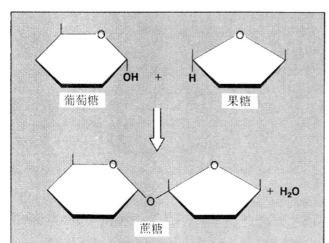

圖 **2-1-4** 兩分子單糖（葡萄糖、果糖）結合成雙糖（蔗糖）。（同圖 2-1-1, p. 52。）

雙糖（圖 2-1-4）。最常見的雙糖是蔗糖（sucrose），蔗糖含有一分子葡萄糖和一分子果糖。哺乳動物乳汁中所含的乳糖（lactose），亦爲雙糖，係由一分子葡萄糖和一分子半乳糖（galactose）形成。麥芽糖（maltose）常見於萌芽中的種子，係由二分子葡萄糖形成。單糖和雙糖皆爲水溶性，且有甜味。

（3）**多糖**（polysaccharide）　由兩個以上的單糖分子結合一起乃形成多糖。有的多糖是由多個相同的單糖構成，有的則含有兩種或兩種以上不同的單糖。澱粉、纖維素和肝糖，皆爲多糖，三者都是由多分子的葡萄糖組成。陸生植物常儲有豐富的澱粉（starch）和纖維素（cellulose），澱粉和纖維素雖然都是由葡萄糖結合而成（圖2-1-5）（圖2-1-6），

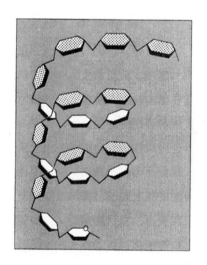

圖 2-1-5　由葡萄糖結合成澱粉，左邊方塊中爲呈螺旋狀之直鏈澱粉。（同圖2-1-1, p. 53。）

但兩者的性質不同。植物細胞內的澱粉常呈大型的顆粒，稱澱粉粒。澱粉粒能迅速水解爲單糖而供代謝。相反的，纖維素則強靭、呈纖維狀、不溶於水。

動物組織（如肌肉及肝）和菌類所儲藏的多糖則爲肝糖，肝糖的碳鏈有甚多分枝（圖 2-1-7）。幾丁質（chitin）尚含有氮，故稱爲變相的多糖。幾丁質是昆蟲、甲殼類（如蝦、蟹）等外骨骼的主要成分，亦含於菌類的細胞壁中。

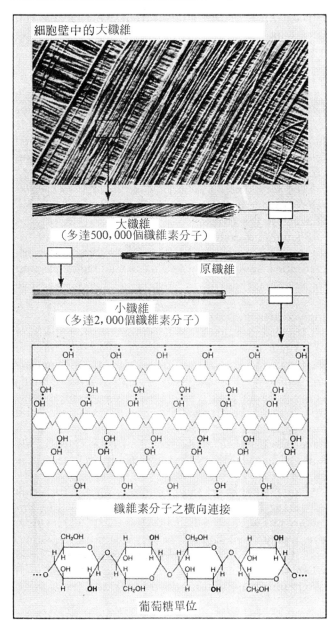

細胞壁中的大纖維

大纖維
（多達 500,000 個纖維素分子）

原纖維

小纖維
（多達 2,000 個纖維素分子）

纖維素分子之橫向連接

葡萄糖單位

圖 2-1-6　纖維素的構造，纖維素由葡萄糖構成，相鄰的纖維素分子相接而成小纖維，小纖維扭轉而成原纖維（fibril），有時原纖維又再形成大纖維。（同圖 2-1-1, p. 53。）

　　澱粉和肝糖具有調節單糖含量的功用，當細胞的呼吸作用增強時，單糖便因消耗多而減少，於是，多糖便分解而予以補充；反之，當體內單糖含量高時，便將之合成多糖。例如人們飯後血液中的葡萄糖（稱爲血糖）增高，此時，便使之合成肝糖，儲存於肝或肌肉細胞中。當血液

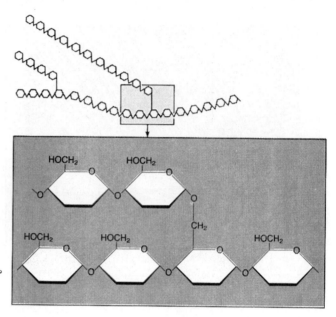

圖 **2-1-7** 肝糖的分枝狀構造。
(同圖 2-1-1, p. 53。)

中葡萄糖含量降低時，便促使肝細胞中的肝糖分解而予以補充。

（二）**脂質** (lipid) 脂質是碳—氫化合物，由碳與氫組成長碳氫鏈 (hydrocarbon chain) 或形成苯環 (benzene ring)。 脂質不溶於水，但溶於非極性溶劑如乙醚 (ether)、氯仿 (chloroform) 中。 有的脂質其功用是儲藏和運輸能量，有的則是構成細胞中各種膜的成分。

（1）**含有脂肪酸的脂質** 脂肪酸 (fatty acid) 為一長而不分枝的碳氫鏈，末端有一羧基(−COOH)。甘油脂 (glycerol) 和磷脂 (phospholipid) 皆為含有脂肪酸的脂質。 (i) 甘油脂 (glycerol) 是體內最多的脂質，也是能量的最大來源。含有一、二或三個脂肪酸分子，一分子甘油 (glycerol) 與三分子脂肪酸結合而成甘油三脂 (triglyceride) （圖2-1-8）。動植物體內儲藏的脂質皆為甘油三脂；甘油三脂在室溫時呈固體者稱為脂肪 (fat)， 呈液體者稱為油 (oil)。 奶油及其他動物脂肪皆為飽和脂肪酸 (satuated fatty acid)，玉米油、大豆油及其他植物油為不飽和脂肪酸(unsatuated fatty acid)，前者在碳原子間僅有單個共價鍵， 後者則有一或多個雙共價鍵 （圖 2-1-9）。(ii) 磷脂 (phos-

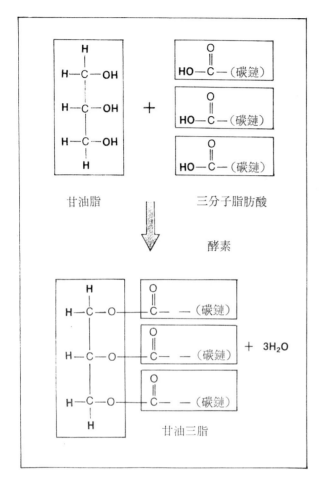

圖 **2-1-8**　甘油三脂（脂肪的一種）的形成。（同圖2-1-1, p. 54。）

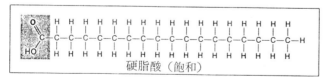

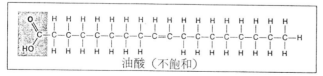

圖 **2-1-9**　飽和與不飽和脂肪酸的構造式。（同圖2-1-1, p. 54。）

pholipid）含有一分子甘油、二分子脂肪酸和一分子磷酸（phosphate）。

動植物細胞的各種膜，皆富含磷脂。

　　(2) 不含脂肪酸的脂質　不含脂肪酸的脂質遠較含脂肪酸者少，但他們是細胞內各種膜的主要成分，同時在調節細胞的代謝方面擔負著重要任務。類固醇（steroid）和稀松油（terpene）皆為不含脂肪酸的脂質，膽固醇（cholesterol）是動物組織中最普遍的類固醇，除了是細胞

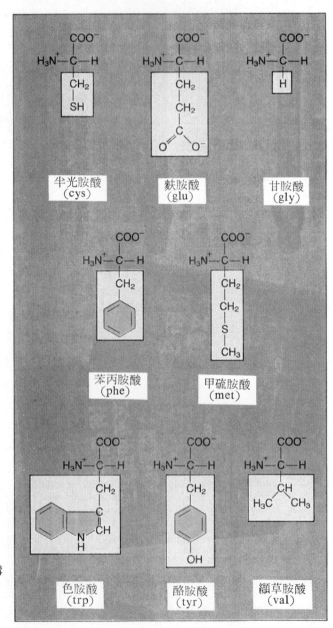

圖2-1-10　八種常見胺基酸的構造式。（同圖 2-1-10, p. 56。）

膜的成分外，其分子可以重新排列而形成性激素 (sex hormone)、膽酸 (bile acid) 等物質。 植物組織不含膽固醇， 其類固醇稱爲植物固醇 (phytosterol)。

　　（三）**蛋白質** (protein)　 蛋白質除含有碳、 氫、 氧以外， 尚有氮， 通常還含有磷。 在所有生物體內的有機物中， 蛋白質是種類最多者。 各種酵素皆爲蛋白質， 有的蛋白質是激素， 有的蛋白質是運輸分子， 如血紅素。 有的蛋白質則屬構造蛋白質， 這些蛋白質是構成細胞膜、 硬骨、 軟骨、 蹄、 爪等的成分。

　　蛋白質的種類雖多，但都是由胺基酸構成。生物體內的胺基酸共二十種，各胺基酸有一個胺基 (amino group—NH₂)、 一個羧基 (carboxyl group—COOH)、 一個氫原子以及合稱爲R基的某些原子（圖 2-1-10）。各胺基酸以胺基與另一胺基酸的羧基， 共同脫去一分子水而互相結合，兩者間形成C—N鍵，稱爲肽鍵(peptide bond) （圖2-1-11）。

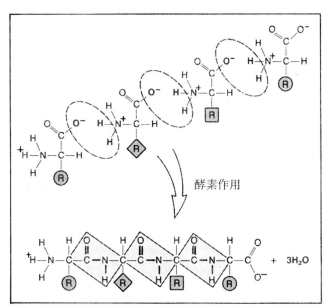

酵素作用

+ 3H₂O

圖2-1-11　圖示四個胺基酸形成多太鏈。（同圖 2-1-1, p. 56。）

由兩個胺基酸相接而形成雙肽 (dipeptide)， 三個或更多胺基酸相接則形成多肽 (polypeptide)； 由多個胺基酸以肽鍵連接成的長鏈稱爲多肽

鏈 (polypeptide chain)，此爲蛋白質的初級構造 (primary structure)。多肽鏈中每四個胺基酸間的氫鍵（圖2-1-12 A），可以相連而使肽鏈沿本身的軸捲曲成螺旋狀（圖2-1-12 B）。有的多肽鏈完全伸展，不同的多肽鏈彼此並列（圖2-1-12 C），其間有氫鍵將之連接而形成片

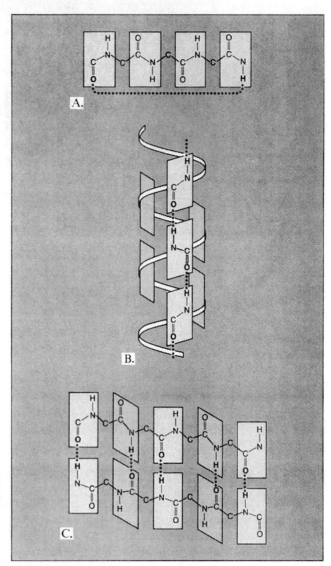

圖2-1-12　A．多肽鏈中的氫鍵（點形成之線）能形成螺旋狀鏈如 B，或成片狀如 C。（同圖 2-1-12, p. 57。）

狀，這種由氫鍵將多肽鏈連接成螺旋狀或片狀，是蛋白質的次級構造
(secondary structure)。螺旋狀的多肽鏈中，其 R 基與另一 R 基相互作
用，產生多種化學鍵而形成特定的立體結構，則是蛋白質的三級構造

原血紅
素基

圖2-1-13　血紅素分子四條多肽鏈中
之一條，圓柱狀部分示螺旋狀扭轉，
此爲蛋白質的三級構造，原血紅素基
可與氧結合。(同圖 2-1-1, p.58。)

(tertiary structure) (圖2-1-13)。通常蛋白質在具有三級構造時，才
能表現出生理功能。兩條或更多條三級構造的多肽鏈，相互集結成球狀
或纖維狀，爲蛋白質的四級構造 (quaternary structure)，例如血紅素
卽是由四條多肽鏈集結成球狀 (圖2-1-14)，膠原 (collagen) 則呈纖
維狀。

　　新蛋白質的合成，以及原有蛋白質的分解，在細胞內時時都在進
行；胺基酸也同樣的時時都在合成與分解。其合成或分解的主要目的是
在維持體內各種機能的機動性。因此，除非生物體經過長期的饑餓而缺
乏可資利用的醣類或脂質時，個體才會加速蛋白質、胺基酸的分解，以
獲得能量。

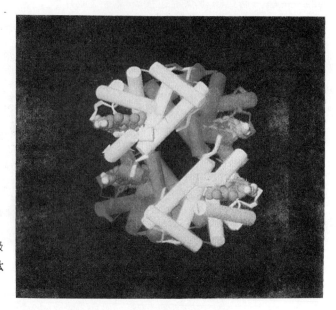

圖2-1-14 血紅素蛋白質之四級
構造，血紅素分子係由四條多肽
鏈形成。（同圖 2-1-1, p. 58。）

（四）**核酸** (nucleic acid) 核酸是由核苷酸(nucleotide)形成的
聚合體 (polymer)，核苷酸係由含氮鹽基 (nitrogenous base)、五碳
糖 (pentose) 和磷酸 (phosphate group) 三部分構成（圖 2-1-15）。

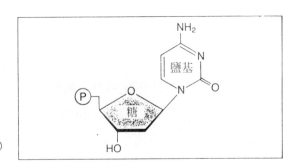

圖2-1-15 核苷酸。
（同圖2-1-1, p. 59。）

根據核苷酸的構造及生理功能，可將核酸區分為去氧核糖核酸（DNA）
和核糖核酸（RNA）兩類。組成 DNA 的核苷酸，其含氮鹽基有腺嘌
呤（A）、鳥糞嘌呤（G）、胞嘧啶（C）和胸腺嘧啶（T）四種，所含
的五碳糖必為去氧核糖（deoxyribose）。組成 RNA 的核苷酸，其四種
含氮鹽基中，無胸腺嘧啶，但有脲嘧啶（U），而五碳糖則必為核糖

(ribose)。

在生理功能上，除少數病毒外，DNA 為生物的遺傳物質，DNA 構成遺傳基因，控制著整個細胞的生理作用。RNA負責轉錄 (trans crip-tion) DNA 的遺傳訊息，並將轉錄的遺傳訊息再轉譯 (translation) 為蛋白質中胺基酸的排列。RNA 可分為傳訊 RNA (messenger RNA, mRNA)、轉送 RNA (transfer RNA, tRNA) 和核糖體 RNA (ribosomal RNA, rRNA) 三類。mRNA轉錄基因訊息，以作為轉譯蛋白質的鑄模 (template)。tRNA 及 rRNA 則在轉譯時具有特定功能；tRNA 專用於携帶胺基酸，以供合成蛋白質之所需。rRNA 為構成核糖體 (ribosome) 的成分，mRNA 必須先附著在核糖體上，才能進行基因訊息的轉譯工作。

乙、實驗設計

目　的

利用化學方法，可以測定動植物細胞中所含的物質。本實驗使用數種方法，分別測定動植物組織中所含的數種有機物。有的組織也許可以測出數種有機物，有的組織也許僅能測出一種而已。

器　材

（一）

1％明膠溶液 (gelatin solution)	酌量
1％葡萄糖溶液 (glucose solution)	酌量
1％肝糖溶液 (glycogen solution)	酌量
1％澱粉液 (starch solution)	酌量
維生素C水溶液	酌量
植物油	酌量
本氏液 (Benedict's solution)	酌量
碘　液 (iodine solution)	酌量

雙脲試劑 (biuret reagent)	酌量
靛基酚溶液 (indophenol solution)	酌量
牛皮紙（或牛皮紙袋）	酌量
1000 ml 燒杯	1 個
試　管	6 支
25～50ml 量筒	1 個
乳頭吸管	4 支
本生燈或酒精燈	1 個

（二）

猪　肝	酌量
猪　油	酌量
柑　桔（或其他水果）	酌量
馬鈴薯	酌量
蛋　白	酌量

（以上五種新鮮的動植物組織，替代第一部分中之明膠溶液、植物油等六種物質，其他器材則相同。）

步　驟

（注意：　本實驗共測定十二種物質，　每種物質需作五種不同的試驗，為節省時間，實驗時，應分組進行。各組選定一種材料，分別作五種不同的試驗。然後由教師將各組之結果記錄在黑板上。）

（一）**預試**　在測定動植物組織中所含之有機物以前，先測定葡萄糖、澱粉、肝糖、明膠、維生素C和植物油等的反應。除植物油以外，其他皆為水溶液。實驗時，將上列各物，分別作以下五種試驗，記錄其反應。

1. 雙脲試驗 (biuret test)　將欲測定的溶液 5ml 置入試管中，加 5～10滴雙脲試劑 (biuret reagent)。當溶液中有蛋白質存在時，試劑的顏色便會改變而呈現紫色。

（注意：雙脲試劑中含有10％氫氧化鈉，需防其傷害組織或衣服。）

2. 碘試驗 (iodine test)　試管中置入約20滴欲測定之溶液，加入 2 ～ 3 滴碘液 (Lugol's iodine solution)。當有澱粉存在時，便呈現藍黑色。（當有糊精 (dextrin) 存在時，呈現紅色。）

3. 本氏液 (Benedict's solution)　大燒杯中置水約半滿，將水煮沸。另取試管一支，置入欲測定之溶液 5ml，加入 3ml 本氏液。將試管置於燒杯的沸水中，加熱約五分鐘，注意試管中溶液的顏色。加入本氏液後，溶液呈淡藍色，若有葡萄糖存在，加熱後，溶液會變爲綠、黃、橙，最後甚至呈紅色。顏色的改變，與含糖量的多寡有關。

4. 靛基酚溶液 (indophenol solution)　試管中置欲測定之溶液 5ml，加入 4 ～ 8 滴靛基酚溶液。靛基酚爲一種藍色指示劑，當有維生素 C（抗壞血酸）存在時，卽經粉紅而變無色。只要有一滴強抗壞血酸存在，指示劑卽被漂白，反應甚爲靈敏。

5. 以紙測試脂質　將欲測定之溶液滴數滴在牛皮紙上，待紙乾燥後，將紙舉起對著光檢查，看看紙上有無油漬。

將上列五種試驗的結果，記錄在下表中。

物　　質	試				驗
	雙脲試劑	碘　　　液	本　氏　液	靛基酚溶液	以紙測定脂質
澱　　粉					
葡　萄　糖					
肝　　糖					
明　　膠					
維 生 素 C					
植　物　油					

(二) 活組織的測定

1. 預試完畢後，將豬肝、豬油、馬鈴薯、柑桔、蛋白等動植物組織，用同樣的方法，分別測定其中所含的有機物。試驗前，固體的組織，要先行搗碎，加水（豬油除外），用離心機離心，取其上澄液。豬油則搗碎後，加熱，取其油滴。

2. 將實驗結果記錄於下表中。

物　　　質	試				驗
	雙脲試劑	碘　　　液	本　氏　液	靛基酚溶液	以紙測定脂質
豬　　肝					
豬　　油					
馬　鈴　薯					
柑　　桔					
蛋　　白					

實驗3-1　植物細胞

甲、前　言

　　細胞是生物體的構造單位，也是生物的功能單位。單細胞的生物，全體僅一個細胞；多細胞的生物，則由多數細胞構成。

　　細胞的大小　不同的細胞，其大小差異很大，小者如細菌，直徑約 $5\mu m$，要用較佳的顯微鏡才能觀察到。大者如鳥類的卵，可達數十毫米(mm)。不過，鳥卵內含大量卵黃，卵黃是卵內儲存的養料，而非細胞本身具有功能的構造。絕大多數的細胞都很微小，這對細胞本身而言，是非常有利的，因爲細胞自外界攝入養分，養分自細胞膜進入後，必須移行至細胞內的適當部位轉變爲其他物質，待形成適當的分子後，又必須運輸至細胞內的其他部位，以供利用。此外，細胞經代謝作用所產生的廢物，必須排至細胞外。這些物質在細胞內不斷移動，由於細胞微小，所以移行的距離短，於是，可以加速細胞的功能。

　　原核類與眞核類的細胞 (prokaryotic and eukaryotic cell)　生物學家根據細胞的構造特徵，將生物分爲原核類與眞核類。眞核生物的細胞內具有細胞核，核的表面爲核膜，其內有 DNA 及其他。原核生物皆爲單細胞，包括細菌和藍綠藻，其 DNA 的外圍無核膜，細胞質中無胞器，細胞膜的外圍有細胞壁。

　　細胞的構造　細胞的種類雖然繁多，但基本構造則相同，卽包括細胞膜、細胞質和細胞核等部 (圖3-1-1)。細胞膜位於細胞表面，其主要特性爲對通過細胞膜的物質具有選擇性，因此，細胞的內容物可以與細胞外面的化學成分迴異。細胞質中有許多由膜形成的胞器 (organelle)，

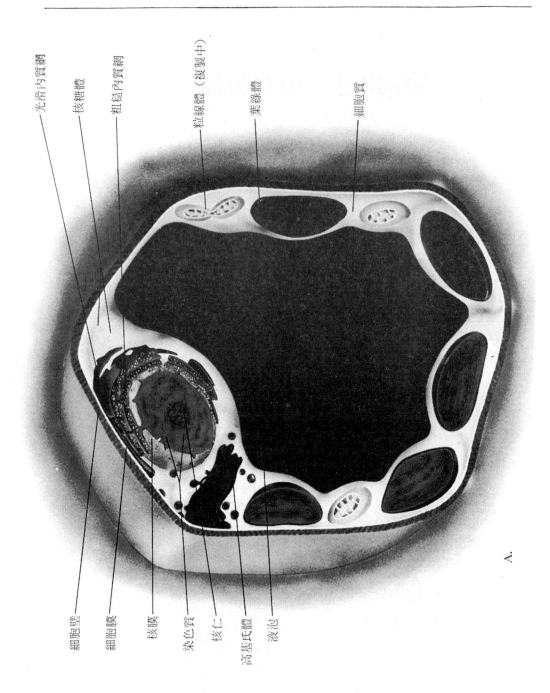

光滑內質網
核糖體
粗糙內質網
粒線體（複製中）
葉綠體
細胞質

細胞壁
細胞膜
核膜
染色質
核仁
高基氏體
液泡

A.

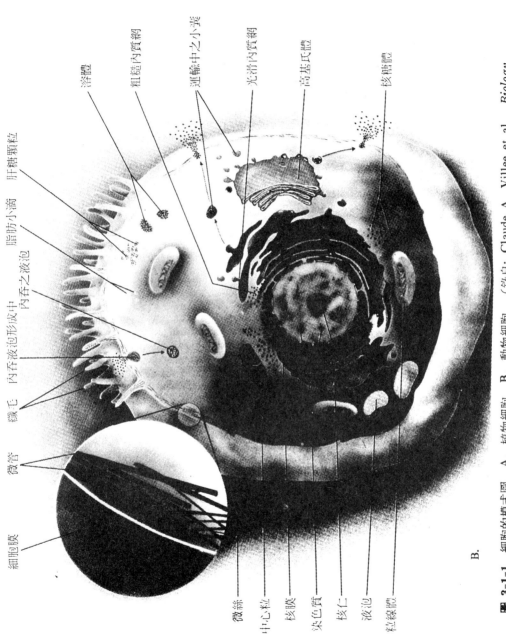

B.

圖 3-1-1 細胞的模式圖。 A. 植物細胞。 B. 動物細胞。 (錄自: Claude A. Villee et al., *Biology*, 2nd ed., Holt, Rinehart and Winston, Inc., 1989. p. 93。)

胞器的形成，自有其重要意義，細胞內的化學反應可以在胞器內進行，參與反應的物質彼此便極易相遇而加速反應的進行。胞器也有利於能量的轉換 (energy transduction)，能量可以儲於胞器內，當能量自膜的一邊濃度高處至另一邊濃度低處時，便改變爲另一種形式的能量。細胞這種能量轉換的過程，是生物在地球上捕捉能量、轉變能量而得以生存的重要機制。此外，胞器猶如細胞中的許多小室，不同的化學反應，各在不同的小室中進行，彼此便互不干擾。茲將眞核細胞的構造與機能歸納如表 3-1-1。

表 3-1-1 眞核細胞的構造與機能

構　造	描　述	機　能
細胞核 (nucleus)		
核　膜 (nuclear membrane)	爲一雙層膜的構造，膜上有許多孔	通過膜上的孔，容物質在核與細胞質間流動
核　仁 (nucleolus)	爲核內的顆粒狀物，由 RNA 和蛋白質構成	爲合成 rRNA 的部位
染色體 (chromosome)	核內的 DNA 與蛋白質構成染色質 (chromatin)，細胞分裂時，染色質纏絡成染色體	含有基因，與遺傳有關
細胞之膜系統 (membrane system of the cell) (圖 3-1-2)		
細胞膜 (cell membrane)	位於細胞表面，爲雙層膜的構造	調節進出細胞之物質；協助維持細胞之形狀；與其他細胞相溝通
內質網 (endoplasm)	呈網狀分布於細胞質中	爲合成膜脂質與膜蛋白質之場所
光滑 (smooth)	表面無核糖體	與脂質合成有關；可消除毒性
粗糙 (rough)	表面有核糖體	與蛋白質合成有關
核糖體 (ribosome)	由蛋白質及 RNA 構成，或附於內質網或游離於細胞質中	爲合成蛋白質之部位
高基氏體 (Golgi apparatus)	由許多扁平的囊疊積而成，囊乃由膜構成	使蛋白質改變；將蛋白質包裝於囊內以供分泌；將蛋白質歸類至溶體

		（將酵素用膜包起形成溶體）或其他胞器中
溶　體 (lysosome)	由膜構成之囊（見於動物）	內含酵素，可以分解細胞內攝入之物質、分泌物或廢物
液　泡 (vacuole)	由膜構成之囊（通常見於植物、菌及藻）	運輸及儲藏養分、廢物及水
微　體 (microbody)	由膜構成之囊，內含酵素	許多代謝反應於此進行

能量轉換之胞器 (energy-transducing organelle)

粒線體（圖 3-1-3） (mitochondrium)	為雙層膜構成之囊；內膜向內發生褶皺，稱內膜褶 (cristae)	細胞呼吸之反應於此發生；將源自葡萄糖及脂質之能量轉移至ATP
色素體（圖 3-1-4） (plastid)	由三層膜構成；最常見者是葉綠體，其囊狀膜 (thylakoid) 富含葉綠素	葉綠素可捕捉日光能，合成ATP及其他富含能的化合物，用以使 CO_2 轉變為葡萄糖

細胞骨骼 (cytoskeleton)

微　管 (microtubule)	由蛋白質形成之中空小管	支持細胞；細胞分裂時形成紡錘絲；與胞器之移動有關；為構成鞭毛、纖毛及中心粒之成分
微　絲 (microfilament)	由肌動蛋白構成中實之桿狀物	支持細胞；與胞器之移動有關；在動物細胞分裂之末期，微絲在赤道面之位置，將細胞膜向內拉，於是赤道面之細胞膜便向內陷，終至分裂為二個細胞
中心粒 (centriole)	位細胞核附近，為一對桿狀物，每一桿狀物由三個一組之微管共九組構成（9×3）	動物細胞分裂時，中心粒複製並向兩極移動，在中心粒之間產生紡錘體；高等植物之細胞則無中心粒
纖　毛 (cilium)	短，自細胞表面凸出；表面有細胞膜，內有二個位於中央，九個位於邊緣的微管（9＋2）	為單細胞生物之運動胞器；用以使組織表面的物質移動
鞭　毛 (flagellum)	長，自細胞表面凸出；表面有細胞膜，內有二個位於中央，九個位於邊緣的微管	單細胞生物及精子的運動胞器

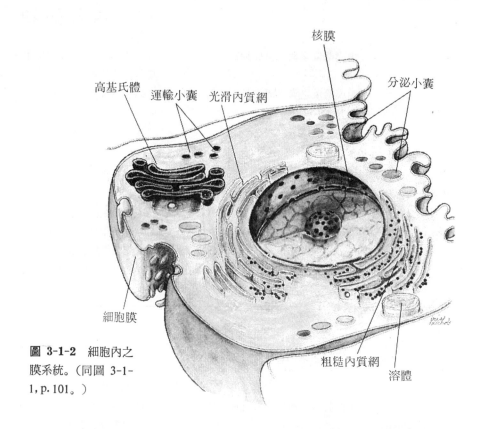

高基氏體　運輸小囊　光滑內質網　核膜　分泌小囊

細胞膜

圖 3-1-2 細胞內之
膜系統。（同圖 3-1-
1，p. 101。）

粗糙內質網　溶體

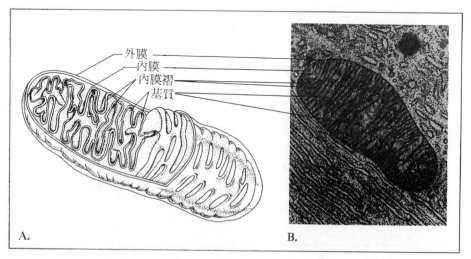

外膜
內膜
內膜褶
基質

A.　　　　　　　　　B.

圖 3-1-3 粒線體。A. 切面，示內膜褶。B. 電子顯微鏡下觀察到之粒線
體，其右上方有溶體，左下尚有內質網。（同圖 3-1-1，p. 107。）

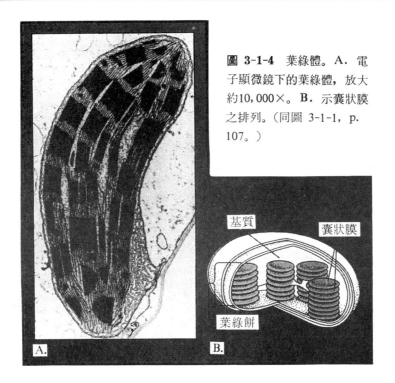

圖 **3-1-4** 葉綠體。**A.** 電子顯微鏡下的葉綠體，放大約10,000×。**B.** 示囊狀膜之排列。(同圖 3-1-1, p. 107。)

基質

囊狀膜

葉綠餅

A.　　　　B.

植物細胞　動植物細胞的基本構造雖然相同，　但兩者間仍有 相 異處。植物細胞具有下列構造:

(一) 細胞壁　植物細胞的表面有細胞壁 (cell　wall)。細胞壁主由纖維素 (cellulose) 構成，可維持細胞的形狀，壁上具有孔隙，可容物質通過。介於相隣的細胞間有中膠層 (intercellar　layer)，中膠層主由果膠鈣 (calcium pectate) 構成。細胞分裂時，兩子細胞分別產生初生細胞壁 (primary wall)，初生壁由纖維素、膠質、亞纖維素 (hemi-cellulose) 構成；這層細胞壁具有伸展性，　當細胞增大或伸長時，可隨之加大。有的細胞在成熟後，細胞壁繼續增厚，於是在初生細胞壁的內側，形成次生細胞壁 (secondary　wall)。次生細胞壁由纖維素、亞纖維素及其他物質構成，　木材部的細胞，　其次生細胞壁之纖維素含量約41～48%，亞纖維素約 25～40%，木質 (lignin) 約 19～30%。木質可增加木材之硬度。次生細胞壁中尙有沉積之木栓質 (suberin) 及角皮質 (cutin) 等蠟質，這些成分可以保護莖、葉，以防體內水分過度散失。

（二）色素體　色素體是由膜所圍成的構造，可以合成或儲藏養分。色素體有多種，其中最多且最爲人們所熟稔者是葉綠體（chloroplast）。葉綠體的囊狀膜內含有葉綠素，葉綠素可以捕捉日光能；其基質（stroma）中含有酵素，可以利用日光能將 CO_2 和水合成葡萄糖。囊狀膜內除葉綠素外，尚含有胡蘿蔔素（carotene）和葉黃素（xanthophyll），這些色素可以協助葉綠素捕捉日光能。葉綠體內的葉綠素有時會消失，同時積儲胡蘿蔔素和葉黃素，於是葉綠體乃轉變爲雜色體。果實成熟時由綠變紅，即緣於此。雜色體（chromoplast）含有胡蘿蔔素（carotene）和葉黃素（xanthophyll），可以使花、果實或根（如胡蘿蔔）呈現紅、橙、黃等顏色。白色體（leucoplast）則不含色素，存於植物體不見光的部位，在儲藏根（如蘿蔔）和儲藏莖（如馬鈴薯）中特多。白色體內含有酵素，可以使葡萄糖轉變爲澱粉；白色體並且可以儲藏澱粉。白色體經光的刺激，其內便產生葉綠素而變爲葉綠體；馬鈴薯的塊莖曝光後會變成綠色，即此之故。葉綠體、雜色體和白色體，皆由原色素體發育而來。原色素體（proplastid）位於未分化的細胞（如分生組織的細胞）中，當細胞曝於日光中，原色素體便受光的刺激而發育爲葉綠體。

（三）液泡　多數植物的細胞中，含有一個或數個大型且顯著的液泡。液泡可以運輸或儲存養分（礦物鹽、糖以及溶解的蛋白質）、水分以及廢物。這些細胞在幼期時，僅有小型液泡，當細胞體積漸增，小型液泡也增大，進而多個小型液泡癒合而成較大之液泡（圖 3-1-5），故

圖 3-1-5　植物細胞在生長過程中，細胞質內出現小型液泡，液泡漸漸增大並互相癒合而成大型液泡。（錄自: Peter H. Raven et al., *Biology of Plants*, 2nd ed., New York: Worth. 1976. p. 22。）

細胞成熟後，其內僅含有一個或少數大型液泡。大型液泡常位於細胞中央，於是將細胞核擠至一邊而緊貼細胞膜。液泡略帶酸性，有的液泡酸性甚強，例如柑桔的細胞中者，此乃柑桔果實味酸的原因。這種液泡一旦破裂，流出的酸性液體，會使細胞的其他部分受損。液泡亦為色素積存之處，植物細胞之呈現藍、紫、深紅、猩紅等顏色，皆因液泡中含有一羣稱花青素（anthocyanin）之色素的緣故。許多蔬菜、水果以及葉的呈現藍色、紅色，皆由於花青素的關係。有時，在葉內花青素的紅色會遮蓋葉綠素的綠色，例如紅色楓葉。有些植物到了秋天，葉內的葉綠素分解消失，花青素、胡蘿蔔素和葉黃素等的顏色便顯現出來，葉乃變為紅色或橙紅色。

　　（四）內含物　植物細胞中，常有某些非生命物質，統稱內含物（inclusion），結晶體、澱粉粒以及液泡中的成分皆為內含物。幼期的細胞內無內含物，待細胞增大時，內含物便漸增。

　　（1）結晶體（crystal）　結晶體的形狀各異，有呈細小砂粒狀、針狀及輻射狀者（圖 3-1-6）。其成分為草酸鈣（calcium oxalate）。草酸為植物細胞代謝作用之副產品，累積的草酸濃度高時，對細胞有害。但草酸與鈣離子結合後形成的草酸鈣結晶則無毒。草酸鈣結晶以葉部細胞最多。其針狀結晶常相集成束。

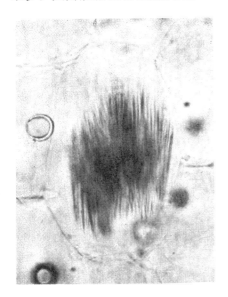

圖 3-1-6　虎尾蘭（*Sansevieria*）葉細胞內之針狀結晶。（同圖3-1-5, p. 24。）

(2) 澱粉粒 (starch grain) 澱粉粒見於行光合作用的綠色細胞中，其他儲藏養分之器官如馬鈴薯之塊莖、甘藷之塊根以及種子等，其細胞內皆儲有澱粉粒。各種植物之澱粉粒形狀不一，表面則有厚度不同之輪紋（圖 3-1-7）。

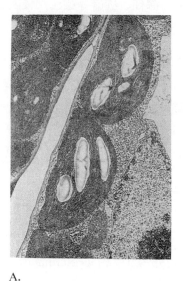

A.

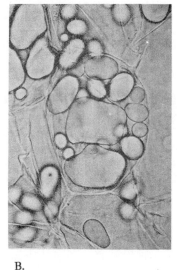

B.

圖 **3-1-7** 植物的澱粉粒。A. 蕃茄葉細胞內之澱粉粒，其外圍色深的構造為葉綠體。B. 馬鈴薯塊莖內之澱粉粒。C. 玉蜀黍。D. 燕麥。E. 馬鈴薯。F. 小麥。G. 香蕉。（A、B同圖3-1-5, p.51。C～G 錄自：易希道等，普通植物學，臺北：國立編譯館，民61年，p.15。）

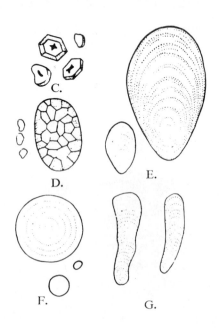

乙、實驗設計

目 的

前述細胞內的各種構造，有的要用電子顯微鏡才能觀察到，有的要經過切片、染色等方法處理後始會顯現。本實驗取不同的材料，以最簡單的製片方法，在光學顯微鏡下觀察多種不同的構造。

器 材

複式顯微鏡	1 臺
載玻片	1 片
蓋玻片	1 片
鴨跖草	1 株（全班合用）
紅辣椒	1 個（全班合用）
馬鈴薯	1 個（全班合用）
香 蕉	1 個（全班合用）.
水蘊草	數枝（全班合用）
秋海棠	1 株（全班合用）
南瓜、葡萄或其他被子植物莖的縱切永久 玻片標本	1 片
刀單面片	1 片
通 草（長約 5cm）	1 段
鑷 子	1 把
亞甲藍液 (methylene blue)	少許
乳頭吸管	1 支

步 驟

（一）葉的表皮細胞及保衛細胞

1. 取鴨跖草 (Tradescantia)（或軛生兒苗 (Geranium) 或其他植物）的葉，撕取其下表皮一小片。撕取時將葉的下方面向自己（圖

3-1-8 A)，將之對折（圖 3-1-8 B，C），沿折斷處將下表皮的部分撕下（圖 3-1-8 D）。

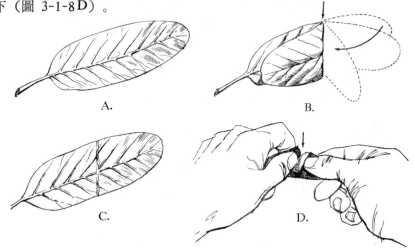

圖 **3-1-8** 撕取葉表皮的過程。（錄自: Biological Sciences Curriculum Study, *Biological Soience, Student Laboratory Guide*, 2nd ed., New York: Harcourt, Brace & World. 1968. p. 103。）

2. 用鋒利的刀片，將撕裂邊緣一小部分無色的下表皮（圖3-1-8 D 中箭頭所指處）切下。

3. 將該小片（約 1～2 mm見方）下表皮置於載玻片上，加水一滴，注意動作要迅速，勿使表皮乾燥。

4. 加放蓋玻片。

5. 置顯微鏡下觀察。

6. 看到表皮細胞否?

7. 表皮細胞間，有較小呈蠶豆形、成對排列的保衛細胞。此卽形成氣孔之處。

8. 表皮細胞與保衛細胞的顏色爲何不一樣?

9. 將玻片標本自載物臺上取下。

10. 設法將蓋玻片下的水換以亞甲藍液，其法如下: 用乳頭吸管吸取亞甲藍液，自蓋玻片的一邊滴下; 同時在蓋玻片的另一邊，用濾紙吸取（圖 3-1-9），使亞甲藍液擴散至蓋玻片下方。

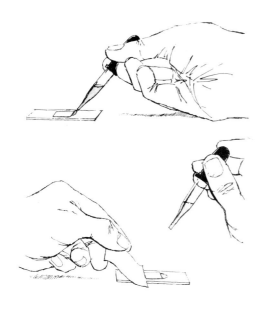

圖 3-1-9　示如何更換蓋玻片下方之液體。(同圖3-1-8, p. 26。)

11. 置顯微鏡下觀察，亞甲藍液可以將細胞核染爲藍色，看到細胞核否？

12. 繪數個表皮細胞和保衛細胞。

（二）原生質流動及葉綠體

1. 取載玻片一片，加水一滴。

2. 取水蘊草的嫩葉一片，置載玻片上的水中。

3. 加蓋玻片。

4. 用低倍物鏡觀察。

5. 再換高倍鏡。

6. 細胞內的綠色小粒是葉綠體（圖 3-1-10）。

7. 葉綠體和細胞質在細胞內沿細胞壁緩慢移動，此乃原生質流動 (protoplasmic streaming 或 cyclosis)，其流動的方向如何？

（三）結　晶

（a）鐘乳體

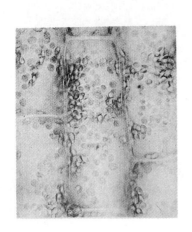

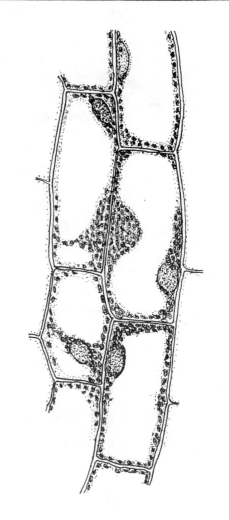

圖3-1-10　水蘊草的細胞，其內之盤狀物爲葉綠體，注意細胞內有液泡。（左同圖 3-1-5, p. 23。右錄自: 沈毓鳳，普通植物學實驗指導，臺北: 歐亞，民 60年，p. 17。）

　　1. 取榕樹的葉一片，依照圖 3-1-11 的方法，切取葉的橫切面。先將通草自中央縱切，成一夾子狀，恰好將葉片夾入。將通草表面弄濕，一手握通草，一手持刀片，刀口面向自己，自通草頂端作橫切面，切時刀口略斜，如圖中箭頭所示，切得愈薄愈好。將切下之葉，置於載玻片上，加水一滴；再切數個，同置於一載玻片上，加放蓋玻片。

　　2. 置於顯微鏡下觀察，先用低倍，再換高倍。

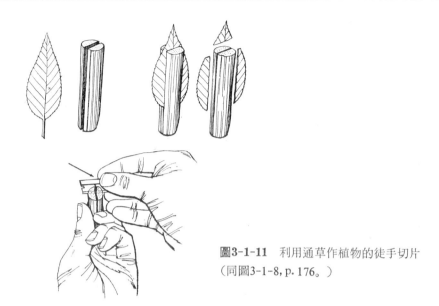

圖**3-1-11** 利用通草作植物的徒手切片
（同圖3-1-8, p. 176。）

3. 榕樹葉的表皮細胞內有鐘乳體（圖 3-1-12），鐘乳體為碳酸
鈣結晶。

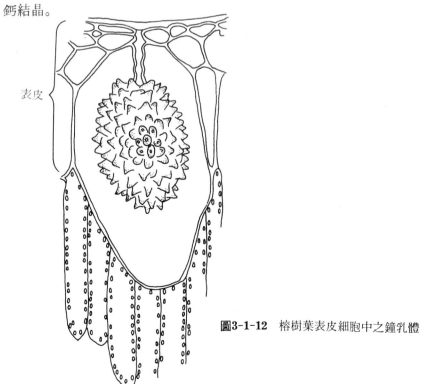

表皮

圖**3-1-12** 榕樹葉表皮細胞中之鐘乳體

（b）針狀結晶

1. 徒手切取鴨跖草莖的橫切面（不需夾在通草內）。

2. 置載玻片上的水滴中。

3. 加放蓋玻片。

4. 置於顯微鏡下觀察。

5. 其皮層的細胞內有針狀的結晶。

（c）晶　　簇

1. 切取秋海棠莖的橫切面，置於載玻片上的水中央。

2. 加放蓋玻片。

3. 先用低倍鏡，再換高倍鏡觀察，其皮層細胞內有晶簇（圖 3-1-13）。

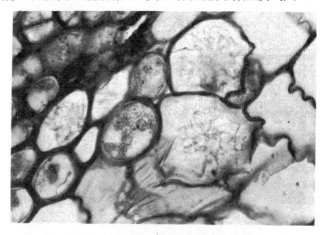

A.

圖3-1-13　秋海棠莖的皮層細胞內有晶簇。A. 偏光顯微鏡下。B. 普通光學顯微鏡下。（同圖 3-1-5，p. 23。）

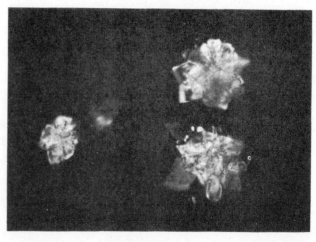

B.

（四）雜色體

1. 徒手切取紅辣椒一小薄片。

2. 置於載玻片中央的水滴中。

3. 加放蓋玻片。

4. 置顯微鏡下觀察。

5. 紅辣椒的果皮或皮層的細胞中，有紅色小顆粒，此卽雜色體。

（五）澱粉粒

（a）馬鈴薯

1. 切取馬鈴薯一小薄片，或用解剖刀刮取。

2. 置載玻片上，加水一滴。

3. 加放蓋玻片。

4. 於顯微鏡下觀察，可見呈圓形或卵圓形的澱粉粒。

（b）香　蕉

1. 用解剖刀刮取香蕉的果肉少許。

2. 置載玻片上，加水一滴，將果肉壓散。

3. 加放蓋玻片。

4. 於顯微鏡下觀察，澱粉粒形狀如何？

（六）導　管（vessel）

1. 將南瓜（或葡萄、或其他被子植物）莖的縱切面永久玻片標本，置顯微鏡下，檢視其木質部的導管。

2. 木質部有導管。導管爲死細胞，彼此上下相接，相接處的壁已溶去，故呈筒狀。細胞壁上有增厚的部分，由於各部增厚的程度不同，故呈現環紋、螺紋、網紋、梯紋及孔紋等不同的花紋（圖 3-1-14）。南瓜的莖內，有環紋、螺紋及梯紋導管，山茶莖內有孔紋導管，木瓜莖內有環紋及螺紋導管。

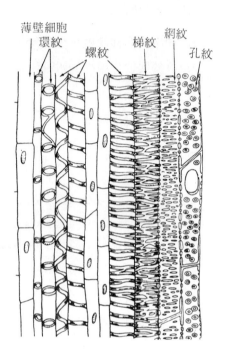

圖3-1-14　各種不同花紋之導管

實驗3-2　動物細胞

甲、前　言

　　動植物細胞的基本構造雖然相同，但細胞經分化後，彼此間會有很大差異。茲將本實驗所觀察的數種動物細胞，簡述其特徵於下。

　　(一) 血　球　血球有紅血球 (erythrocyte)、白血球 (leucocyte) 和血小板 (platelet) 三種 (圖 3-2-1)。人體的紅血球呈雙凹盤狀，直徑約 7μm，無核，內含血紅素。血紅素能與氧結合，故其主要功用在運輸氧。成年男子每立方毫米血液中約有五百萬個紅血球 (5,000,000/ mm^3)，紅血球的壽命約 120 天，故每天都有為數可觀的紅血球被破壞，但紅骨髓 (位於四肢的長骨、脊椎、肋骨、胸骨內) 可以製造紅血球，產生的新血球可予以補充。在新細胞進入血流以前，細胞中的核、高氏體、內質網及大部分粒線體皆會消失。被破壞的紅血球在血液中解體成為含有血紅素的碎片，然後當血液經過肝和脾時為大噬細胞 (macrophage) 所吞食而將之移除。大噬細胞將血紅素分解為血球素 (globin) 和血色素 (hematin)，血色素再進一步被分解為膽紅素 (bilirubin) 和鐵。膽紅素至肝中而存於膽汁中，膽紅素隨膽汁至腸內，又復被腸內細菌分解而產生尿膽素原 (urobilinogen)，尿膽素原使糞便呈現棕色。鐵則為大噬細胞所保留，以備在骨髓中再利用，作為製造紅血球之原料。

　　白血球不含血紅素，具有細胞核，能作變形運動，因此，可以穿過血管壁而至結締組織中，其主要功用在防禦疾病。白血球的數目較紅血球少，每立方毫米血液中約八千個 (8,000/mm^3)。白血球根據其細胞

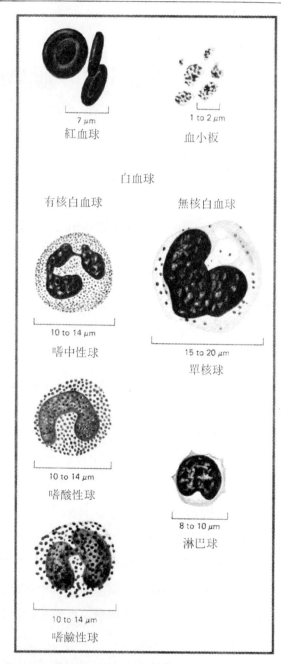

7 µm
紅血球

1 to 2 µm
血小板

白血球

有核白血球

無核白血球

10 to 14 µm
嗜中性球

15 to 20 µm
單核球

10 to 14 µm
嗜酸性球

8 to 10 µm
淋巴球

10 to 14 µm
嗜鹼性球

圖 3-2-1　血球。（錄自: Claude A. Villee et al., *Biology*, 2nd ed., Holt, Rinehart and Winston, Inc., 1989. p. 952。）

質中顆粒的有無， 可以分爲 無顆粒球 （nongranulocyte） 和顆 粒球 （granulocyte）兩大類。無顆粒球又有淋巴球 （lymphocyte） 和單核球 （monocyte） 兩種；無顆粒球在結締組織中或造血器官中時，可以行有

絲分裂。淋巴球可產生抗體，故與免疫有關。單核球爲白血球中體積最大者，可達 20μm。核呈卵圓形或腎形，佔白血球總數之 8％。單核球自血液至結締組織後，便增大而成大噬細胞，大量吞食細菌和死細胞等。顆粒球根據其顆粒的性質又可分嗜中性球 (neutrophil)、嗜酸性球 (eosinophil) 和嗜鹼性球（basophil）三種。嗜中性球爲白血球中數目最多者，約佔白血球總數的 60～70％，患病時，數目更大形增加。核分爲 3～5 葉，各葉間有絲狀物連繫。嗜中性球在移行至結締組織後，可吞食細菌及其他小型顆粒，故有小噬細胞 (microphage) 之稱。嗜酸性球含有許多粗而有反光之顆粒，佔白血球總數的 2～4％。患過敏時，如乾草熱和氣喘，以及寄生蟲感染如絛蟲等，嗜酸性球便增加，其功用不明，但知其可吞食抗原—抗體複合物。嗜鹼性球的量極少，僅佔白血球總數的 0.5～1％或更少；核大而不規則，雖分葉卻不明顯，顆粒粗。嗜鹼性球含有大量組織胺 (histamine)，在受傷組織中及過敏反應時，便釋出組織胺，此可能與防止血液在血管中凝固有關。顆粒球由紅骨髓製造，淋巴球與單核球除由紅骨髓產生外，也可由淋巴器官產生。白血球的壽命約十日，不同種類的白血球在血液中停留的時間彼此有很大差異，嗜中性球在血液中停留約八小時或更少，然後便移行至結締組織，在結締組織中生存數日，其功用爲小噬細胞(microphage)，吞食小型顆粒。淋巴球在血液中停留約八小時，但也有長達數月者。單核球在血液中 1 或 2 日，然後至結締組織，其中有的變爲大噬細胞吞食較大之顆粒。大噬細胞可生存數月。

　　哺乳動物的血小板 (platelet) 無核、呈雙凸盤狀，直徑約1～2μm，爲紅骨髓中大核細胞 (mega karyocyte) 之細胞質的碎片，故血小板非完整細胞，僅是細胞質碎片包圍在細胞膜內。數目約每立方毫米血液中十五萬至三十萬（150,000～300,000/mm³）個。細胞質內有粒線體、液泡、微管和微絲等構造。微管可以支持其形狀，微絲與收縮有關。血小板破裂時，可釋出一種稱爲凝血致活酶 (thromboplastin) 的酵素，這種酵素與血液凝固有關。

（二）**肌肉細胞**　肌肉有平滑肌、骨骼肌和心肌三種，平滑肌與心肌皆不能隨意志收縮，骨骼肌則可隨意志而收縮。動物的運動，是肌肉細胞收縮的結果。肌肉細胞細長，故有肌纖維之稱。細胞內有縱行的肌原纖維（myofibril）。平滑肌細胞呈紡錘形（圖 3-2-2 A），最粗處的

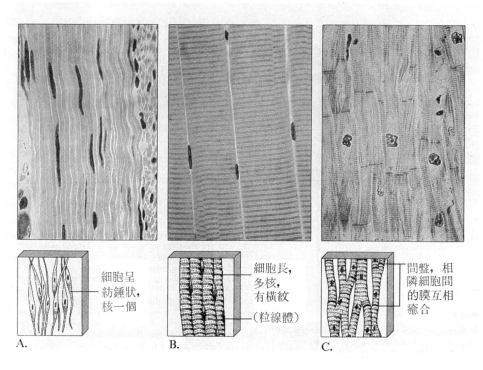

圖 **3-2-2**　肌肉細胞。A．平滑肌。B．骨骼肌。C．心肌。
（錄自：Cecie starr, Ralph Taggart, *Biology*, 5th ed., wadsworth. 1989. p. 317。）

直徑約 3～8μm，長 15～200μm。核一個，位於中央，細胞質內有粒線體、高基氏體及中心粒等。骨骼肌細胞平均長約 3 公分，短者僅 1 毫米，直徑 10～100μm，具有橫紋（圖 3-2-2 B），核的數目多，皆位於細胞的邊緣。心肌細胞彼此緊接一起，直徑約 14μm，亦具橫紋，核一個，位於中央，細胞與細胞間有間盤（intercalated disk）（圖 3-2-2 C），此為細胞間之連繫物，細胞可藉此互相溝通，並可協調心肌有節律之活動。

（三）**脂肪細胞**　脂肪細胞常單獨或成羣存於結締組織中，身體某些部位如皮下，常積儲大量脂肪細胞。未成熟的脂肪細胞呈星形，待細胞內積儲脂肪小滴（fat droplet）後便呈圓形（圖 3-2-3）。各脂肪小

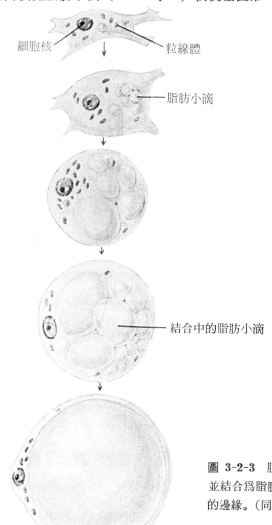

細胞核　　　粒線體

脂肪小滴

結合中的脂肪小滴

圖 3-2-3　脂肪細胞，示細胞中脂肪小滴漸漸積儲並結合爲脂肪小球，將細胞質及胞器等均推至細胞的邊緣。（同圖3-2-1, p. 864。）

滴最後互相融合而成一個較大的脂肪小滴，於是，成熟的脂肪細胞中，核與細胞質皆被擠壓至細胞邊緣。核扁平，細胞質量少，內有粒線體、內質網、高基氏體及少數核糖體。

（四）**口腔黏膜細胞**　消化管的內襯，稱爲黏膜（mucosa）。黏膜

包括表面的皮膜組織以及內側由結締組織纖維形成的固有層 （lamina propria）。口腔的皮膜組織爲複層扁平皮膜組織（stratified squamous epithelium），這種皮膜組織的功用是保護，其構造則包含多層細胞（圖 3-2-4），細胞的層數則隨部位而異。最深層的細胞位於基膜（bas-

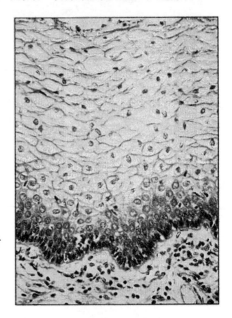

圖 3-2-4　複層扁平皮膜，主要分布於皮膚、口腔及陰道。（同圖 3-2-1，p. 859。）

ement membrane) 上，細胞呈柱狀；較上層的細胞，漸漸變爲不規則的立方形，近表面處，細胞呈扁平。表層的細胞無核，含角質化；但位於濕潤部位者，如口腔、咽、食道等，其表層細胞則不會角質化。深層的細胞可行有絲分裂，表層的細胞則否，因基層細胞有微血管供應養料。待新細胞產生，與其相鄰的細胞，便被迫而向表面移行，表面的死細胞則不斷脫落而由深層的細胞替代。除消化道黏膜外，皮膚亦爲複層扁平皮膜。

（五）**神經細胞**　神經細胞稱爲神經元（neuron），這種特化的細胞，可以傳導神經衝動。神經元包括細胞體（cell body）及其上所有的突起（圖 3-2-5）；細胞體內有一個細胞核及細胞質；核呈球狀，位細胞體中央；細胞質內有許多尼氏小體（Nissl body）、高基氏體、粒線體、微管、微絲，亦有脂肪、肝糖等內含物。尼氏小體由內質網和核

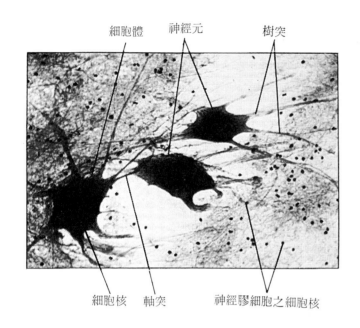

細胞體　　神經元　　　樹突

細胞核　軸突　　神經膠細胞之細胞核

圖 **3-2-5**　神經元。
（同圖 3-2-1, p. 870。）

糖體構成。　突起有樹突（dendrite）和軸突（axon）兩種，樹突短而分枝，接受外來或另一神經元傳來之衝動。軸突長而不分枝，將衝動傳離細胞體，末端呈一簇小分枝，長度自一毫米至 1 公尺以上。

　　（六）**色素細胞**　色素細胞（chromatophore）是一種特化具有分枝的細胞，位於眞皮與表皮間；在低等脊椎動物很普遍，在鳥類及哺乳類則很少見。細胞內含有色素，由於所含色素不同而有不同的顏色；黑色素細胞（melanophore）呈黑色，黃色素細胞(xanthophore)呈黃色，紅色素細胞（erythr ophore）呈紅色，白色素細胞（leucophore）呈白色或銀色。色素細胞受交感神經的控制，受刺激時，色素便在細胞內移動，卽向細胞的中央集中或向邊緣擴散，因而使體色改變。

　　魚類之體色範圍有限，一般皆有黑色素細胞。其體色通常與環境相若，　故有煙幕作用。很多種類可以藉色素細胞之擴張或收縮而改變體色。魚類的鱗片在皮膚中形成，因此，取魚類的鱗片可以觀察到皮膚中的色素細胞。

乙、實驗設計

目 的

本實驗觀察數種動物的細胞，以了解細胞經分化後，各有特殊的形態和機能。

器 材

蛙腸的橫切永久玻片標本	1 片
骨骼肌縱切永久玻片標本	1 片
心肌縱切永久玻片標本	1 片
人的血液塗片永久標本	1 片
肥豬肉或豬油	少許（全班合用）
魚	1 條（全班合用）
鑷 子	1 把
牙 籤	1 根
牛脊髓	1 尺長（全班合用）
亞甲藍液（methylene blue）	少許
蘇丹 IV 液（Sudan IV）	少許
複式顯微鏡	1 臺
載玻片	1 片
蓋玻片	1 片

步 驟

（一）血 球

1. 取人的血液塗片永久標本，置顯微鏡下，先用低倍鏡，再換高倍鏡觀察。

2. 檢視紅血球、不同種類的白血球和血小板。

（二）平滑肌細胞

1. 取蛙腸的橫切永久玻片標本，置顯微鏡下，先用低倍鏡檢視腸

壁的組織。 其內襯爲黏膜， 中層爲肌肉， 外層爲漿膜（ serosa ）（ 圖
3-2-6 ）。黏膜包括一層柱狀皮膜和固有層， 其最大特色爲向腸腔凸出

腹膜　　　　　肌肉層　　　　腸腔

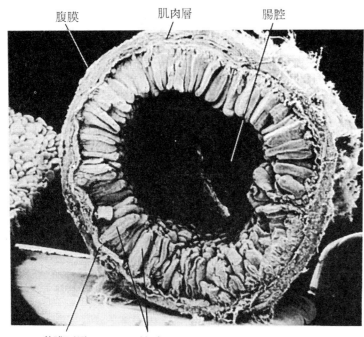

黏膜下層　　　絨毛

圖 **3-2-6** 小腸橫切面。
（同圖3-2-1, p. 914。）

而形成無數的絨毛， 柱狀皮膜是呈柱狀的細胞構成， 位於腸壁的最內
層，固有層爲結締組織。 肌肉層有環肌和縱肌， 環肌在內， 縱肌在外
（圖3-2-7）。漿膜則爲結締組織。

　　2. 觀察環肌細胞，在腸的橫切片中，可以看到呈紡錘形的平滑肌
細胞，而縱肌層的細胞， 僅能觀察到細胞的橫切面。

　　3. 換高倍鏡觀察環肌細胞。

（三）骨骼肌細胞

　　1. 將骨骼肌的縱切永久玻片，置顯微鏡下，先用低倍鏡，再換高
倍鏡觀察。

　　2. 看到橫紋否？ 核位於何處？ 一個細胞內，核的數目是否很多？

（四）心肌細胞

　　1. 將心肌的縱切永久玻片，置顯微鏡下，先用低倍鏡，再換高倍

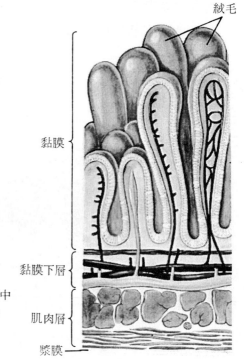

絨毛

黏膜

黏膜下層

肌肉層

漿膜

圖 **3-2-7** 小腸壁，圖示小腸壁的各層組織，其中有的絨毛示其內部構造。（同圖 3-2-1, p. 914。）

鏡觀察。

2. 看到橫紋否？核位於何處？每一細胞有幾個核？看到間盤否？

（五）脂肪細胞

1. 用鑷子挾取肥肉少許，置載玻片中央，塗抹成薄層，加蘇丹IV染液一滴，置於低倍鏡下觀察，再換高倍鏡。

2. 蘇丹IV可以染脂肪，細胞內紅色的部分卽是脂肪小滴。有無觀察到如圖 3-2-3 不同時期的脂肪細胞？

（六）口腔皮膜細胞

1. 用清潔牙籤鈍的一端，輕輕刮取口腔內兩頰的皮膜少許。

2. 將刮下的少許皮膜，置於載玻片中央的亞甲藍液內。

3. 加放蓋玻片。

4. 置顯微鏡下，先用低倍鏡，再換高倍鏡觀察。

5. 細胞呈何形狀？亞甲藍液可以染細胞核，細胞內的藍色顆粒狀物便是細胞核。

（七）神經細胞

1. 將牛脊髓縱切成兩半。

2. 脊髓的內部為灰質（gray matter），呈H形（橫斷面），外部為白質（white matter）（圖 3-2-8）。用鑷子挾取灰質部分的組織少許。

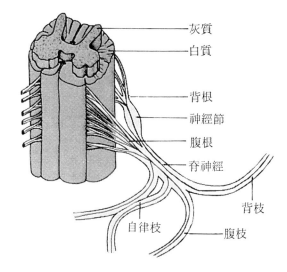

灰質
白質

背根
神經節
腹根
脊神經

背枝
自律枝
腹枝

圖 3-2-8 脊髓橫切。
（同圖 3-2-1, p. 1099。）

3. 將該少許組織置於載玻片上，塗成薄層，加亞甲藍液一滴。

4. 置顯微鏡下，先用低倍鏡，再換高倍鏡觀察。

5. 看到如圖 3-2-5 中的神經細胞否？

（八）色素細胞

1. 用鑷子挾取魚鱗一片，注意切勿將鱗片表面之皮膚除去，因為色素細胞位於皮膚中。

2. 將鱗片置載玻片上，加水一滴，加放蓋玻片。

3. 將製就之玻片，置顯微鏡下，用低倍鏡觀察。色素細胞的顏色，隨魚的種類不同而異。

實驗4-1　光合作用

甲、前　　言

　　光合作用包括兩組反應：光反應——吸收光能，並將之轉變爲化學能而儲於 ATP 和 NADPH 中。暗反應——藉 ATP 和 NADPH 之助，合成醣及其他有機物。通常將光合作用的過程，用下式表達：

$$2H_2O + CO_2 \xrightarrow{\text{日光}} O_2 + (CH_2O) + H_2O$$

光合作用的產物是葡萄糖，故將全式乘以 6：

$$12H_2O + 6CO_2 \xrightarrow{\text{日光}} 6O_2 + C_6H_{12}O_6 + 6H_2O$$

上列反應式，並不能對光合作用提供較深入的說明。例如氧是光合作用的副產品，這些氧究係來自 H_2O 或是 CO_2？ 又水是反應前的物質，爲何又是反應的產物？欲回答這些問題，宜將光合作用的反應表達得較爲詳盡。（如下頁圖示）

　　由圖示可知，氧是在光合作用的初期，分解水而產生；而「新生」的水，則是在 ATP 和 NADPH 形成後，參與有機物形成時的副產品。又一般稱光合作用的產物是葡萄糖， 根據上式可知葡萄糖尚有磷 酸 附著，此爲光合作用的中間物，以後由此中間物形成的蔗糖、澱粉或其他醣類，才是眞正的最終產物。

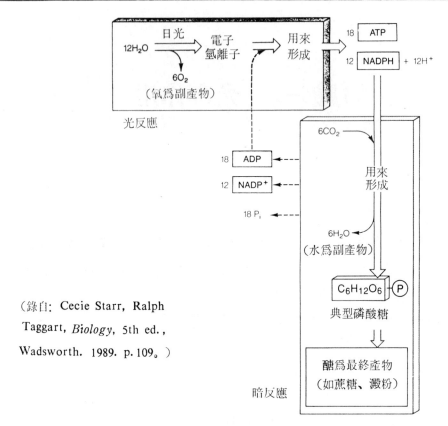

（錄自: Cecie Starr, Ralph
Taggart, *Biology*, 5th ed.,
Wadsworth. 1989. p. 109。）

（一）**葉綠體的構造及功能**　光合作用在葉綠體內進行。葉綠體是一種雙層膜的構造（圖 4-1-1），內部另有由膜形成的囊狀膜（thyla-koid）。囊狀膜的周圍充滿液體，叫做葉綠體基質（stroma），內含與光合作用暗反應有關的酵素。囊狀膜爲扁平、盤狀之小囊，葉綠體內有些部位許多囊狀膜上下相疊、狀如一堆堆硬幣，叫做葉綠餅（granum）。有的囊狀膜自一個葉綠餅延伸而與另一葉綠餅的囊狀膜相連，色素以及與光反應有關的酵素，皆位於囊狀膜上。

（二）**光反應**（light dependent reaction）　光反應必須在有光的情況下進行，其重要事項有:（a）葉綠素吸收光的光子（photon），光子含有能量,葉綠素將吸收的光能即刻轉變爲電能,電能由電子自葉綠素傳遞至其他接受者。（b）葉綠素中的能量，有的用以形成 ATP，這時,電能便轉變爲化學能。（c）有的光能爲葉綠素吸收後，用以分解水，這

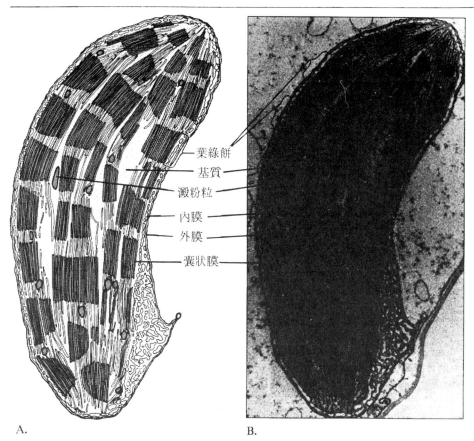

A.　　　　　　　　　　　　　B.

圖 4-1-1　葉綠體的構造。A．根據 B 描繪。B．電子顯微鏡下葉綠體的構造。
（錄自：Claude A. Villee et al., *Biology*, 2nd ed., Holt, Rinehart and winston, Inc., 1989. p. 199。）

一過程，叫做光解（photolysis）。水經分解後，便釋出氧和質子（H⁺ proton），氧釋放至大氣中，質子則爲 NADP 接受而形成 NADPH，這時，電能亦轉變爲化學能。

（1）**光系統**（photosystem）　葉綠體中含有色素，色素可以吸收光，葉綠體內的色素，以葉綠素（chlorophyll）和胡蘿蔔素（caroten-oid）的含量最多，兩者與光合作用密切關連。高等植物的葉綠素有 a 和 b 兩類，葉綠素 a 在光合作用時直接參與光能的轉化，而葉綠素 b、胡蘿蔔素以及分子構造與胡蘿蔔素相近的葉黃素（xanthophyll），則是光合作用的輔助色素（copigment）。輔助色素僅能吸收光能，然後卽將

光能轉移給葉綠素 a。葉綠素 a 和 b 吸收藍光和紅光，胡蘿蔔素和葉黃素則吸收藍光。

囊狀膜內的各種色素，並非隨意散布，而是聚集成羣。通常 200～300 個色素分子構成一羣，叫做光系統 (photosystem)，光系統有 I 和 II 兩種，光系統 I 所含的葉綠素 a 對長波紅光（700nm）吸收能力強，爲 P 700（P 代表色素）；光系統 II 的葉綠素 a 對短波紅光（680nm）的吸收較佳，爲 P 680。

(2) 電子傳遞途徑 由葉綠素釋出的電子，經由電子傳遞鏈 (electron transport chain) 而傳遞。電子傳遞鏈是一連串的分子，這些分子可以接受電子，並將之傳遞給次一分子。在電子傳遞時會釋出能量，這些能量，可以使 ADP 形成 ATP。這種由電子傳遞釋出能量，而能量又使 ADP 磷酸化形成 ATP 的過程，叫做光合磷酸化作用（photophosphorylation）。

(i) 循環的光合磷酸化途徑 (cyclic photophosphorylation pathway) 此一途徑較簡單，僅涉及光系統 I（圖 4-1-2）。當 P 700 吸收光的二個光子 (photon) 後，卽傳遞二個帶有能量的電子至電子傳遞鏈，電子先傳給初級接受者 (primary acceptor)，然後經由一連串的傳遞分子，包括鐵氧化還原蛋白 (ferredoxin)、質體醌 (plastoquinone)、細胞色素複合物 (cytochrome complex)、質體藍素 (plastocyanin)，最後經質體藍素返回 P 700。

在電子由一個分子傳遞至另一個分子時，會失去能量，有的能量用以使 ADP 合成 ATP。

(ii) 非循環光合磷酸化途徑（noncyclic photophosphorylation pathway）這一途徑兩個光系統皆涉及，電子的傳遞，自水至 NADP+ 爲單向。進入此一途徑之電子，每二個可產生二分子 ATP 和一分子 NADPH，這些電子不能循環傳遞，卽不再返回 P 700。

此一途徑，亦始自 P 700，P 700 吸收光能後，卽傳遞二個電子至

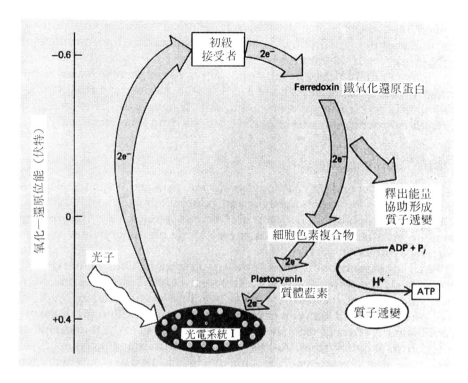

圖 4-1-2　循環光合磷酸化途徑。（同圖 4-1-1，p. 208。）

鐵氧化還原蛋白，再至 NADP+（圖 4-1-3），使 NADP+ 還原而形成 NADPH。

　　與光系統 I 相同，光系統 II 的色素（P 680），也是由光子活化而釋出二個電子至初級接受者，再經由一連串的分子（質體醌──細胞色素複合物──質體藍素），而至 P 700。當電子沿此鏈傳遞時，能量漸少，某些能量用於合成 ATP。光系統 II 釋出的電子，最後至光系統 I。光系統 II 的電子釋出後，則由水分解釋出之電子予以補充。水分解時，釋出電子、質子（proton H+）和氧，其中電子至 P 680，質子傳遞至 NADP，使成 NADPH，氧則釋至大氣中。

　　由上可知，循環光合磷酸化僅產生 ATP；非循環磷酸化則產生 ATP 及 NADPH，氧亦為此途徑之最終產物，然後釋至大氣中，供生物呼吸之用。

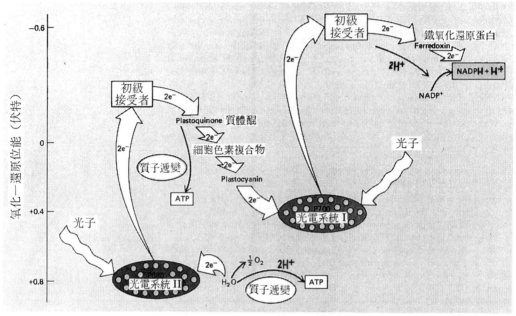

圖 **4-1-3** 非循環光合磷酸化，光系統Ⅱ吸收光子後，電子卽經電子接受鏈傳
遞，最後給予光系統Ⅰ再至 NADP⁺。（同圖 4-1-1, p. 208。）

(3) ATP 之形成 非環循光合磷酸化途徑中，水分解後，除產生
氧和電子外，尚有氫離子。這些氫離子便積儲在囊狀膜中(圖 4-1-4)。

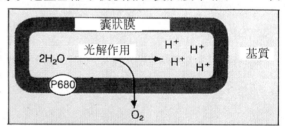

圖 **4-1-4** 水分解產生的氫離子積儲於囊
狀膜中。(錄自: Cecie Starr, Ralph
Taggart, *Biology*, 5th ed., Wadswor-
th. 1989. p. 114。)

此外，在電子傳遞時，氫離子亦積儲於囊狀膜中 (圖 4-1-5)。因此，

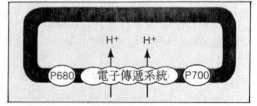

圖 **4-1-5** 電子傳遞系統之電子傳遞時，氫離
子積儲於囊狀膜中。(同圖 4-1-4, p. 114。)

經由光解作用以及電子傳遞，囊狀膜內積儲了氫離子，其濃度較膜外葉
綠體基質中高出很多。這種濃度遞變 (concentration gradient)，乃促

使氫離子自囊狀膜至基質中。氫離子擴散時，必須經過囊狀膜上一種稱為 ATP 合成酶 (ATP synthase) 的酵素 (圖 4-1-6)。 當氫離子經過此處時，便驅動酵素促使 ADP 與磷酸結合而形成 ATP。

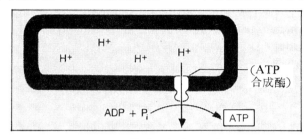

圖 **4-1-6**　囊狀膜內外產生氫離子濃度遞變，氫離子乃經過膜上的 ATP 合成酶自囊狀膜中至基質，離子流動會驅動酵素使 ADP 磷酸化形成 ATP。(同圖 4-1-4, p. 114。)

　　(三) **暗反應** (light independent reaction)　暗反應呈一輪廻，稱為卡氏輪廻 (Calvin cycle) (圖 4-1-7)。卡氏輪廻始於一種叫做磷酸核酮糖 (ribulose phosphate RP) 的五碳糖， 由光反應產生的 ATP，可促使磷酸核酮糖加上一分子磷酸， 形成雙磷酸核酮糖(ribulose bisphosphate RuBP)。 經由酵素的催化， 三分子 CO_2 可以與三分子 RuBP 化合而產生三個分子的六碳化合物，此一過程稱為二氧化碳固定 (CO_2 fixation)。 這種六碳化合物很不穩定，會迅速分解，一分子此種六碳化合物分解為二個含三碳的分子，此種三碳分子，叫做磷酸甘油酸 (phosphoglycerate PGA)。PGA 由光反應產生的 ATP供給能量，乃轉變為二磷酸甘油酸 (diphosphoglycerate DPGA)。DPGA 再轉變為甘油醛-3-磷酸 (glyceraldehyde-3-phosphate PGAL) (二種三碳糖)， 在此過程中， H^+ 則由光反應產生的 NADPH 所供應。 六個 PGAL 分子中，有一個用於合成醣；實際上 PGAL 相當於半個六碳糖 (hexose) 分子，兩個 PGAL 相接，便形成六碳糖， 通常為葡萄糖或果糖。

　　雖然有一分子 PGAL 用於合成醣而離開卡氏輪廻， 但餘下的五個 PGAL 分子則仍保留於此輪廻中。 該五個分子 PGAL 共有 15 個碳原子，這 15 個碳原子與其他原子經由一連串反應，乃組合成三分子的磷酸核酮糖 (RP)， 此卽與卡氏輪廻開始時相同的五碳化合物。 這種五碳糖又可繼續固定二氧化碳，再行產生 PGAL。

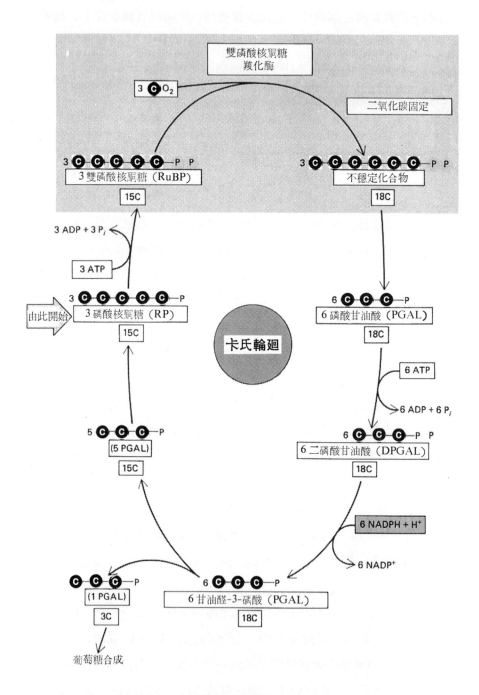

圖 **4-1-7** 卡氏輪廻。（同圖 4-1-1，p. 211。）

總結而言，暗反應需要三個分子 CO_2、水光解時釋出的 H^+ 以及 ATP。 CO_2 的三個碳，可形成一種含三碳的分子 （half-hexose）—— PGAL，此種三碳糖有的形成六碳糖， 有的則形成磷酸核酮糖 （RP），再度從事二氧化碳的固定。

乙、實驗設計

目　的

光合作用是植物在有光的環境下， 利用 CO_2 和水以製造養分的過程。在這複雜的過程中，綠色植物將光能轉變為化學能，並將無機物形成有機物。光合作用的速度，與光量有關，光量增多，速度便加快。本實驗在了解光合作用與 CO_2、光的關係、光合作用的產物，以及光合作用會釋出 O_2。

器　材

（一）

水蘊草（在日光下生長旺盛的嫩枝）	2 枝
0.1％溴瑞香草藍液(brom thymol blue solution)	少許
試　管	4 支
試管塞	4 個
150 瓦光源	1 個
玻璃管或麥管	1 支

（二）

盆栽天竺葵或彩葉草（實驗前三天先置於暗處）	2 盆
100ml 燒杯或小玻璃瓶	2 個
200ml 燒杯	1 個
500ml 燒杯	1 個
氫氧化鈉	25g
95％酒精	100ml

鑷　子	1 把
玻璃鐘罩	2 個
玻璃板（放鐘罩用）	2 塊
酒精燈或其他熱源	1 個
150 瓦光源	1 個
凡士林	少許

（三）

盆栽天竺葵或彩葉草（實驗前三天先置於黑暗處）	1 株
酒精燈或其他熱源	1 個
200ml 燒杯	1 個
500ml 燒杯	1 個
培養皿	2 個
鑷　子	1 把
鋁　箔	少許
150 瓦光源	1 個
95％酒精	100ml
碘液（iodine solution）	10ml

（四）

水蘊草（在日光下生長旺盛的嫩枝）自頂端切取 7 公分長	3 枝
水蘊草（在日光下生長旺盛的嫩枝）自頂端切取 2 公分長	數枝
碳酸氫鈉（sodium bicarbonate）	少許
小試管	1 支
試　管	3 支
500ml 燒杯	1 個
玻璃棒	3 根

漏　斗	1 個
150 瓦光源	1 個
小木片	1 片

步　驟

（一）CO₂ 與光合作用

1. 將四支試管，各注入約半管水，分別標註 1，2，3，4。

2. 各試管中，分別加入 1ml 0.1%溴瑞香草藍（brom thymol blue solution）。溴瑞香草藍在 pH7.0 時呈綠藍色，酸性環境下呈黃色，鹼性時呈藍綠色。

3. 用玻璃管或麥管輕輕吹氣入試管 1 和 2，吹氣後，由於 CO₂的存在，水乃變酸性而呈現黃色。

$$H_2O + CO_2 \rightleftharpoons H_2CO_3 \rightleftharpoons H^+ + HCO_3^-$$

繼續吹氣，直至水的顏色不再改變。

4. 試管 1 和 3 中，各置入一枝水蘊草，並置於離 150 瓦光源 20 公分處，或置於強光下。試管 2 和 4 分別是試管 1 和 3 的對照組。

5. 仔細觀察並記錄結果。（實驗結果可能要等待至第二天才出現）。

6. 根據實驗結果，說明各試管中所發生的情況。

（二）二氧化碳與光合作用的產物

1. 將置於暗處三天的植物（葉片中儲藏的澱粉已耗盡），取出放在玻璃板上，用玻璃鐘罩罩住，分別標註甲、乙。

2. 在玻璃鐘罩內各放入一 100ml 燒杯或小玻璃瓶，甲玻璃罩內的燒杯放 25g 氫氧化鈉，乙的燒杯是空的。氫氧化鈉可以吸收空氣中的 CO₂。

3. 在玻璃鐘罩與玻璃相接處，塗以凡士林，以防空氣進出。

4. 在兩玻璃鐘罩間安裝 150 瓦的光源，距兩者各 20cm，如圖 4-1-8。

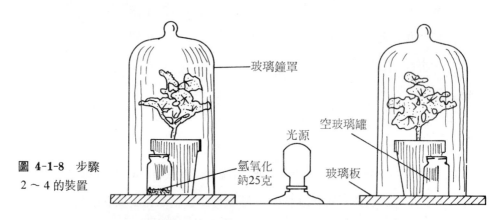

圖 4-1-8 步驟
2～4 的裝置

玻璃鐘罩

空玻璃罐

光源

氫氧化
鈉25克

玻璃板

（若無玻璃鐘罩及玻璃板，則可用大玻璃瓶及盆替代，盆內置水以防空氣出入（圖 4-1-9）。或者將盆栽植物置於大型透明的塑膠袋內，袋口紮緊，以防空氣出入（圖 4-1-10）。）

圖 **4-1-9** 以玻璃瓶和盆代替玻璃鐘罩和玻璃板。（錄自: Norman Abraham et al., *Interaction of Man & the Biosphere*, Tercher's Edition, Chicago: IMB, 1971. p. 30。）

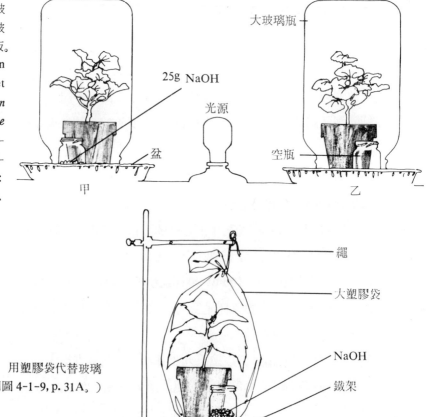

25g NaOH

大玻璃瓶

光源

盆

空瓶

甲

乙

繩

大塑膠袋

NaOH

鐵架

圖**4-1-10** 用塑膠袋代替玻璃鐘罩。（同圖 4-1-9, p. 31A。）

6. 五天後，將甲、乙兩鐘罩內的植物，各摘取葉一枚，甲的植物葉柄用線綁住作為記號。將兩葉片用下法以測定葉內有無澱粉存在。

7. 將葉放入 500ml 燒杯的沸水中，煮沸 2 分鐘。

8. 用鑷子將葉取出，浸入盛有 95％酒精的 200ml 燒杯中，隔水加熱，以除去葉綠素。（注意：酒精易燃，必須隔水加熱，不可直接放在火上，以免發生危險。）

9. 待葉片的綠色褪去後，用鑷子將之取出，置沸水中漂洗。

10. 將二片漂洗過的葉，分別平放在培養皿中，加入碘液，將葉淹蓋，三分鐘後，觀察並記錄結果。

11. 兩者結果有何差別？何故？

（三）光與光合作用的產物

1. 將經過三天黑暗處理的盆栽天竺葵，用鋁箔包裹其中一葉使不透光，或用遮光器置於一葉上以遮蔽光線。

2. 將此植物置於離 150 瓦光源 20cm 處，每天澆水。

3. 2～3 天後，自該植物摘下遮光和未遮光的葉各一。

4. 用第二部分步驟 7～10 的方法，測定葉片中有無澱粉存在。

5. 結果如何？何故？

（四）光合作用釋出氧

1. 取試管 3 支，加水至離管頂約 3cm 處。

2. 取 3 枝 7cm 長的水蘊草嫩枝。

3. 將水蘊草繞於玻璃棒上（切端向上），浸入試管的水中。

4. 各試管加入少許碳酸氫鈉，以供應 CO_2，如圖 4-1-11。

5. 將一試管置於光亮處或離 150 瓦光源 20cm 處。

　　一試管置於陽光直射下。

　　一試管置於黑暗處。

6. 15分鐘後，計數各試管中植物每分鐘釋出的氣泡數，三者有何差別？何故？

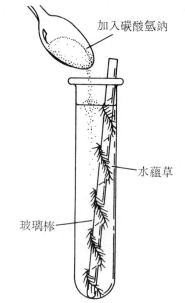

加入碳酸氫鈉

水蘊草

玻璃棒

圖4-1-11 第三部分步驟 1～4 之裝置。
（錄自：James H. Otto et al., *Biology Investigations*, Teacher's Edition, Holt, Rinehart and Winston, 1981, p. 36。）

7. 若欲試驗釋出的氣泡是否是 O_2，則將數段 2cm 長的水蘊草嫩枝置燒杯中，將漏斗倒置用以罩住水蘊草，如圖 4-1-12。燒杯中置水，水深需淹沒漏斗柄，水中可加入少許碳酸氫鈉，以供應 CO_2。另用一小試管，充滿水，用拇指壓住試管口，將試管倒轉放入燒杯中，待管口浸入燒杯的水中後，將拇指自管口移開，並小心將試管套在漏斗柄上。置於離 150 瓦光源 20cm 處，2-3 天後，小試管中的水已退去，管內已為氣體所替代，小心將試管自水中取出，用拇指緊壓管口。用一小木片點燃後吹熄火焰，將此有火星的木片放入試管中，若此木片又出現火焰，表示管內為 O_2，若木片之火星熄滅，則為 CO_2。

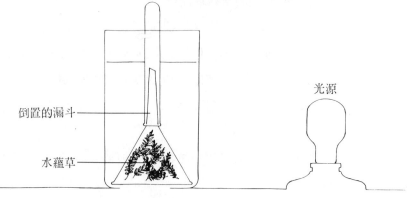

光源

圖4-1-12 用試管收集氧。（同圖4-1-9，p. 38 D。）

倒置的漏斗

水蘊草

實驗4-2 細胞呼吸

甲、前 言

細胞必須藉能量以維持活動，能量來自細胞內的有機養分。當這些養分分解時，其內所含的化學能便轉移至 ATP，再由 ATP 將能量釋出。細胞自養分中獲得能量的方式有三：有氧呼吸 (aerobic respiration)、無氧呼吸 (anaerobic respiration) 和醱酵作用 (fermentation)。

至於細胞呼吸時是利用那一種方式，則視細胞周圍的環境而定。細胞在氧充足的環境下便行有氧呼吸，因為有氧呼吸需要氧。土壤或不流動的水中，氧的供應量少，細胞在此環境下，乃施行產生能量效果較差的無氧呼吸。

細胞呼吸，可以自葡萄糖、脂肪酸或其他有機物中獲得能量。有氧呼吸時，養分被分解最後產生水和二氧化碳，最常見的有氧呼吸是分解葡萄糖。

$$C_6H_{12}O_6 + 6O_2 + 6H_2O \longrightarrow 6CO_2 + 12H_2O + 能量$$

有的細菌只能行無氧呼吸，因其生活在土壤中或不流動的水中。無氧呼吸不需要氧，而是以無機物硫酸鹽 (sulphate) 或硝酸鹽 (nitrate) 替代氧。另有些細菌在無氧環境下，則行醱酵作用，其產物為有機物，如酒精和乳酸。

（一）**有氧呼吸** 有氧呼吸，可分下列四個階段：

（1）糖酵解 (glycolysis) ——將六碳的葡萄糖分解為二個含三碳的丙酮酸 (pyruvate)，並產生二分子 ATP。

（2）形成乙醯輔酶A。丙酮酸分解為含二個碳的分子，並與輔酶A

(coenzyme A) 結合，形成乙醯輔酶A (acetyl coenzyme A)；釋出 CO_2。

（3）檸檬酸反應環，將乙醯輔酶A轉變爲 CO_2，並移除電子和質子。

（4）電子傳遞鏈，形成更多的 ATP 分子，產生水。

茲將該四個階段說明如下：

（1）糖酵解（glycolysis）　糖酵解可以將一分子葡萄糖分解爲二分子丙酮酸（三碳化合物），並產生 ATP。這一反應在細胞質中進行，與此有關的物質如 ADP、NAD 和磷酸等皆在細胞質中游離。糖酵解不需要氧，故不論細胞在有氧或無氧的狀況下，皆能進行糖酵解。在此過程中（圖 4-2-1），磷酸加於葡萄糖，葡萄糖分解，形成二分子甘油醛 -3- 磷酸 (glyceraldehyde-3-phosphate PGAL)，這一轉變需要能量，因此，細胞內必須先投入二分子 ATP，才能啓動一分子葡萄糖的分解。

$$葡萄糖＋2ATP→→→2PGAL＋2ADP＋2Pi$$

（多個箭頭表示一連串數個反應步驟）

然後 PGAL 經氧化而移除二個氫原子，其他的原子則重行組合形成丙酮酸(pyruvate)分子。在這些過程中，共可形成 4 個 ATP 分子。

$$2PGAL＋4ADP＋4Pi→→→→ 2 丙銅酸＋4H＋4ATP$$

注意：在糖酵解的初步反應中，細胞曾先投入二分子 ATP，而 PGAL 氧化時，產生 4 個 ATP 分子，因此糖酵解完畢，可淨得二分子 ATP。此外，PGAL 氧化移除之氫原子，則迅速與 NAD 結合。

$$NAD^+＋2H \longrightarrow NAD-H＋H^+$$
（氧化 NAD）　（還原 NAD）

不論有氧呼吸、無氧呼吸或醱酵作用，糖酵解的過程皆相同，含高能的電子皆轉移至 NAD^+ 而使之還原爲 NADH。之後，在無氧呼吸時，即不以氧爲電子之最終接受者，而代之以無機物硝酸鹽 (nitrate NO_2^-) 或硫酸鹽 (sulphate SO_4^{--}) 作爲最終的電子接受者。而在醱酵作用時，則以有機物爲 NADH 之電子接受者。酒精醱酵時，電子由

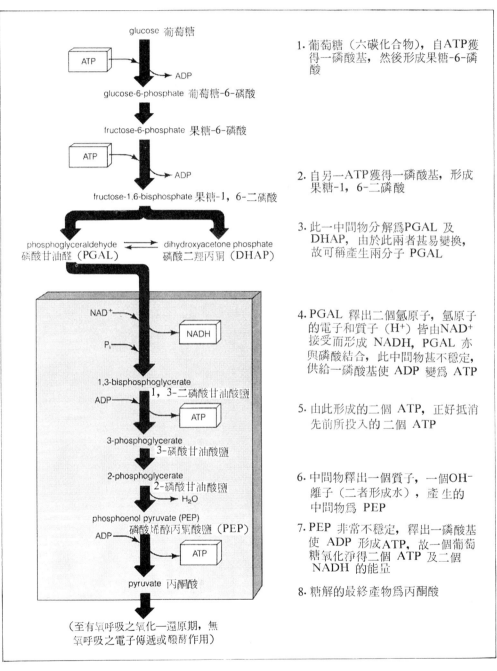

1. 葡萄糖（六碳化合物），自ATP獲
得一磷酸基，然後形成果糖-6-磷
酸

2. 自另一ATP獲得一磷酸基，形成
果糖-1，6-二磷酸

3. 此一中間物分解為PGAL 及
DHAP，由於此兩者甚易變換，
故可稱產生兩分子 PGAL

4. PGAL 釋出二個氫原子，氫原子
的電子和質子（H$^+$）皆由NAD$^+$
接受而形成 NADH，PGAL 亦
與磷酸結合，此中間物甚不穩定，
供給一磷酸基使 ADP 變為 ATP

5. 由此形成的二個 ATP，正好抵消
先前所投入的二個 ATP

6. 中間物釋出一個質子，一個OH$^-$
離子（二者形成水），產生的
中間物為 PEP

7. PEP 非常不穩定，釋出一磷酸基
使 ADP 形成ATP，故一個葡萄
糖氧化淨得二個 ATP 及二個
NADH 的能量

8. 糖解的最終產物為丙酮酸

圖 4-2-1　糖酵解的過程，方塊中的步驟在分解一分子葡萄糖時，皆進行兩次。
（錄自: Cecie Starr, Ralph Taggart, *Biology*, 5th ed., wadsworth,
1989. p. 127，）

乙醛 (acetaldehyde) 接受，其產物爲乙醇（圖 4-2-2A）。乳酸醱酵時，電子和 H^+ 移轉至丙酮酸而產生乳酸（圖 4-2-2B）。乙醇中含有很多能量，乳酸中的能量更多。因爲酒精醱酵或乳酸醱酵，皆只產生二個分子 ATP，絕大部分的能量仍保留於其產物乙醇或乳酸中。

　　(2) 乙醯輔酶A之形成　糖酵解的最終產物丙酮酸，仍保有葡萄糖中的大部分能量。當有氧存在時，丙酮酸便進入粒線體中，所有細胞呼吸的其他過程，便都在粒線體內進行。粒線體是雙層膜的構造（圖 4-2-3），內膜與外膜間的空隙，稱爲膜間隙 (intermembrane space)

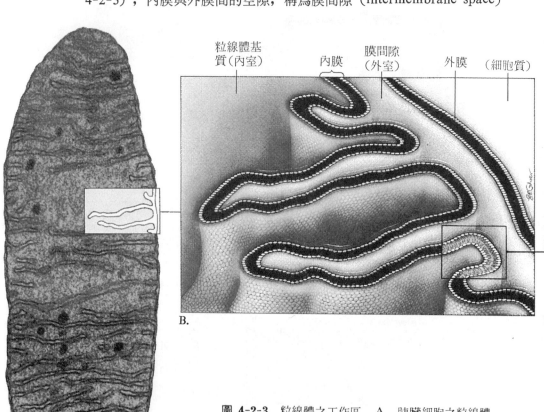

　　　　粒線體基　　　　　內膜　膜間隙　　　外膜　（細胞質）
　　　　質（內室）　　　　　　　（外室）

B.

圖 4-2-3 粒線體之工作區。A. 胰臟細胞之粒線體。（基質）與外室（膜間隙）。C. 內室爲檸檬酸循環，子等進行之場所。（同圖 4-2-1, pp. 128～129。）

A.

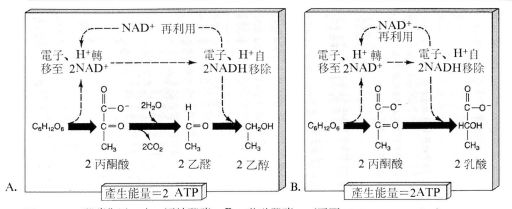

圖 4-2-2 醱酵作用。A．酒精醱酵。B．乳酸醱酵。（同圖 4-2-1，p. 125。）

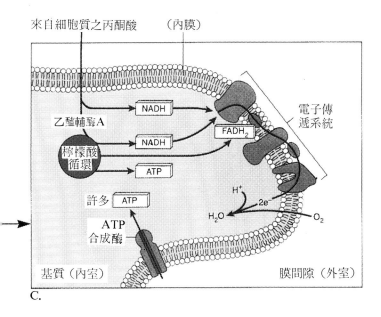

B．粒線體內膜將粒線體內部分為內室
輔酶 NAD⁺ 及 FAD 接受 H⁺ 和電

或稱外室，內膜以內的部分爲基質（matrix）或稱內室，有氧呼吸的第二階段便在基質中進行。

丙酮酸在進入粒線體後，便轉變爲乙醯輔酶 A（acetyl CoA），在此轉變的過程中（圖 4-2-4），首先，由酵素將丙酮酸中之羧基（COO group）除去，形成 CO_2 而擴散至細胞外，H^+ 及電子則由 NAD 接受，

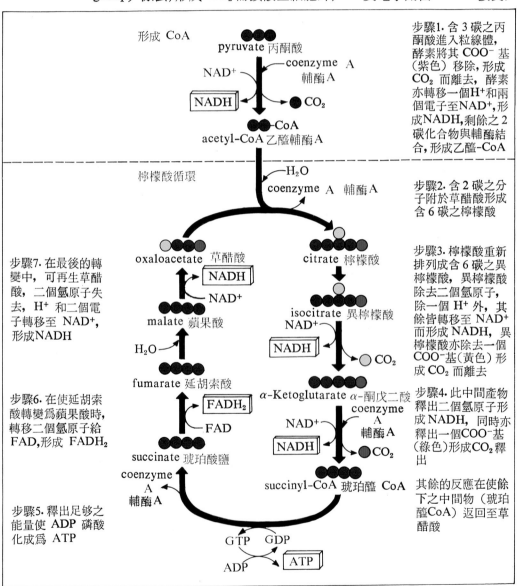

形成 CoA

pyruvate 丙酮酸

coenzyme A 輔酶A

NAD^+

NADH

CO_2

-CoA

acetyl-CoA 乙醯輔酶A

步驟1. 含 3 碳之丙酮酸進入粒線體，酵素將其 COO^- 基（紫色）移除，形成 CO_2 而離去，酵素亦轉移一個H^+和兩個電子至NAD^+，形成NADH，剩餘之 2 碳化合物與輔酶結合，形成乙醯-CoA

檸檬酸循環

H_2O

coenzyme A 輔酶A

oxaloacetate 草醋酸

NADH

NAD^+

citrate 檸檬酸

步驟3. 檸檬酸重新排列成含 6 碳之異檸檬酸，異檸檬酸除去二個氫原子，除一個 H^+ 外，其餘皆轉移至 NAD^+ 而形成 NADH，異檸檬酸亦除去一個 COO^-基（黃色）形成 CO_2 而離去

步驟7. 在最後的轉變中，可再生草醋酸，二個氫原子失去，H^+ 和二個電子轉移至 NAD^+，形成NADH

malate 蘋果酸

H_2O

isocitrate 異檸檬酸

NAD^+

NADH

CO_2

fumarate 延胡索酸

α-Ketoglutarate α-酮戊二酸

$FADH_2$

FAD

步驟4. 此中間產物釋出二個氫原子形成NADH，同時亦釋出一個COO^-基（綠色）形成CO_2釋出

步驟6. 在使延胡索酸轉變爲蘋果酸時，轉移二個氫原子給 FAD，形成 $FADH_2$

succinate 琥珀酸鹽

coenzyme A 輔酶A

coenzyme A 輔酶A

NAD^+

NADH

CO_2

succinyl-CoA 琥珀醯 CoA

其餘的反應在使餘下之中間物（琥珀醯CoA）返回至草醋酸

步驟5. 釋出足够之能量使 ADP 磷酸化成爲 ATP

GTP GDP

ADP

ATP

圖 4-2-4 有氧呼吸之第二和第三階段。（同圖 4-2-1，p. 130。）

餘下含二碳之物質便與 CoA 連接，形成乙醯輔酶A，其反應為

2 丙酮酸＋2NAD$^+$＋2CoA $\longrightarrow$ 2 乙醯CoA＋2NADH＋2H＋2CO$_2$

此時，一分子葡萄糖已氧化為二個乙醯基（acetyl group），釋出二分子 CO$_2$，H$^+$ 則由 NAD$^+$ 接受成為 NADH。在第一反應階段糖酵解時，也產生二分子 NADH，至此，則共有四個 NADH 分子。

（3）**檸檬酸循環**（citria acid cycle）　檸檬酸循環亦稱克列伯循環（Krebs cycle）。此一反應循環仍在粒線體的基質中進行，首先，乙醯輔酶A 將含二碳的乙醯基移轉至含四碳的草醋酸（oxaloacetate），形成檸檬酸（citrate），此為一種六碳化合物

草醋酸　＋　乙醯輔酶A　$\longrightarrow$　檸檬酸
（四碳化合物）（二碳化合物）　　　（六碳化合物）

檸檬酸失去羧基（COO-group），該羧基乃形成 CO$_2$ 而排除。大部分能量則由電子轉移至 NAD$^+$，形成 NADH。檸檬酸反應循環的其他步驟，詳見圖 4-2-4。

由於一分子葡萄糖經糖酵解而產生二分子丙酮酸，因此，要經過兩個輪廻的檸檬酸循環始能處理一分子的葡萄糖。最後，丙酮酸耗盡，每一循環，產生一分子 ATP，故檸檬酸循環共產生二分子 ATP。雖然如此，檸檬酸循環形成更多的輔酶（圖 4-2-5），可以用於第四階段的電子傳遞。葡萄糖分解，絕大部分的 ATP，係由電子傳遞而形成。

（4）**電子傳遞及磷酸化作用**　在糖酵解、乙醯輔酶 A 形成以及檸檬酸循環時，皆有氫被移除。這些氫乃轉移至初級受氫者，此受者為 NAD$^+$ 或 FAD。氫乃自 NAD 經電子傳遞鏈（electron transport chain）而傳遞，當電子由傳遞分子傳遞時，H$^+$（質子）乃與電子分離

糖酵解：		2NADH
乙醯輔酶A形成：		2NADH
檸檬酸循環：	2FADH$_2$	6NADH
轉遞至第四階段之總數：	2FADH$_2$ + 10NADH	

圖 4-2-5　有氧呼吸前三個階段產生之輔酶數目。（同圖 4-2-1，p. 129。）

而至膜間隙（外室）中（圖 4-2-6）。電子傳遞時，會失去能量，有些

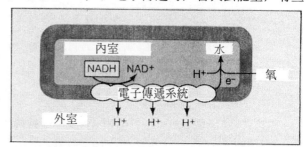

圖 4-2-6 當 NADH 及 FADH₂
將 H⁺ 和電子釋出至電子傳遞系
統時，電子被接受，H⁺ 則遺留在
外室（膜間隙）中。（同圖 4-2-1,
p. 129。）

能量，便用來使 H⁺ 通過粒線體的內膜。因為H⁺ 積儲於膜間隙中，於是
膜的內外，乃產生H⁺濃度的遞變 (concentration gradient)，H⁺ 乃經
由膜上的 ATP 合成酶(ATP synthase)而至基質(內室)中（圖4-2-7）。

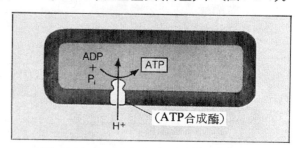

圖 4-2-7 H⁺ 積儲於外室中，於
是在膜的內外，發生濃度遞變，
H⁺ 便向膜內移動，移動時經過
ATP 合成酶，乃使 ADP 形成
ATP。（同圖 4-2-1, p. 131。）

當 H⁺ 通過此酵素時，電子傳遞釋出的能量，便使 ADP 磷酸化 (pho-
sphorylation) 而成 ATP。於是便有更多（一般 32 個）的 ATP 形成。

電子傳遞鏈中的分子（圖 4-2-8），首為 FMN（黃素單核苷酸

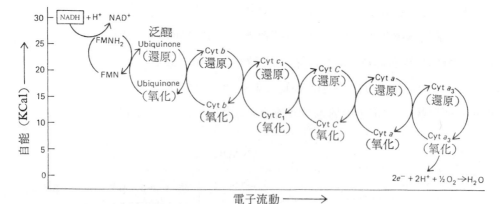

圖 4-2-8 電子傳遞鏈，氫或其電子由接受分子依次傳遞。（錄自: Claude
A. Villee et al., *Biology*, 2nd ed., Holt, Rinehart and Winston,
Inc., 1989. p. 186。）

flavin mononucleotide)，其次為 Q（泛醌 ubiquinone），再次為一羣密切相關的細胞色素 cyt（cytochrome）。 電子由這些分子依次傳遞， 最後 cyt a_3 將二個電子傳遞給氧分子；在此同時， 電子與 H^+ 重新結合，於是氧便和氫化合而成水。由此可知，氧是電子傳遞鏈中最後的受者，也可了解到細胞呼吸時為何需要氧。

（二）**葡萄糖分解的淨得能量**　有氧呼吸時，一分子葡萄糖能產生 36 或 38個 ATP 分子（圖 4-2-9），數目之差異，端視糖酵解在細胞

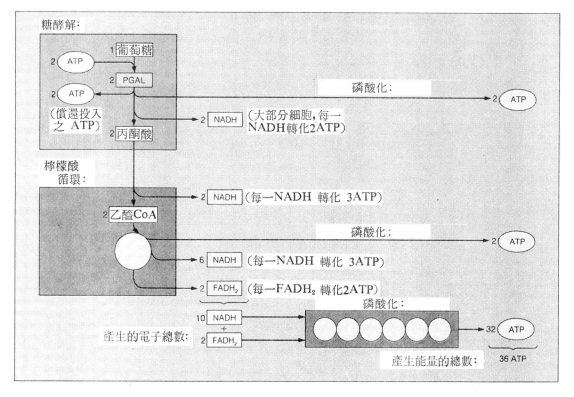

圖 4-2-9　一分子葡萄糖在有氧呼吸時，淨得之能量。（同圖 4-2-1，p. 132。）

質中產生的二分子 NADH，進入粒線體時的輔酶是 FAD 還是 NAD而定。若是以 FAD 為輔酶，如肌肉細胞，因為一分子 FADH 的能量，

僅能轉化二分子 ATP (卽 NADH＋H⁺ $\xrightarrow{\text{電子傳遞鏈}}$ FADH₂ ⟶ 2ATP; 因此, 一分子葡萄糖完全氧化, 淨得 36 分子 ATP 。 若是細胞質中二分子 NADH 進入粒線體時, 是以 NAD 爲輔酶, 如肝細胞, 一分子 NADH 的能量, 可轉化三分子 ATP (NADH＋H⁺ $\xrightarrow{\text{電子傳遞鏈}}$ 3ATP), 如此一分子葡萄糖完全氧化, 就形成 38 分子 ATP。

一克分子 (mole) 葡萄糖所含的自由能 (free energy) 爲 686 仟卡, 當完全氧化時獲得 36 (或 38) 分子 ATP, 每克分子 ATP 含能量爲 7.5仟卡, 因此其能量的有效利用率爲 (36)(7.5)/(686)或39%。在無氧呼吸和醱酵作用時, 能量的有效利用率僅 (2)(7.5)/(686) 或 2%。

乙、實驗設計

目　的

細胞呼吸會釋出 CO_2, 同時也散出若干熱。本實驗以萌芽中的種子爲材料, 測定種子細胞的呼吸作用會產生 CO_2 和熱。

器　材

（一）

種　子（綠豆、小麥或玉米）	酌量
（分爲兩半, 實驗前先經步驟 1 之處理）	
10%福馬林 (Formalin)	酌量
0.1%溴瑞香草藍液 (brom thymol blue)	酌量
錐形瓶	4 個
漏　斗	2 個
瓶　塞（各穿 2 孔以插入玻璃管和漏斗）	2 個
瓶　塞（各穿 1 孔以插入玻璃管）	2 個
U 形玻璃管	2 個

棉　花	酌量
200ml 燒杯	1 個

（二）

錐形瓶	4 個
瓶　塞（各穿 2 孔以插入玻璃管）	4 個
U 形玻璃管	3 支
彎玻璃管	2 支
種　子（綠豆、小麥或玉米，先洗淨並浸泡24 小時）	酌量
氫氧化鈉溶液（sodium hydroxide solution）	酌量
石灰水（或氫氧化鋇溶液）	酌量
棉　花	少許

（三）

種　子（綠豆、小麥或玉米；實驗前24小時，一半用水洗淨，再用水浸泡 24 小時，另一半洗淨後用 10％福馬林浸泡 2 小時，再用水浸泡 24 小時）	酌量
低溫定溫箱	全班合用
保溫瓶（或錐形瓶）	2 個
瓶　塞（上穿 1 孔以插入溫度計）	2 個
溫度計	2 支
棉　花	少許

步　驟

（一）細胞呼吸釋出 CO_2

1. 取綠豆種子，其中一半用冷水洗淨後，用水浸泡 24 小時，另一半洗淨後用 10％福馬林（formalin）浸泡 2 小時以破壞種子，再用水浸泡 24 小時。

2. 取錐形瓶一個，瓶底先舖一層濕棉花，置入洗淨用水浸泡的種

子約半滿，加蓋穿有二個孔的瓶塞，其中一孔插入漏斗，另一孔插入 U 形玻璃管。

3. 另取一錐形瓶，置入 0.01% 溴瑞香草藍液約 $\frac{1}{3}$ 滿，加蓋穿有一個孔的瓶塞，將步驟 2 的 U 形玻璃管之另一端插入瓶塞的孔中，使二個錐形瓶以 U 形玻璃管相接。玻璃管的這一端要浸入溴瑞香草藍溶液中。此爲實驗組，標註甲。

4. 用同法，將另二個錐形瓶作同樣的裝置，惟瓶內置放等量已用福馬林 (formalin) 破壞細胞的種子，作爲對照，標註乙。

5. 40 分鐘後，用燒杯取水，將水從漏斗灌入盛有種子的錐形瓶中，可使瓶內的氣體推擠至盛溴瑞香草藍液的瓶內。觀察溴瑞香草藍液的顏色變化。

6. 實驗組與對照組的結果有何差異？何故？

（二）測定 CO_2 的另一法

1. 將四個錐形瓶與玻璃管作如圖 4-2-10 的裝置。

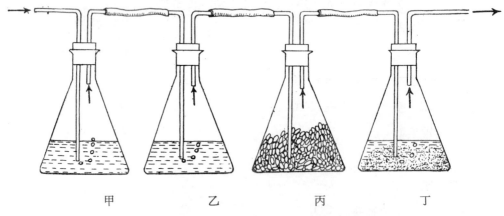

甲　　　　　　乙　　　　　　丙　　　　　　丁

圖4-2-10　實驗第二部分步驟 1 之裝置

甲瓶內盛氫氧化鈉溶液，NaOH 可以吸收空氣中的 CO_2。

乙瓶內盛石灰水 （或氫氧化鋇溶液），由甲瓶進入乙瓶的氣體，若含有 CO_2，水卽變混濁。

丙瓶的瓶底舖濕棉花，上置萌芽中的種子。

丁瓶內盛石灰水（或氫氧化鋇溶液）。

2. 40 分鐘後，自丁瓶的玻璃管管端抽氣，若丁瓶內的石灰水呈混濁，證明種子呼吸會釋出 CO_2。

（三）細胞呼吸產生熱

1. 保熱瓶（或錐形瓶）二個，瓶底舖濕棉花，一瓶置入洗淨用水浸泡的種子，標註甲。另一瓶置入用福馬林破壞細胞的種子，標註乙。

2. 加蓋瓶塞。

3. 瓶塞的孔中插入溫度計。

4. 置於 28°C～30°C 的低溫定溫箱中，每日觀察並記錄溫度，連續五天。

5. 兩瓶的結果有何差異？何故？

實驗5-1 有絲分裂

甲、前　言

細胞可以由一分爲二，以產生子細胞；因此，細胞分裂可視爲細胞的增殖。細胞分裂可分爲三類：

類　別	發　生　於
原核分裂（prokaryotic fission）	原核類如細菌
有絲分裂（mitosis）　⎫	單細胞眞核生物（無性生殖）
細胞質分裂（cytokinesis）⎭	多細胞眞核生物（個體生長及無性生殖）
減數分裂（meiosis）　⎫	所有眞核生物（有性生殖時形成配子）
細胞質分裂（cytokinesis）⎭	

（一）**原核分裂**　原核生物的細胞內有 DNA，但是在 DNA 外圍並無核膜。細胞分裂時（圖 5-1-1），DNA 複製爲二，兩個 DNA 分子均以某點附於細胞膜上，在兩附著點之間產生新的細胞膜及細胞壁。當新的細胞膜和細胞壁漸漸增多時，兩 DNA 分子便漸遠離，最後，細胞膜和細胞壁便將細胞分隔爲二。

（二）**眞核生物的染色體**　眞核生物細胞內的 DNA 與蛋白質構成染色質（chromatin），細胞分裂時，染色質又纏絡而形成染色體（圖 5-1-2）。實際上 DNA 在細胞分裂前便已複製。複製的染色體，包含兩條縱向並列的染色分體（chromatid），兩者的著絲點（centromere）

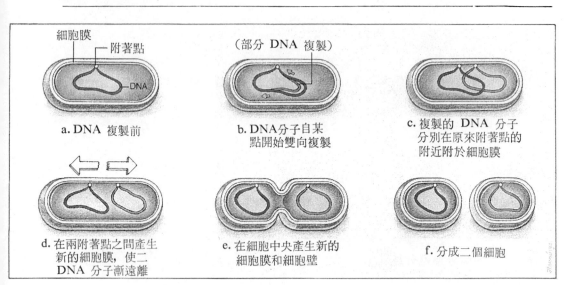

圖 **5-1-1**　原核細胞分裂。（錄自: Cecie Starr, Ralph Taggart, *Biology*, 5th ed., Wadsworth. 1989. p. 138。）

相連（圖 5-1-3）。染色體的數目在各種生物皆有一定（表 5-1-1），有絲分裂可以確保子細胞內的染色體與原來細胞內者一樣。減數分裂時，子細胞內染色體的數目比原來細胞者減少一半，這種分裂，見於配子的形成過程中，雌雄配子結合後，合子中又可恢復原來染色體的數目。

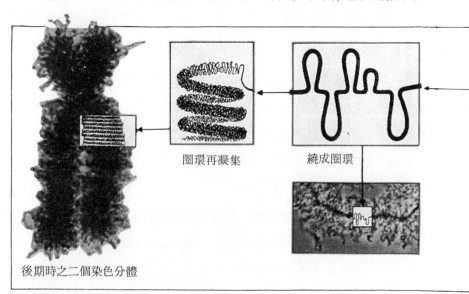

圈環再凝集　　　繞成圈環

後期時之二個染色分體

表 5-1-1 數種真核生物體細胞內之染色體數目（個）

蚊 蟲（*Culex pipiens*）	6
果 蠅（*Drosophila melanogaster*）	8
豌 豆（*Pisum sativum*）	14
玉 米（*Zea mays*）	20
黃 松（*Pinus ponderosa*）	24
虎皮蛙（*Rana pipiens*）	24
蚯 蚓（*Lumbricus terrestris*）	36
恒河猴（*Macaca mulatta*）	42
人（*Homo sapiens*）	46
猩 猩（*Pongo pygmaeus*）	48
黑猩猩（*Pan troglodytes*）	48
大猩猩（*Gorilla gorilla*）	48
馬鈴薯（*Slanum tuberosum*）	48
變形蟲（*Amoeba proteus*）	50
馬（*Equus caballus*）	64
木 賊（*Equisetum*）	216
瓶爾小草（*Ophioglossum reticulatum*）	1,000[+]

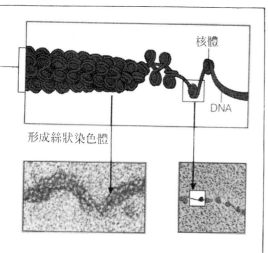

圖 5-1-2 DNA 繞於核體形成染色質（右），染色質凝集形成絲狀染色體，絲狀染色體繞成圈環，再凝集成染色體。（同圖 5-1-1, p. 227。）

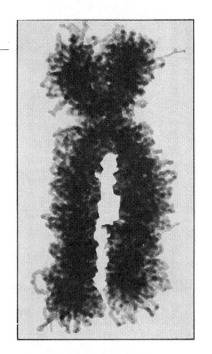

圖 5-1-3 複製的染色體包含二條染色分體，彼此以著絲點相連。（同圖 5-1-1, p. 140。）

（三）**細胞週期**（cell cycle） 細胞週期可稱是細胞的生活史。細胞經有絲分裂產生的子細胞，生長至一定大小，便又再行分裂，如是週而復始，稱細胞週期（圖 5-1-4）。由此可知，有絲分裂僅是細胞週期中的一小部分而已，且為時甚短，通常僅數分鐘或數小時便告完成。在兩次分裂之間的時期，稱為間期（interphase）。間期為時長，約佔整個細胞週期的 90%，可以分為 G_1，S 和 G_2 三個階段。茲將細胞週期之過程，歸納於下：

有絲分裂 { M 細胞核分裂（通常細胞質分裂亦隨之發生）

間　　期 { G_1 DNA 複製前之間隙

S DNA 複製並合成與其相關之蛋白質

G_2 DNA 複製後、有絲分裂前之間隙

在 G_1 階段，細胞生長最為顯著，細胞內的各項活動亦十分旺盛。G_2 可謂是為細胞分裂預作準備，例如使複製後的染色體互相分離之構造，便於此階段開始形成。

（四）**有絲分裂** 有絲分裂為細胞核的分裂。雖然有絲分裂是一連

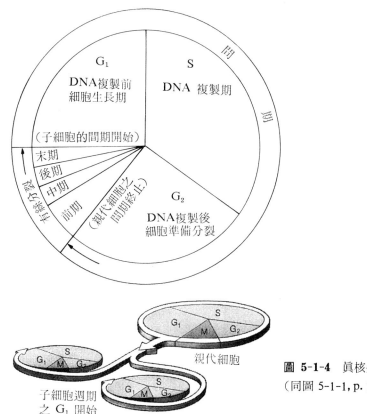

親代細胞

子細胞週期
之 G₁ 開始

圖 **5-1-4**　眞核生物之細胞週期。
（同圖 5-1-1, p. 142。）

續的過程，但敍述時，通常將之分爲前期、中期、後期和末期（圖5-1-5），實際上，各時期間並無顯著界限。

　　1. 前期（prophase）　　前期時，核內出現細絲狀的染色體。實際上構成染色體的 DNA，在間期的 S 階段便已經複製，但在前期剛開始時，尙無法觀察出來。以後染色體漸漸變粗變短，複製的情形便漸明顯。當細胞核行將分裂時，細胞質內的微管便在核的附近，重新組合成紡錘體（spindle apparatus）。紡錘體呈紡錘形，其兩極（端）間有許多平行排列的微管。此外，在前期末，核膜、核仁皆消失。動物的細胞，核的附近有中心粒（centriole）。中心粒爲兩個互相垂直的小桿狀物，細胞分裂開始時，二個桿狀物互相分離，並各自複製，分別位於紡錘體的兩極（圖 5-1-6）。

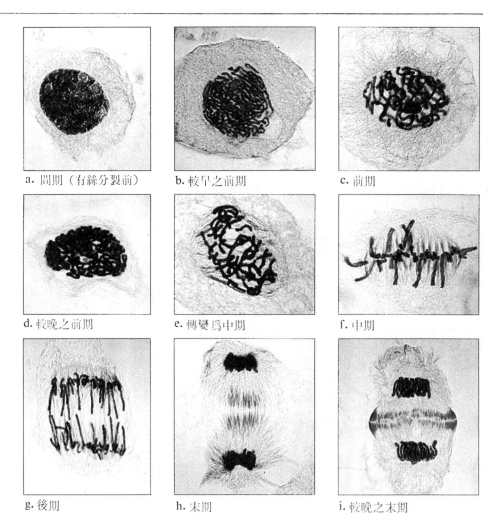

a. 間期（有絲分裂前）　　b. 較早之前期　　　c. 前期

d. 較晚之前期　　　e. 轉變為中期　　　f. 中期

g. 後期　　　　h. 末期　　　　i. 較晚之末期

圖 5-1-5 植物細胞的有絲分裂。（同圖 5-1-1, p. 143。）

中心粒對

紡錘體赤道

紡錘體
之微管

中心粒對

圖 5-1-6 具有中心粒的真核細胞，有絲分裂時，成對的中心粒互相分離，並各自複製，向紡錘體的兩極移動。（同圖 5-1-1, 6th ed., p. 100。）

（2）**中期**（metaphase）　核膜消失後，紡錘體卽伸展至核的部位。有的微管，其一端附於染色體的著絲點上，並牽引染色體，使染色體排列於紡錘體中央，卽赤道的位置；　這些微管稱染色體微管（chromoso-mal microtubule），有的微管不附於染色體，　其兩端分別位於紡錘體的兩極，稱極間微管（interpolar microtubule）　（圖 5-1-7）。

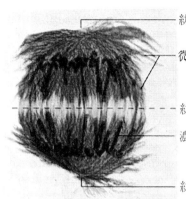

紡錘體之一極

微管，組合成紡錘體

紡錘體之赤道

濃縮之染色體

圖 5-1-7　紡錘體之微管及染色體。（同圖5-1-1, p. 143。）

紡錘體之一極

（3）**後期**（anaphase）　　後期時，有兩項特徵，一為著絲點複製，另一為複製的染色體互相分離。著絲點複製後，染色分體便有其自己的著絲點，此時便稱染色體。複製後的染色體，受染色體微管的牽引，便分向紡錘體的兩極移動。 移動時，　由於微管的拉力，　施於著絲點，　因此，著絲點在前，　染色體的臂（arm）便落在後，故呈現V字形（染色體的兩臂近乎等長者）、J字形（一臂長、一臂短）、一字形（著絲點位於染色體的一端者）　（圖 5-1-8）。

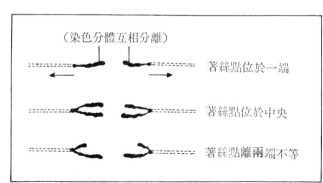

（染色分體互相分離）

著絲點位於一端

著絲點位於中央

著絲點離兩端不等

圖 5-1-8　染色體向兩極移動時，呈現直線、U字形或J字形，視著絲點在染色體上的位置而定。（同圖 5-1-1, p. 146。）

（4）**末期**（telophase） 末期時，到達兩極的染色體便漸漸鬆弛成絲狀，其外圍出現核膜，將遺傳物質與細胞質隔離，核仁又復出現。細胞核一旦形成，末期卽告結束。

（五）**細胞質分裂**（cytokinesis） 細胞質分裂，幾與有絲分裂的末期同時發生。動物細胞與植物細胞的細胞質分裂不一樣。動物細胞係在赤道位置的細胞膜向內陷，將細胞分爲二。最初，在紡錘體的赤道位置出現分裂溝（cleavage furrow）（圖 5-1-9），分裂溝有一圈附於

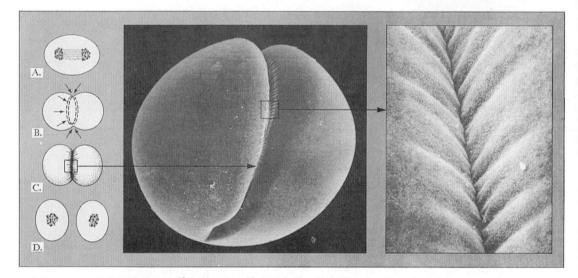

圖 5-1-9 動物細胞的細胞質分裂。A．核分裂完畢，紡錘體消失。B．在原來紡錘體赤道位置之微絲收縮。C．微絲收縮導致細胞表面凹陷成溝。D．細胞質分爲兩半。（同圖 5-1-1, p. 147。）

細胞膜的微絲（microfilament），微絲能收縮，於是將細胞膜向內拉，細胞膜便不斷向內凹陷，終至將細胞分爲兩個。

植物細胞由於有細胞壁，細胞質分裂時，不能產生分裂溝，而是在赤道位置形成細胞板（cell plate）。細胞板形成時，在赤道處有許多小囊排列成盤狀（圖 5-1-10），囊內有形成細胞壁的物質，由此形成細胞板。最後在細胞板的兩側堆積纖維素而形成新的細胞壁。

（六）**減數分裂**（meiosis） 減數分裂爲兩次連續的細胞分裂，分別稱爲第一減數分裂（first meiosis 或 meiosis I）和第二減數分裂（second meiosis 或 meiosis II）。兩者皆可分爲前期、中期、後期和末

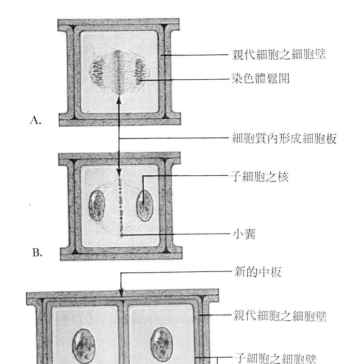

親代細胞之細胞壁

染色體鬆開

A.

細胞質內形成細胞板

子細胞之核

小囊

B.

新的中板

親代細胞之細胞壁

子細胞之細胞壁

C.

圖5-1-10　植物細胞之細胞質分裂，A～B在赤道位置小囊形成，小囊漸漸癒合而成細胞板。C. 小囊內的物質形成中板，中板與子細胞之細胞壁黏合，小囊之膜則在細胞板之兩側形成細胞膜。（同圖 5-1-1, p. 148。）

期，其過程與有絲分裂有相同處，也有相異處（圖 5-1-11）。

1. 第一減數分裂

　　a. 前期Ⅰ（prophase Ⅰ）　　細胞內出現細絲狀之染色體，這些染色體 皆已複製；染色體漸 變粗短，同源染 色體互相 配對，叫做聯會（synapsis），於是同源染色體的四條染色分體乃平行排列（圖5-1-12），同源染色分體間會互相交叉一起，交叉（chiasma）的地方可能斷裂，然後互相交換一段等長的染色體，此卽互換（crossing over）。

　　b. 中期Ⅰ（metaphase Ⅰ）　　配對的染色體，排列於紡錘體中央卽赤道位置。

　　c. 後期Ⅰ（anaphase Ⅰ）　　紡錘體的微管牽引同源染色體分別向兩極移動，同源染色體乃漸離漸遠。

　　d. 末期Ⅰ（telophase Ⅰ）　　伴隨細胞質分裂，於是由一個細胞分

體細胞（2n）之
細胞核，間期時
DNA 已複製

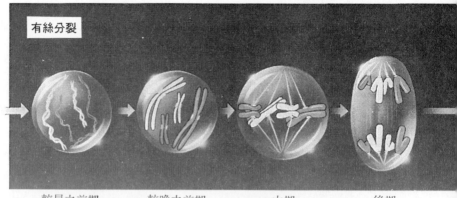

較早之前期	較晚之前期	中期	後期
複製的染色體	染色體濃縮，紡錘體開始形成	所有染色體排列於紡錘體之赤道	各染色體之染色分體互相分離並向兩極移動

種細胞（2n）之
細胞核，DNA
已複製

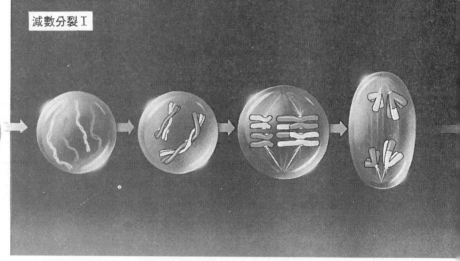

較早之前期 I	較晚之前期 I	中期 I	後期 I
複製的染色體	染色體濃縮，紡錘體開始形成，同源染色體配對	配對的染色體排列在赤道位置	同源染色體互相分離，並分向兩極移動

圖5-1-11 有絲分裂與減數分裂之比較。
（同圖 5-1-1, pp. 160～161。）

末期

各子細胞之核
皆為二倍數染
色體（2n）

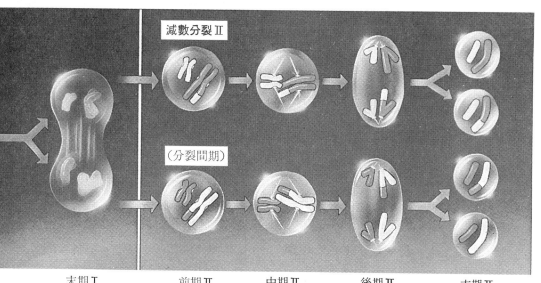

末期 I	前期 II	中期 II	後期 II	末期 II
兩極各有單倍數染色體（n）	為時甚短，各染色體保持複製狀態	染色體排列於赤道位置	各染色體之染色分體互相分離，並分向兩極移動	各子細胞核皆為單倍數染色體（n），僅有各對染色體中之一個

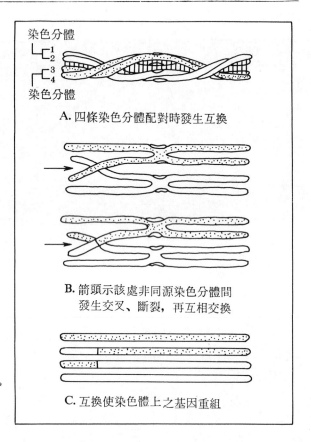

A. 四條染色分體配對時發生互換

B. 箭頭示該處非同源染色分體間
發生交叉、斷裂，再互相交換

C. 互換使染色體上之基因重組

圖5-1-12 同源染色分體間發生互換。
（同圖 5-1-1, p. 153。）

為兩個。

　　e. 分裂間期（interkinesis）　此時 DNA 不再複製，但各染色體仍處於複製狀態（第一減數分裂前即已複製）。

　　f. 前期Ⅱ（prophase II）　核膜消失，紡錘體快速形成。

　　g. 中期Ⅱ（metaphase II）　各複製的染色體排列在赤道位置。

　　h. 後期Ⅱ（anaphase II）　著絲點複製，紡錘體的微管牽引複製形成的二個染色體互相分離並向兩極移動。

　　i. 末期Ⅱ（telophase II）　細胞分裂為二，染色體周圍出現核膜，減數分裂乃告完成。

乙、實驗設計

目　的

有絲分裂可以確保遺傳物質自親代細胞傳遞至子代細胞而不改變。其過程在活細胞內不易觀察，因為核內的物質皆呈透明狀。由於位相差顯微鏡可以觀察到活細胞內的構造，所以可利用這種顯微鏡觀察活細胞內有絲分裂的過程。不過一般仍將動植物細胞經切片染色後來觀察。至於壓碎法（squash）或塗抹法（smear）則可觀察到分裂中的整個細胞。本實驗乃兩者兼而有之。

器　材

（一）

複式顯微鏡	1 臺
鴨跖草（*Tradescantia*）	1 株（全班合用）
2％乙醯地衣紅（aceto-orcein）	少許
鑷　子	1 把
解剖針	1 支
載玻片	1 片
蓋玻片	1 片
尺	1 支
濾紙（或紙巾）	1 張
錶玻皿	1 個

（二）

複式顯微鏡	1 臺
新鮮洋葱球莖（直徑 5～7cm，注意市售 供食用者可能經過抑制萌芽之處理） （該球莖應在實驗前數天照步驟中（二） 之 1 處理）	1 個

廣口瓶或燒杯（洋葱根生長用）	1 個
牙　籤	數根
1M HCl	少許
Carnoy's 溶液	少許
2％乙醯地衣紅（aceto-orcein）	少許
解剖針	1 支
70％酒精	少許
鑷　子	1 把
載玻片	1 片
蓋玻片	1 片
濾紙或紙巾	1 張
錶玻皿	1 個
（三）	
複式顯微鏡	1 臺
洋葱根縱切玻片	1 片
（四）	
複式顯微鏡	1 臺
蛔蟲或白魚囊胚永久玻片	1 片

步　驟

（一）花粉塗抹玻片

1. 取鴨跖草的花芽，其長度自 2mm～8mm（由頂端到花柄附著處）。學生分組各取不同長度之花芽（2mm, 3mm, 4mm, 5mm, 6mm, 7mm, 8mm），在不同長度之花芽中，總有一組其花芽中之花粉的細胞核正進行有絲分裂。（若無新鮮之紫鴨跖草，則可取約 5mm 長之花芽，曾以 Carnoy's solution 固定，再保存於 70％酒精中者，使用時，先將花粉囊置於 1M HCl 中，約經 5～10 分鐘，使其變軟，然後再置於染液中。）

2. 載玻片置濾紙上，將花芽置於載玻片上。

3. 用鑷子和解剖針將花芽打開，拉出花粉囊，花粉囊呈淡黃色，共有 6 對，大小似標點符號——冒號（：）。

4. 將 5 對花粉囊保存於錶玻皿中，加水少許，以防乾燥。

5. 另一對置於清潔載玻片中央（玻片放在濾紙上），加一或二滴乙醯地衣紅，用解剖針將該花粉囊在染液中弄破。

6. 自染液中取出較大的花粉囊碎片，丟棄之。

7. 將玻片在酒精燈的火焰上快速通過一、二次（略過熱），可以增加染色效果。

8. 加放蓋玻片。

9. 取濾紙一小張，置載玻片上方，用拇指（或鉛筆的鈍端）在蓋玻片上方的位置壓數次。

10. 放置 5～10 分鐘。

11. 將玻片置顯微鏡下觀察，在低倍鏡下，可見到呈卵圓形的細胞（花粉）染成粉紅色，核的顏色較深呈紫紅色。

12. 換高倍鏡，找出正在分裂的細胞。分裂中的細胞，其核內有絲狀或較明顯的染色體。

13. 由於花芽之成熟程度不同，可能有的組並不能找到正在分裂中的細胞。但定有一組的花芽時間適宜，可以找到分裂中的細胞，則由該組同學將剩餘的五對花粉囊供給其他同學。（花芽通常約 5mm 長時，進行細胞核分裂。）

14. 找出有絲分裂中的四個時期。

15. 能否觀察出紫鴨跖草的染色體數目（應有 6 個）。

（二）洋蔥根尖塗片

1. 將洋蔥球莖按照圖 5-1-13 的方法放置，待根萌發至 5cm 或更長。在晚間十二點（因根尖細胞分裂有週期性，黑暗可促進其分裂）將根尖約 1cm 處剪下，置於 Carnoy's solution 中固定一天，然後保存於 70%酒精中。

2. 錶玻皿中置少許 1M HCl，將剪下的根尖放入，約 5～10 分

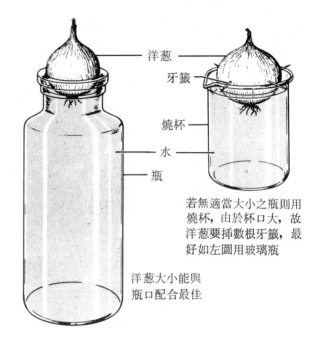

洋蔥
牙籤
燒杯
水
瓶

若無適當大小之瓶則用
燒杯，由於杯口大，故
洋蔥要揷數根牙籤，最
好如左圖用玻璃瓶

洋蔥大小能與
瓶口配合最佳

圖5-1-13 洋莖球蔥發根之方法。
（錄自： Biological Sciences
Curriculum Study, *Biological
Science, Teacher's Manual*,
2nd ed., Harcourt, Brace
& World, Inc., 1969. p. 120。）

鐘，使其軟化。

3. 用鑷子挾取根尖，將其置入載玻片上的乙醯地衣紅染液中。

4. 用鑷子將根尖剁碎，在酒精燈上稍過熱。

5. 加放蓋玻片，上面再放一張濾紙，用拇指壓數下。

6. 置顯微鏡下觀察。

7. 若是根尖細胞未散開，則需在 HCl 中時間再久些，或再用較大力壓蓋玻片上方。

8. 找出有絲分裂的各時期。

（三）洋蔥根尖縱切製片

1. 將製就之洋蔥根尖縱切永久玻片， 置顯微鏡下， 用低倍鏡觀察。

2. 找出根尖生長點的部位（圖 5-1-14）。

3. 換高倍鏡觀察。

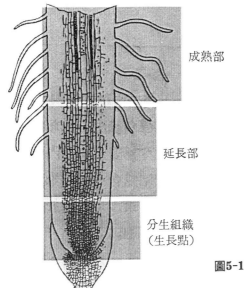

成熟部

延長部

分生組織
（生長點）

圖5-1-14　示根尖的各部分

4. 檢視有絲分裂的各時期（圖 5-1-15）。

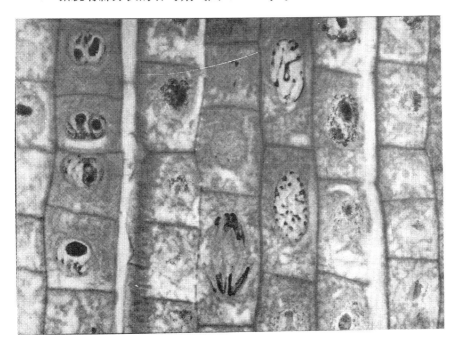

圖5-1-15　洋蔥根尖細胞，其生長點之細胞正進行有絲分裂

（四）蛔蟲（*Ascaris*）或白魚（Whitefish）的囊胚製片

1. 動物的卵受精後，即進行卵裂，卵裂爲有絲分裂。蛔蟲的染色體僅 4 個，故觀察較爲方便。

2. 將蛔蟲或白魚囊胚的玻片置顯微鏡下，先用低倍，再換高倍，檢視有絲分裂的各時期（圖 5-1-16）。

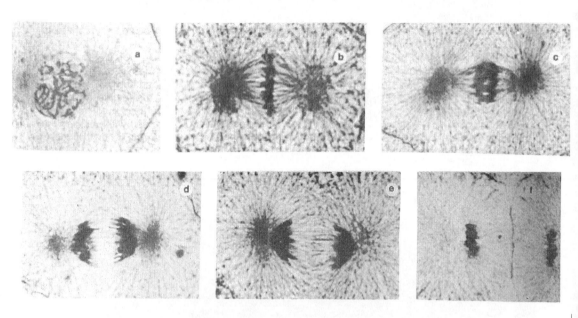

圖5-1-16　白魚胚胎之細胞行有絲分裂。a 爲前期。b 中期。c 與 d 後期。e 與 f 末期。（同圖 5-1-13, 4th ed., pp. 111-112。）

實驗6-1　果蠅的兩性雜交

甲、前　言

　　果蠅是在成熟的水果以及垃圾堆上常見的小昆蟲。自莫甘（T. H. Morgan）於 1900 年代開始研究果蠅的遺傳以來，迄今近一世紀之久，果蠅仍不失為遺傳實驗的良好材料。主要的原因是果蠅：（a）生活史為時短，在室溫下，僅須 10～12 天便能完成。（b）易於培養，所需食物簡單、佔空間又小。（c）產生的後代數目多。（d）細胞內染色體的數目少，僅有四對。（e）具有許多遺傳性狀，易於辨別。（f）易於麻醉以便觀察。

　　（一）**生活史**（life cycle）　果蠅的生活史，包括卵、幼蟲、蛹及成蟲。

　　卵（egg）　果蠅的卵，長約 0.5mm（圖6-1-1），背面有一對絲狀物，用以附著他物，以防卵沉落於柔軟的培養基或其他食物中。雌果蠅自蛹羽化經兩天卽可產卵；雌雄交尾後，精子卽藏於雌體的儲精囊內，

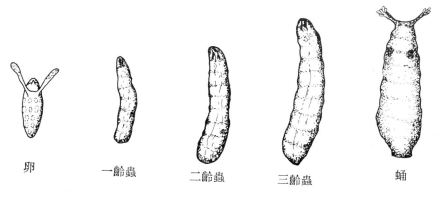

卵　　　　一齡蟲　　　　二齡蟲　　　　三齡蟲　　　　蛹

圖 **6-1-1** 果蠅生活史中的卵、幼蟲及蛹。（錄自: Levins and Schwartz, *Laboratory exercises in genetics,* Saitn Louis: Mosby, 1970. p. 5。）

待卵排出經過輸卵管時，精子卽自儲精囊釋出，在輸卵管內與卵結合。在 25°C 時，受精卵約經一天卽孵化爲幼蟲。

幼蟲（larva） 幼蟲身體分節、色白，前端有黑色口器（鈎狀之顎），無眼，無附肢（圖 6-1-1）。幼蟲貪食，生長快速，經兩次蛻皮（molt）（一齡蟲──→第一次蛻皮──→二齡蟲──→第二次蛻皮──→三齡蟲），三齡蟲長約 4.5mm。在形成蛹以前，三齡蟲卽不攝食，爬行至乾燥處，變爲蛹（圖 6-1-1），蛹不吃也不動。幼蟲期在 25°C 爲時約四天。

蛹（pupa） 初期的蛹色白柔軟，漸變色深且硬（圖 6-1-1）。在蛹期，所有幼蟲時期的構造，會全部破壞而重新發育出成體的體型及構造，蛹期在 25°C 時約 4 天。

成體（adult） 由蛹初羽化出的成體，翅尙未展開，體色亦淺；羽化後一小時內，翅卽展開，體色亦在數小時後變深。

果蠅在羽化後六小時卽能交配，精子儲於雌體的儲精囊內。待卵自卵巢排出經過輸卵管時，儲精囊內的精子卽釋出，以與卵結合。雌體兩天大卽能排卵，最初數天，每天排卵約 50～70 個，以後排卵量卽漸漸減少。平均壽命在 25°C 的環境下約 37 天。

（二）雌雄的辨別 雌雄果蠅在外表上，可藉下列特徵加以區別。

	雌	雄
1.腹部花紋（圖 6-1-2）	條紋細，數多	最末的條紋寬，數少
2.性梳（高 6-1-3）	無	有
3.腹部體節數目（圖 6-1-4）	7	5
4.外生殖器部位（圖 6-1-4）	有肛板及色淺之產卵管板	有肛板及色深之生殖弧及陰莖

這些特徵通常僅憑肉眼便可觀察出來，必要時，使用解剖顯微鏡或顯微鏡。

（三）培養方法 培養果蠅最適宜的溫度是 20°～25°C，溫度過低，生活史時間會延長；超過 30°C，果蠅會失去生殖能力。培養果蠅的培養基，最簡單者，僅需一小塊香蕉，置於管瓶中，香蕉上插一紙條卽可。但由於香蕉會變軟出水，故僅能短時間培養時使用；一般培養時

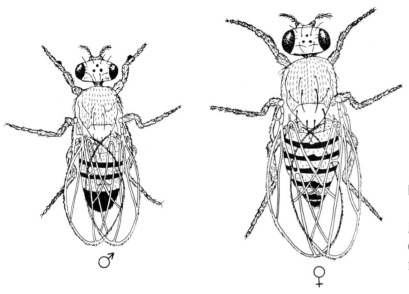

圖 6-1-2 果蠅雄
（左）與雌（右）
腹部花紋不一樣。
（同圖 6-1-1, p.
10。）

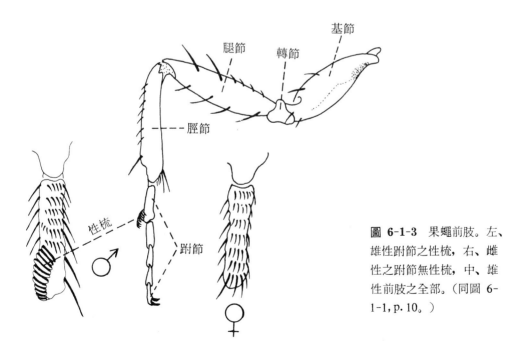

圖 6-1-3 果蠅前肢。左、
雄性跗節之性梳，右、雌
性之跗節無性梳，中、雄
性前肢之全部。（同圖 6-
1-1, p.10。）

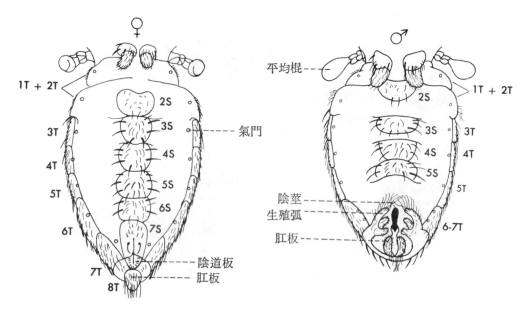

圖 6-1-4 果蠅雌（左）和雄（右）的腹部，腹面觀，示體節數及外生殖器。S腹板 (sternite)，T背板 (tergite)。（同圖 6-1-1，p. 9。）

則使用其他培養基。果蠅的培養基有多種，配置法見附錄二，常用者為玉米培養基。培養基會長霉，所以配置時要加丙酸或其他防黴菌生長的物質。培養基配置妥當後，要立刻倒入培養瓶內。培養瓶通常用牛奶瓶，果蠅數目少時，可用管瓶 (vial)。瓶塞用紗布內包棉花作成，若使用其他瓶塞，則在瓶蓋上要打些小孔以通空氣。瓶及瓶塞要洗淨消毒，消毒時，使用滅菌器最好，煮沸亦可，待乾燥後，才能使用。在倒入培養基時，要注意培養基勿黏在瓶口或瓶壁上。培養基倒入後，每瓶放入一張紙條，可以增加幼蟲形成蛹時所需的空間。分裝妥當後，加蓋瓶塞，若不使用，可保存於冰箱中。

培養的果蠅母系（stock），每三或四週要更換培養基，若為時過久，會出現危害果蠅的寄生蟲等。各培養瓶要加貼標籤，註明瓶內果蠅的突變性狀及更換培養基的日期。果蠅母系更換培養基時，可以將果蠅直接倒入新鮮培養基的瓶中，不需麻醉。

（四）**操作技術**　果蠅要先經麻醉，始能觀察或進行交配等。果蠅

可以用乙醚（ether）麻醉，數滴乙醚，可以卽刻麻醉一堆果蠅。麻醉及操作果蠅所需的器材（圖 6-1-5），包括麻醉器（etherizer）、再麻醉

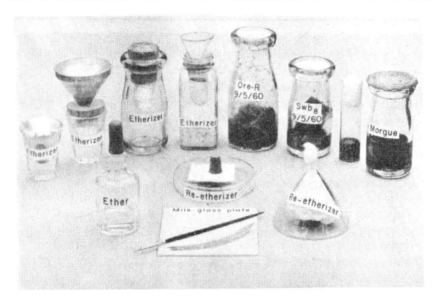

圖 **6-1-5**　麻醉果蠅的用具，後排自左至右第 1～4 為麻醉器（Etherizer），第 5，6，7 為培養瓶，其中 5，6 為牛奶瓶，7 為管瓶，瓶上均應貼標籤，最右為積屍瓶（Morgue）；前排自左至右為乙醚（Ether），二種再麻醉器（Re-etherizer），中央為毛玻璃板（Milk-glass plate），水彩筆及一銅條（移動果蠅用）。（錄自：Demerec and Kaufmann, *Drosophila Guide*, Carnegie Institution of Washington, 1964. p. 13。）

器（re-etherizer）、水彩筆或毛筆、毛玻璃板或卡紙、積屍瓶（morgue）、乙醚及解剖顯微鏡等。麻醉器可用管瓶及漏斗製成，將漏斗插在瓶塞中央，在漏斗柄上繞些棉繩或綁些棉花卽可。再麻醉器用培養皿底或蓋、或漏斗，在內面貼一小團紗布或棉花製成。積屍瓶係在瓶內盛機油或廢棄酒精，用來盛放欲棄置的果蠅。

　　麻醉果蠅時，先在麻醉器漏斗柄的棉繩（或棉花）上加數滴乙醚，注意果蠅只要聞到乙醚的氣味卽被麻醉，若果蠅接觸到乙醚卽會死亡，故乙醚用量絕不能多，尤應避免乙醚自棉繩上滴落在麻醉器中。將漏斗放回麻醉器，取果蠅的培養瓶，在橡皮墊或手掌上輕輕拍擊，使果蠅掉落瓶底，迅速打開培養瓶的瓶塞，並立卽將瓶口倒置於麻醉器的漏斗

內，一手握住麻醉器，一手扶住倒立的培養瓶，使瓶口緊扣於漏斗內（圖 6-1-6）。將麻醉器底部在橡皮墊上拍擊，果蠅便落下至麻醉器中，

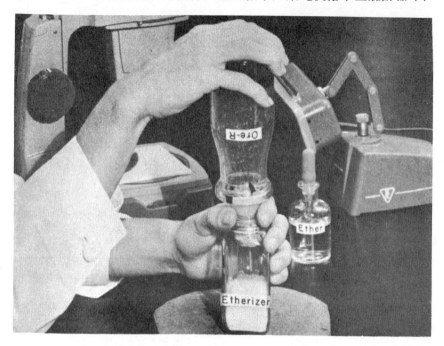

圖 6-1-6
麻醉果蠅。
（同圖 6-
1-5，p.
14。）

而且迅速被麻醉。待全部果蠅不再動彈，即打開麻醉器，將果蠅倒在毛玻璃板（或卡片）上，將漏斗及瓶塞放回麻醉器，以免乙醚揮發於室內。將玻璃板置解剖顯微鏡下觀察（圖 6-1-7），若需移動果蠅，則可使用水彩筆或毛筆。若在觀察中途果蠅有復甦跡象，即用再麻醉器使果蠅麻醉。此時，在再麻醉器的紗布(或棉花)上，加數滴乙醚，將之罩在所有果蠅的上方，待果蠅不再動彈，即移去再麻醉器。用畢的果蠅，必須置於積屍瓶內，瓶內置廢棄的酒精，該瓶可長久保存，日後仍可用來盛放欲棄置的果蠅。

（五）**交配實驗** 選擇不同性狀的雌雄果蠅作交配時，雌者必須是處女蠅（virgin）。因為果蠅每交配一次，精子便儲於雌體內，可供日後排出之大量卵受精；因此，在進行交配實驗時，雌者必須是尚未交配過的處女蠅。

雌果蠅在羽化後的最初 12 小時內，不會與雄果蠅交配。因此，在

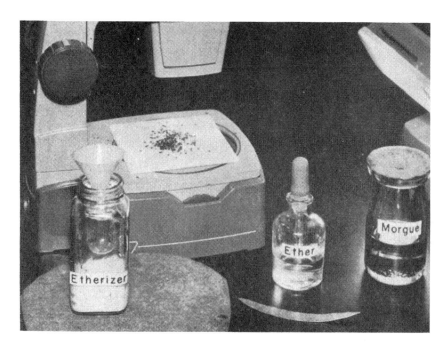

圖 6-1-7
將麻醉的果
蠅置解剖顯
微鏡下觀察。
（同圖 6-1-
5, p. 14。）

收集處女蠅時，可以將有蛹的培養瓶內之成體全部移除，則在 12 小時內由蛹羽化而出的果蠅，卽使雌雄在一起，但不會交配，因此，雌果蠅便保持是處女蠅。另一收集處女蠅的方法是將蛹單獨放置於管瓶中，每一管瓶放一個蛹，則羽化出來的雌果蠅，必定是處女蠅。

　　將施行交配的雌雄果蠅置入培養瓶後，要在瓶外加貼標籤，註明雌雄親代的遺傳性狀及交配日期。7～9 天後，在後代孵出以前，要先將瓶內的親代移除，以免與子代相混。

　　實驗過程與結果，必須詳爲記載。後代孵出後，要檢查其遺傳性狀、性別，並計數不同遺傳性狀的個體數目。觀察時要用前述之操作方法，通常用雙眼解剖顯微鏡放大倍率 12～15×。

乙、實驗設計

目　的

　　兩性雜交爲親代有兩種遺傳性狀不一樣，互相交配，所得的 F_1 再互相交配，觀察 F_2 的結果。這兩種性狀的基因，可能位於同一個染色體上，也可能位於不同的染色體上。這一情形，可以根據 F_2 的結果，加以分析判斷。

器　材

野生型 (wild type) 果蠅	雌雄各 2 隻
具有兩種突變性狀 (如殘翅 vestigial wing 和烏眼 sepia) 之雌雄果蠅	各 2 隻
麻醉用具	1 套
解剖顯微鏡	1 臺
置有培養基的管瓶	4 個
標　籤	4 張
低溫定溫箱	全班合用

步　驟

1. 作親代交配

　　a. 野生型♀×突變體♂

　　b. 野生型♂×突變體♀（互交）

　　將雌雄果蠅置於有培養基的管瓶內，注意：置入時，應將管瓶先橫放，將麻醉中的果蠅放在瓶壁，若置於培養基上，果蠅會黏住，醒來後無法飛翔。

2. 在瓶外加貼標籤，註明所作交配、日期及姓名。

3. 將果蠅置入 25°C 之溫箱中。

4. 7～8 天後，若已有幼蟲出現，卽將親代除去。（果蠅幼蟲貪吃，有幼蟲時，培養基會出現裂紋。）

5. F_1 出來後，觀察該兩種性狀，如翅及眼睛顏色，將日期、性狀、性別及數目，連續十天，分別記錄於表一和表二中。

表一　親代交配

F₁ 後代

性狀	日期 天	1	2	3	4	5	6	7	8	總　　數
	♀									
	♂									
	♀									
	♂									
	♀									
	♂									
	♀									
	♂									
	♀									
	♂									
	♀									
	♂									

表二　親代交配

F₁ 後代

性狀	日期 天	1	2	3	4	5	6	7	8	總　　數
	♀									
	♂									
	♀									
	♂									
	♀									
	♂									
	♀									
	♂									
	♀									
	♂									
	♀									
	♂									

表三　F₁ 交　配

F₂

性狀	日期 天	1	2	3	4	5	6	7	8	總　　　數
	♀									
	♂									
	♀									
	♂									
	♀									
	♂									
	♀									
	♂									
	♀									
	♂									
	♀									
	♂									

表四　F₁ 交　配

F₂

性狀	日期 天	1	2	3	4	5	6	7	8	總　　　數
	♀									
	♂									
	♀									
	♂									
	♀									
	♂									
	♀									
	♂									
	♀									
	♂									

6. 將 F_1 之雌雄果蠅數對，作 $F_1 \times F_1$ 交配。

   a. $F_1 \times F_1$

   b. $F_1 \times F_1$ （互交之 F_1）

7. 貼上標籤，註明所作交配、日期及姓名。

8. 7～8 天後，除去親代。

9. F_2 出來後，檢查 F_2 之性狀、性別及數目，連續十天，分別記錄於表三和表四中。

10. 根據結果分析，殘翅和黑眼的基因是否位於同一染色體上？

實驗6-2　果蠅的巨大染色體

甲、前　言

　　早在 1881 年，生物學家貝爾比尼 (E. G. Balbiani) 卽發現搖蚊 (*chironomus*) 的幼蟲，其腺體組織的細胞核內，具有大而捲曲的染色體，這種染色體較之搖蚊生殖腺細胞內的染色體大 150～200 倍，染色體上並有橫紋。 1933 年，生物學家證明這種巨大染色體是同源染色體兩兩成對並列在一起。自 1934 年起，生物學家根據巨大染色體形態上的變化，以確定基因在染色體上的位置，由此所獲得的細胞學之染色體區域圖 (cytological chromosome map)，與根據遺傳交配連鎖互換的結果所繪製的遺傳學染色體區域圖 (genetic chromosomal map) 相較，雖不確切脗合；但是，基因在染色體上排列的順序，兩者卻是一樣的（圖 6-2-1）。

　　雙翅目昆蟲的幼蟲，其唾腺的生長是藉細胞的增大而非細胞數目的增加。細胞內的染色體雖然複製，但細胞並不行有絲分裂。當幼蟲生長

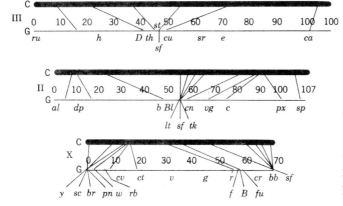

圖 6-2-1 果蠅第 2，3 對及 X 染色體之細胞學區域圖 (C, Cytological map) 及遺傳學區域圖（G, Genetic map）之比較。（錄自：Eldon J. Gardner, *Principles of Genetics*, 3rd ed., New York: Wiley, 1968. p. 190。）

時，腺體細胞內呈絲狀的染色體一再複製而形成一束，且位於同一染色體內，於是，單個染色體中乃含有多數染色絲 (chromonema)。因此，巨大染色體亦稱多絲染色體 (polytene chromosome)。至於染色體上的橫紋 (band)，則是染色小粒 (chromomere) 聚集的部位。

果蠅具有四對染色體，其幼蟲唾腺細胞內各染色體的著絲點（由異染色質 heterochromatin 構成）聯合一起，形成中央的染色中心 (chromocenter)，各染色體的臂則自此中心向外伸展，狀似陽燧足的五個腕，其中包括 X，2L，2R，3L，3R，第四對染色體因為很小，故不顯著（圖 6-2-2）。至於雄果蠅的 Y 染色體，因為主含異染色質，故亦融合於染色中心內。

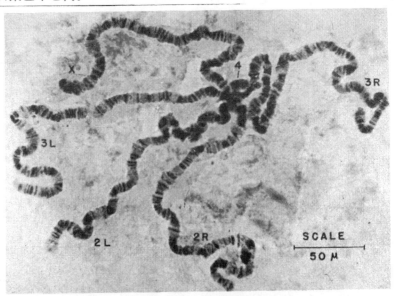

圖 6-2-2　果蠅的巨大染色體，X 為 X 染色體，2L 和 2R 為第 2 對染色體之左臂 (Left arm) 和右臂 (Right arm)，3L 和 3R 為第 3 對染色體之左臂和右臂。(錄自: Demerde and Kaufmann, *Drosophila Guide*, Carnegie Institution of Washington, 1964. p. 19。)

果蠅巨大染色體在遺傳學上的重要性，與其特徵有關。綜合上述，其主要特徵有：(1) 染色體特大，觀察容易。(2) 染色體上具有橫紋。(3) 唾腺細胞雖是體細胞，但其巨大染色體中各同源染色體分別互相配對，而且配合得十分緊密，狀似一個染色體。(4) 同源染色體不但緊密

配對，同時彼此的橫紋也互相匹配； 這項特徵， 對基因的定位 (locating genes) 非常重要。 當同源染色體中的任何一個，發生缺失 (deficiency) 或重複 (duplication) 等情形， 其同源染色體在該部位與之配對的情形也會改變（圖 6-2-3）。根據染色體這種形態上的改變，可以定出基因在染色體上的位置。

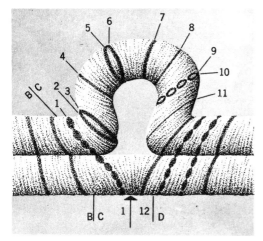

圖 **6-2-3** 缺刻翅 (notch wing) 雌果蠅幼蟲唾腺巨大染色體之X染色體一部分，缺刻翅為異基因體，其中一X染色體上缺失一部分，與其同源染色體配對時，未發生缺失的X染色體便形成一圈環，如此，兩者其他部分之橫紋仍可匹配。（同圖6-2-1, p. 192。）

　　自分子遺傳發展以來， 對巨大染色體乃有更深入的了解。 果蠅巨大染色體上出現的橫紋， 是因為染色體的 DNA 有的地方濃縮（染色深）、有的地方鬆弛（染色淺），兩者交互排列，乃構成了橫紋。巨大染色體所含 DNA 之量， 為其種細胞染色體之 1000 倍。 目前已知染色體是由一個 DNA 分子纏絡而成； 由於巨大染色體的 DNA 複製後並不分離，該 DNA 分子共複製 10 次，因此巨大染色體乃含有 2^{10} 或 1024 個 DNA 分子。這種含有多條縱行 DNA 分子的染色體，即叫做前已述及的多絲染色體 (polytene chromosome)。

　　許多遺傳學和細胞學方面的研究，證明果蠅巨大染色體上的橫紋數目，與基因數目呈 1：1 的比例。例如生物學家傑特（Judd）發現果蠅X染色體之某一小段有許多突變， 其上含有 16 個基因， 而在這一小段染色體上的橫紋有 15 個，兩者數目非常接近（圖 6-2-4）。又如第 4 對染色體很小，含有46 個基因，而該染色體上的橫紋數目在 33～50 之間，兩者數目也很相近。這些跡象，都符合一基因──一橫紋的假說

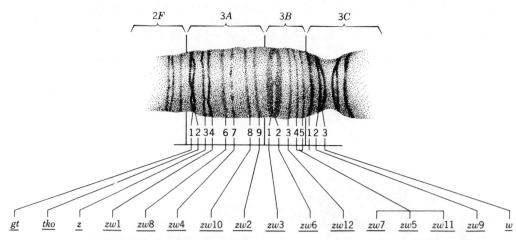

圖 6-2-4 果蠅唾腺染色體，其 X 染色體之一小部分有16個基因，15個橫紋。
（同圖 6-2-1, 7th ed., p. 351。）

(one gene—one band hypothesis)。

　　果蠅的巨大染色體含橫紋 5,000～6,000 個，根據一基因——一橫紋假說，果蠅應有 5,000～6,000 個基因。這一估算出的數目，與根據果蠅突變頻率所估計的基因數目符合。 不過根據 mRNA 的分子數目估計，果蠅應有 17,000 個構造基因，此數約為橫紋數目的三倍。

　　果蠅的單倍數染色體， 共有 10^8 核苷酸對。 假如所有這些 DNA 代表由 1000 個核苷酸對所構成的基因，則果蠅應有 100,000 個基因。因為每一個橫紋約含 30,000 核苷酸對，故一個橫紋應有 30 個基因。那麼這些過多的 DNA， 其機能如何？ 目前遺傳學上已知構成基因的 DNA， 有些部位為插入子（intron）， 插入子不能用以轉錄蛋白質，mRNA 轉錄遺傳訊息後，這些轉錄的插入子，便被切除（圖 6-2-5）。但是其他過多的 DNA，其任務又是什麼呢？ 這是遺傳學上富具挑戰性的問題。

乙、實驗設計

目 的

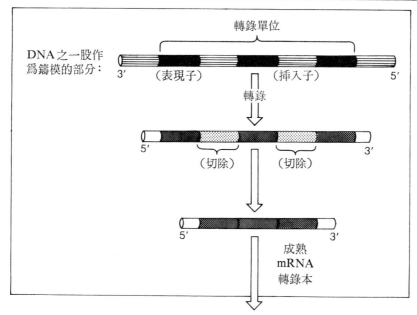

圖 **6-2-5**　轉錄之 mRNA 要將插入子的部分切除。（錄自：Cecie Starr, Ralph Taggart, *Biology*, 5th ed., Wadsworth. 1989. p. 212。）

　　果蠅幼蟲的巨大染色體玻片標本，甚易製作。觀察和研究巨大染色體，對了解基因的作用頗有助益。

器　材

果蠅幼蟲（需先經特殊培養，見下列幼蟲培養項）	1 隻
解剖顯微鏡	1 臺
複式顯微鏡	1 臺
解剖針	2 支
錶玻皿或小皿	1 個
載玻片	2 片
蓋玻片	1 片
0.7％NaCl（7g NaCl 溶於 1000ml 水中）	少許
乙醯胭脂紅染液（aceto-carmine）（或乙醯地衣紅 aceto-orcein）	少許

指甲油（無色）　　　　　　　　　　　　少許

濾紙或紙巾　　　　　　　　　　　　　　1 小張

幼蟲培養　製作果蠅幼蟲唾腺之巨大染色體玻片標本，幼蟲需經特殊培養，主要是幼蟲要營養特佳，培養的溫度低，瓶內的幼蟲數目少、空間足夠，則幼蟲才能長得肥胖，其唾腺染色體就比較大而強固。培養方法如下：

a. 培養瓶中放入果蠅五對，培養基上不要挿紙條。

b. 第二天將親代移除，以免瓶內卵的數目多，將來幼蟲會過擠。將親代移至另一培養瓶。

c. 移去第二瓶的親代，如此連續共三天，卽將親代丟棄。

d. 親代移除後三天，每天在瓶內培養基上加一、二滴酵母菌懸液或撒少許乾燥酵母菌。

e. 將培養瓶置於 16°～18°C 的溫箱中。

f. 使用的幼蟲要充分生長，因此要等到瓶內有幼蟲開始形成蛹時，始利用其他的幼蟲進行實驗。瓶內不放紙條，幼蟲在形成蛹以前，便爬至瓶壁，如此則取拿較為方便。若此時不能進行實驗，便將培養瓶置於 10°C 的冰箱中，如此幼蟲發育便迅速緩慢下來，幼蟲可以保存一週。

步　驟

唾腺玻片標本的製作過程包括摘取唾腺、染色以及壓片。

（A）摘取唾腺

1. 載玻片上置一滴 0.7% 生理鹽水。

2. 從瓶壁取幼蟲一隻，置於生理鹽水中。

3. 將載玻片置於解剖顯微鏡下，用 20×～30× 的放大倍率，一邊觀察，一邊解剖，如圖 6-2-6。

4. 解剖時，將一解剖針置於幼蟲身體前端黑色之口器（鈎）後方，另一解剖針置於幼蟲的身體後端。

5. 將置於口器（鈎）後方的解剖針，慢慢向前移動，當前端的體

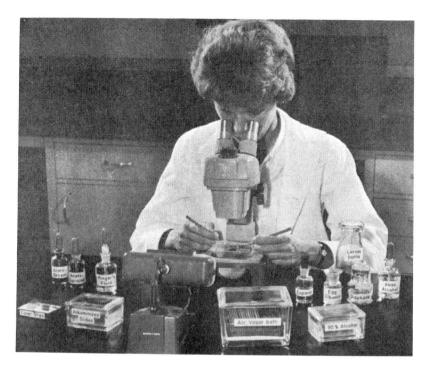

圖 **6-2-6** 在雙眼解剖顯微鏡下取出果蠅幼蟲之唾腺。(同圖 6-2-2, p. 22。)

壁拉裂時，即停止向前拉，此時僅緊緊用針尖壓住幼蟲的前端。另將後端的解剖針慢慢向後拉，則頭部連同唾腺等內臟隨之拉出(圖 6-2-7)。

6. 唾腺一對，狀似香腸，外表略呈結晶狀，設法找出唾腺 (圖6-2-8) 。

7. 用解剖針移除連於唾腺的其他組織。

(B) 染 色

8. 錶玻皿 (或小皿) 中盛乙醯胭脂紅 (aceto-carmine) 或乙醯地衣紅 (aceto-orcein) 少許，將唾腺移入錶玻皿中，染料要將唾腺蓋住，注意: 切勿任腺體乾燥。

9. 染色三分鐘，染色過久，染色體易碎裂，染色時間不足，雖展開較易，但橫紋不明顯。

10. 另取一清潔載玻片，上置染料一滴，將唾腺移至載玻片之染料中，加放蓋玻片。

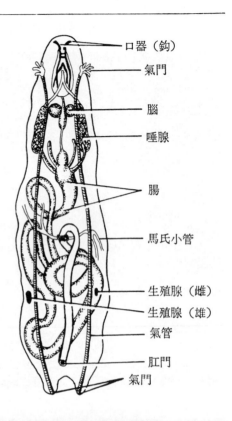

口器（鈎）

氣門

腦

唾腺

腸

馬氏小管

生殖腺（雌）

生殖腺（雄）

氣管

肛門

氣門

圖 **6-2-7** 果蠅幼蟲的內部構造。
（錄自: Levins and Schwartz,
Laboratory exercises in gene-
tics, Saint Louis: Mosby,
1970. p. 67。）

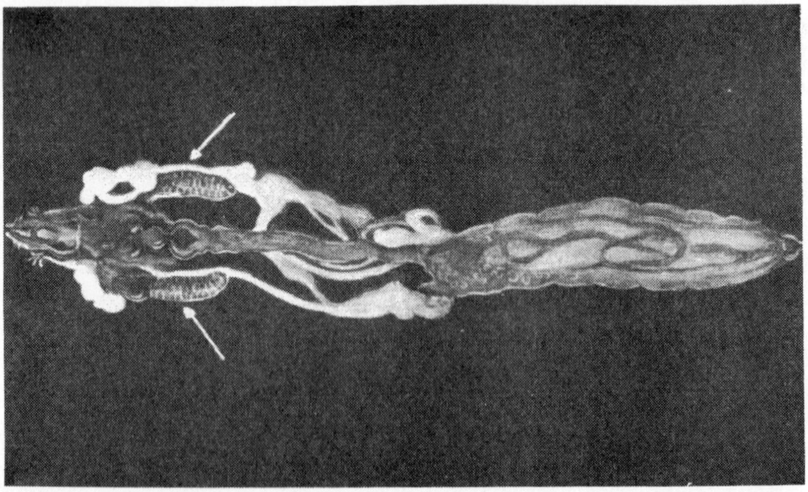

圖 **6-2-8** 果蠅
幼蟲前端剖開示
唾腺之位置及形
狀。（同圖 6-2-
2, p. 22。）

（C）壓　片

11. 將濾紙（或紙巾）置桌上，載玻片置於濾紙上，再將濾紙對摺

蓋在載玻片上。

12.　用拇指在蓋玻片上方的濾紙上加壓，若有染料被壓出，則可為濾紙吸收。

13.　將載玻片置顯微鏡下檢查，若已有染色體展開，便在蓋玻片周圍塗以指甲油，以防乾燥，如此則玻片標本可保存較久時間。

（D）觀　察

14.　在顯微鏡下觀察，找出染色體展開較佳者，再換高倍鏡。

15.　幼蟲若為♂性，則X染色體較細，僅有♀者的一半。

16.　染色體有的部位較為腫大，稱為膨鬆（puff），此乃該部位之基因正在活動，表面並有 mRNA。

17.　按照圖 6-2-9 及圖 6-2-2 檢視各染色體，設法辨認出各染色體來。第四對染色體因為太小，故不易觀察出來。

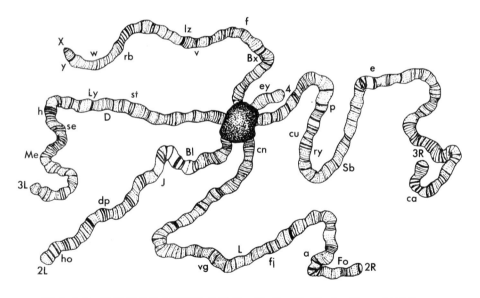

圖 6-2-9　雌果蠅幼蟲之唾腺染色體 X，2L 和 2R，3L 和 3R，4 以及染色體上之基因。（同圖 6-2-7，p. 68。）

實驗7-1 DNA 的粗萃取和模型製作

甲、前　言

DNA（deoxyribonucleic acid）是核酸的一種，早在 1869 年核酸即已被發現，但卻遲至 1944 年由阿弗利（Avery）等證明 DNA 是肺炎球菌的遺傳物質。雖然如此，當時仍有很多生物學家認為遺傳物質是蛋白質，因為蛋白質由 20 種胺基酸以不同的數目和方式排列而成，其種類繁多且各有其特性。 相反的， DNA 的次單位是核苷酸， 核苷酸僅有四種。 1941 年，皮得爾（Beadle）和塔得姆（Tatum）以紅麵包黴（*Neurospora*）為研究材料， 證明基因可以控制蛋白質的合成。生物學家更進一步了解， 細胞內的其他分子和構造，是細胞內酵素所促進代謝反應的結果。酵素是由蛋白質構成， 由此觀之， 似乎蛋白質是構成基因的物質。 但目前已確認 DNA 是生物的遺傳物質， 蛋白質是根據 DNA 的遺傳訊息合成。DNA 的次單位雖較蛋白質簡單， 但其所含遺傳訊息之多少或複雜性，並非取決於次單位數目之多少，而是由其分子的結構所決定。

（一）**DNA 是遺傳物質的證據** 1928 年， 英國醫生格里夫茲（Griffith）將能致病的光滑型肺炎球菌用熱殺死，再與活的、不會致病的粗糙型肺炎球菌同時注入鼠體內，結果，鼠即死亡（圖7-1-1），死鼠體內，有活的光滑型球菌。這一結果，顯示光滑型球菌體內含有某種化學物質，可以使粗糙型球菌後代的遺傳性狀改變。至 1944 年，阿弗利（Avery）、麥克利特（MacLeod）和麥卡對（MeCarty）證明這種化學物質是 DNA，說明 DNA 是肺炎球菌的遺傳物質。

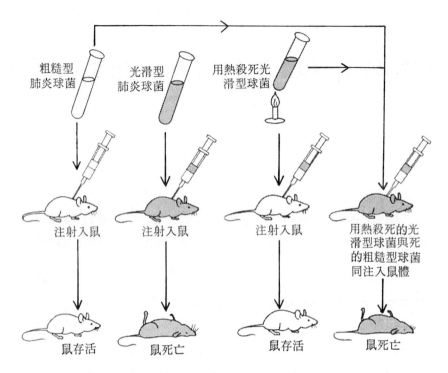

圖 7-1-1 格里大茲的實驗，用熱殺死的細菌可以將遺傳訊息轉移至粗糙型球菌，雖然死的光滑型球菌與活的粗糙型球菌皆不會使鼠死亡，但兩者同時注入體內，鼠卻死亡。（錄自: Claude A. Villee et al., *Biology*, 2nd ed., Holt, Rinehart and Winston, Inc., 1989. p. 299。）

以後數年間，生物學家發現含單倍數染色體的花粉及配子等，細胞內的 DNA 量，僅有該種生物體細胞內 DNA 量的一半，此一發現，正好與孟德爾的遺傳法則相符合。

1952 年，奧歇（Hershey）和卻斯（Chase）證明病毒在感染細菌時，其 DNA 進入寄主細胞內，蛋白質則遺留在外（圖 7-1-2），這一結果顯示 DNA 是病毒的遺傳物質，因爲 DNA 進入寄主細胞後，病毒卽行增殖，產生許多與先前相同的病毒。

（二）**DNA 的構造** 直至 1954 年，華生（Wateson）和克立克（Crick）提出 DNA 的構造模型後，各界始廣泛接受 DNA 是遺傳物質的論證。因爲根據 DNA 的構造，使人了解這種分子可以複製，卽產生兩個與先前相同的分子。

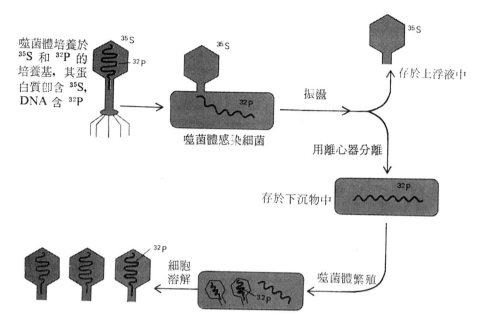

圖 7-1-2　奐歐和卻斯的實驗，病毒繁殖時僅需 DNA 。（同圖 7-1-1，p. 299。）

　　合成 DNA 的次單位是核苷酸（nucleotide），各核苷酸是由一分子磷酸（phosphate）、一分子五碳糖（去氧核糖）和一分子含氮鹽基 (nitrogenous base) 構成。磷酸連於五碳糖的 5′ 碳，含氮鹽基則連於糖的 1′ 碳（圖7-1-3）（′用以區分糖所含的碳原子與鹽基中的碳原子）。DNA 中的核苷酸相接時，是以一核苷酸位於 5′ 碳的磷酸，連於相鄰核

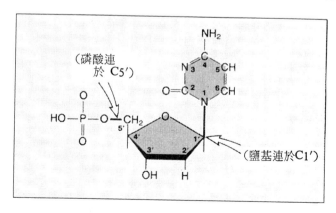

圖 7-1-3　核苷酸中，去氧核糖、磷酸及鹽基的連接。（錄自: Ceice Starr, Ralph Taggart, *Biology*, 5th ed., Wadsworth, 1989. p. 203。）

苷酸糖的 3′ 碳，彼此形成 5′3′ 磷酸二酯鍵 (phosphodiester bond)（圖

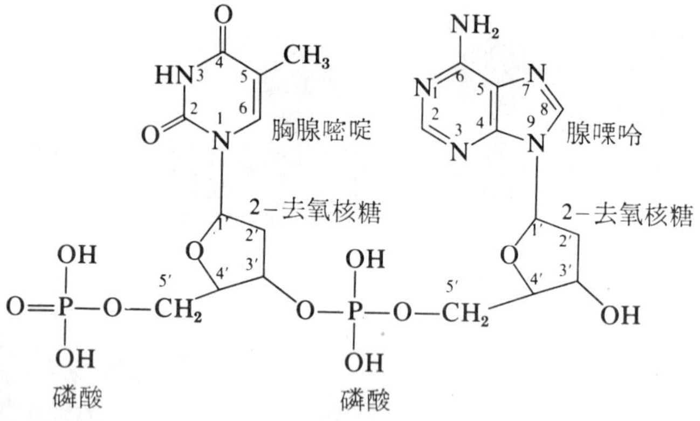

圖 **7-1-4** 相隣兩核苷酸之間的連接方式。（錄自: Gardner and Snustad, *Principles of Genetics*, 7th ed., WiLey, 1984. p. 93。）

胸腺嘧啶

腺嘌呤

2-去氧核糖

2-去氧核糖

磷酸

磷酸

7-1-4)。由此連接成的核苷酸鏈，其一端為糖的 5′ 碳原子，另一端為糖的 3′ 碳原子，故其方向必定是 5′→3′。

　　DNA 中所含的含氮鹽基有嘌呤 (purine) 和嘧啶 (pyrimidine) 兩類，嘌呤有腺嘌呤 (adenine A) 和鳥糞嘌呤 (guanine G) 二種，嘧啶有胸腺嘧啶 (thymine T) 和胞嘧啶 (cytosine C) 二種。1950 年，卻格夫 (Chargaff) 分析 DNA 中四種鹽基含量的比例，發現任何生物的 DNA 中，其嘌呤與嘧啶的比例，以及 A 與 T 之比，或 G 與 C 之比，都近於一，換言之，DNA 分子中鹽基的含量 A＝T，G＝C。

　　此外，生物學家用 X-光繞射法 (X-ray diffraction) 所攝得 DNA 的圖片，顯示 DNA 為呈螺旋狀的構造，具有三種有規律、每隔 3.4Å，34Å 或 20Å 重複出現的次級構造（圖 7-1-5）。根據

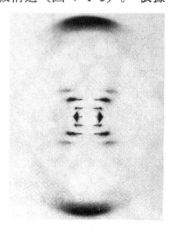

圖 **7-1-5** X繞射法顯示之 DNA 圖形，中央之十字圖形顯示 DNA 為螺旋狀構造，頂部及底部之深色花紋顯示鹽基與分子之軸相垂直，其周期為 3.4Å。（同圖 7-1-4, p. 91。）

DNA 中 A，T，G，C 的比例， 以及 X-光繞射法所獲得的資料，
華生和克立克乃提出 DNA 的構造模型（圖 7-1-6）。

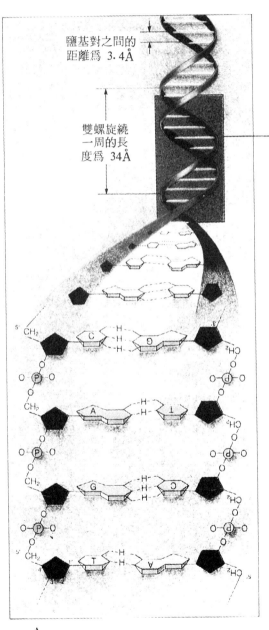

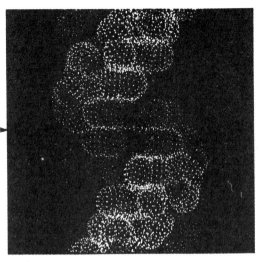

B.

圖 7-1-6 DNA 的構造。 A. 示 DNA 之雙螺旋，兩股的方向相反。B. 電腦所繪 DNA 分子模型側面圖。（同圖 7-1-3, p. 204。）

A.

　　DNA 含有兩條核苷酸鏈，此爲 DNA 的兩股 (strand)， 兩股互相平行且呈螺旋狀旋轉，故稱雙螺旋(double helix)。在各股中，糖與磷酸相接，位於外側，有似梯的直槓。兩股間以鹽基相接，位於內面，有似梯的梯級。 兩股的方向相反， 故稱兩股爲反向平行 (antipallel)。

　　至於每隔 3.4Å 或 34Å 有規律重複出現次級構造， 說明上下相隣的鹽基間， 其距離爲 3.4Å， 其螺旋狀之旋轉， 每轉一圈（360°）時， DNA 的長度爲 34Å。至於 20Å 的次級構造， 則表示 DNA 的寬度（直徑）， 卽自一股的磷酸至另一股的磷酸，其距離爲20Å。

　　DNA 的兩股間，是以含氮鹽基相接，因爲 DNA 的寬度固定，因此兩股的鹽基相接時，是以分子較大的嘌呤，與另一股分子較小的嘧啶相接。由於A：T， G：C均爲 1：1，因此， 鹽基相接時， 必定是A與T配對，G與C配對。A與T之間有二個氫鍵，G與C間則有三個氫鍵。

　　由此可知，DNA 的兩股，是彼此互補而非相同，不過根據一股的核苷酸順序，可以推測出另一股的核苷酸順序。DNA 分子中，所含核苷酸的數目並無限制，不同的 DNA 分子，核苷酸的順序也不一樣。因此，不同的 DNA，乃蘊有不同的遺傳訊息，爲數至爲可觀。

　　（三）DNA 的複製（DNA　replication）　華生和克立克提出的 DNA 構造模型， 有兩大特點能使人相信 DNA 是遺傳物質， 其一是 DNA 的鹽基順序可以携帶遺傳訊息， 其二是 DNA 所含的遺傳訊息可以正確的經複製而傳給後代。

　　DNA 的兩股皆可作爲鑄模，依此鑄模合成與其互補的另一股。複製時，DNA 兩股間的氫鍵先行斷裂，兩股乃解開而分離；各股的核苷酸可分別與另一可與之互補的核苷酸配對，於是便產生一新股，最後便形成兩個與先前完全一樣的 DNA 分子， 這兩個 DNA 分子均含有一原來的舊股，以及另一新合成的股（圖 7-1-7），這種複製方式，叫做半保留 (semiconservative)。

　　上述 DNA 的複製過程， 其機制和方法實際上很複雜， 且涉及多

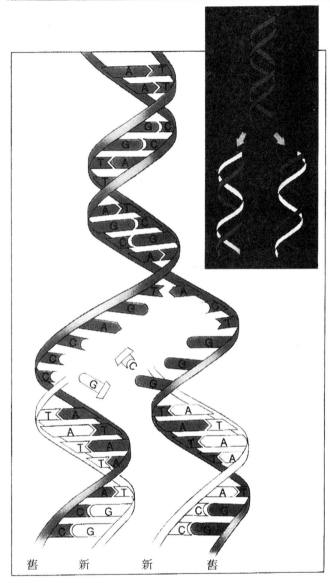

圖 **7-1-7**　DNA 以半保留方式複製。（同圖 7-1-3, p. 205。）

種酵素和蛋白質。

（1）**兩股的解開**　DNA 的兩股纏繞成螺旋狀，複製時，兩者必須先解開。其解開過程是藉 DNA 解螺旋酶（DNA　helicase）的作用，這種酵素沿 DNA 移動，途中便使 DNA 的兩股解開。兩股一旦解開，一種防螺旋形成蛋白質（helix-destablizing protein）便與單股的 DNA 結合，以防兩股再度結合成雙螺旋。

　　(2) **DNA 的新股以 5′—3′ 的方向延伸**　DNA 複製時，使核苷酸彼此連接的酵素叫做 DNA 聚合酶 (DNA polymerase)。這種酵素，將核苷酸連接在核苷酸鏈上 3′ 的一端（圖 7-1-8），因此，新股

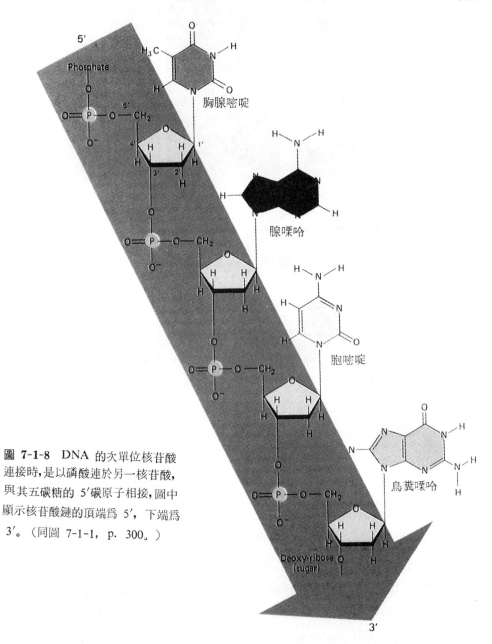

圖 **7-1-8**　DNA 的次單位核苷酸連接時，是以磷酸連於另一核苷酸，與其五碳糖的 5′ 碳原子相接，圖中顯示核苷酸鏈的頂端為 5′，下端為 3′。（同圖 7-1-1, p. 300。）

的形成, 必定是從 5′ 端向 3′ 端延伸。此外, 合成新股的核苷酸具有三個
磷酸, 是三磷酸去氧核糖核苷酸 (deoxyribonucleotide triphosphate),
待此核苷酸與核苷酸鏈接上以後, 其中二個磷酸便移除 (圖 7-1-9),
釋出的能, 乃用以使磷酸與核苷酸鏈上的糖相接。

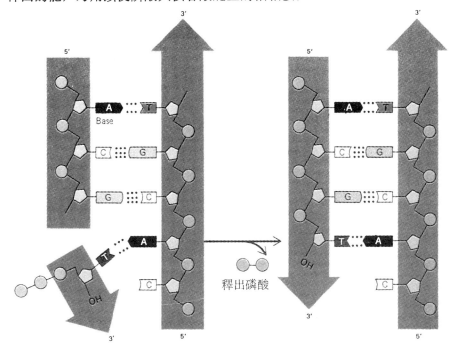

圖 7-1-9 DNA 複製時, 其原料為三磷酸去氧核糖核苷酸, 當其與糖的
3′ 碳相接時, 乃失去二個磷酸。 (同圖 7-1-1, p. 307。)

(3) DNA 合成時需要引物(primer) DNA 聚合酶僅能將核苷酸
加之於已經存在的核苷酸鏈上, 如此則 DNA 複製時, 兩股解開後, 要
合成新股將如何開始。其法是在新股合成以前, 先按照鑄模上起始部分
的鹽基順序, 合成一小段 RNA, 這一小段 RNA 約含五個核苷酸, 叫
做 RNA 引物 (primer) (圖 7-1-10)。當有引物存在時, DNA 聚合
酶便可以將核苷酸的磷酸與 RNA 引物糖的 3′ 碳原子相接合。該引物
以後再由酵素將之除去, 並以適當之 DNA 遞補之。

(4) DNA 複製為不連續的 (discontinuous) DNA 合成時, 新股
的形成, 其方向既是一定, 即由 5′→3′; 但是 DNA 的兩股方向相反,

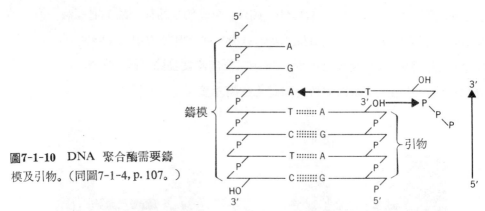

圖7-1-10 DNA 聚合酶需要鑄模及引物。(同圖7-1-4, p. 107。)

複製時，兩新股的形成，自不能同自某一點開始，然後同方向進行。

DNA 複製時，合成的兩條新股，其中之一叫做前導股（leading strand），另一股叫做遲緩股（lagging strand）（圖 7-1-11）。前導股

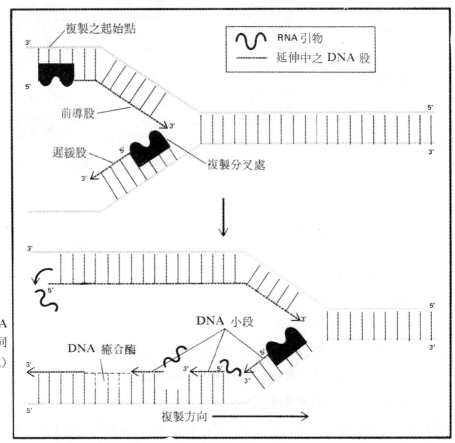

圖 7-1-11 DNA 不連續複製。(同圖 7-1-1, p. 309。)

合成時，是由舊股的起始點開始，然後由 5′→3′ 的方向一直連續不斷延伸。而遲緩股合成時，是由兩舊股分開後的交叉處開始，因此兩舊股解開一部分，遲緩股便合成一小段，故合成時是一小段、一小段，然後再由小段連接起來，所以遲緩股的合成是不連續的 (discontinuous)。每一小段長約 100～1000 個核苷酸，各小段分別由引物所引發，以後引物被移除，代之以 DNA 核苷酸鏈，相鄰的小段 DNA 間，再由癒合酶 (ligase) 將之癒合起來。

乙、實驗設計

目　的

本實驗包括 DNA 的萃取及模型製作兩部分。學生自行萃取 DNA，對 DNA 的存在較有眞實感；製作 DNA 模型，則對其構造可以有較清晰之概念。

器　材

（一）

大試管	1 支
試管架	1 個
去氫膽酸鈉液 (sodium deoxycholate solution)	20ml
吖啶桔染料 (acridine orange stain)	少許
95～100％乙醇	20ml
顯微鏡	1 臺
玻璃棒（橫切面呈方形者較佳）	1 支
鷄　肝	長濶厚各 2cm
載玻片	1 片
蓋玻片	1 片
剪刀或刀	1 把

研　缽　　　　　　　　　　　　　　　　　　1 個

（二）

含氮鹽基對之卡片　　　　　　　　　　　　11 張

粗鐵絲　　　　　　　　　　　　　　　　　長 80cm

麥管（塑膠吸管，套於鐵絲外）　　　　　數支

剪　刀　　　　　　　　　　　　　　　　　1 把

膠　水　　　　　　　　　　　　　　　　　少許

步　驟

（一）DNA 的粗萃取

1. 切取長、寬、厚各約 2cm 的鷄肝一小塊。

2. 將此小塊鷄肝切碎，切得愈碎愈佳。

3. 將切碎的鷄肝置於研缽中，加入 3～5ml 水，研磨之，直至鷄肝呈液狀。

4. 將磨碎的鷄肝倒入大試管中，加 20ml 去氧膽酸鈉液，以使細胞溶解而釋出 DNA。

5. 用玻璃棒慢慢攪動，約 1～2 分鐘。

6. 再加入 20ml 95～100％乙醇，繼續輕輕攪動。玻璃棒上會有白色的絲狀物附著，這些絲狀物卽 DNA。注意：DNA 絲狀物的出現很緩慢，故要有耐心進行實驗。乙醇可以使 DNA-核蛋白凝集。

7. 用玻璃棒將少許絲狀物置於載玻片上，加 2～3 滴吖啶橘染液，加放蓋玻片。

8. 將玻片標本置顯微鏡下，先用低倍，再換高倍檢視之。注意絲狀物中含有很多 DNA 分子，而非單個 DNA。又在顯微鏡下，可見 DNA 表面有一薄層核蛋白，故白色的絲狀物實際上並非是純粹的 DNA。

（二）DNA 模型的製作（圖 7-1-12）

A. 準　備

1. 將粗鐵絲的一端摺成一個各邊長約 10cm 的三角形，作爲模

圖7-1-12　DNA 模型

型的底座，餘下的 50cm 鐵絲使之與底座垂直，如圖。

2. 將麥管剪成 3cm 長的小段，共 11 段。

3. 核苷酸對卡片之處理：

a. 依外圍之**實**線剪下。

b. 卡片近兩側處標註之 "36°"，將其外側之實線分別剪至D及J 的虛線處。

c. 卡片上五碳糖上方之虛線用刀切開。

d. 卡片中心之黑點將之穿孔。

e. 卡片兩側A，C，E，H，J，L之虛線各向下摺 90°。

B，D，F，G，I，K之虛線各向上摺 90°。

B．模型之組合

1. 將一小段麥管自鐵絲直立的一端套下。

2. 取一張卡片，文字向上，將中心穿孔處穿入鐵絲。

3. 重複步驟 1～2，將 11 段麥管及 11 張卡片成間隔的串在鐵絲 上。

4. 自下往上，每一核苷酸對卡片向左交錯 36°，並將卡片上游離 之磷酸與相鄰核苷酸的五碳糖用膠水或訂書機予以連接。連接時，注意 是以磷酸之一O一連於五碳糖，並將五碳糖之 H, -OH 予以遮蓋。

實驗8-1　族羣遺傳

甲、前　言

1908 年，英國數學家哈代（Hardy）和德國醫生魏堡格（Weinberg）研究族羣中對偶基因的頻率，提出哈－溫定律（Hardy—Weinberg Principle）：當族羣在平衡狀態中，對偶基因的頻率，以及基因型的頻率，代代相傳，保持不變（詳見拙著生物學 p. 459-460，三民書局出版）。

對偶基因的頻率，以 p 及 q 代表，族羣中基因型的頻率則爲（p＋q）^{2} 卽 $p^2+2pq+q^2$。調查族羣中某種遺傳性狀的分布，便可根據哈－溫定律計算對偶基因的頻率，以及基因型的頻率，或其有某一基因型的人數等。

（一）**共顯性**（codominance）　MN 血型是說明族羣中對偶基因頻率的最佳例子。MN 血型屬共顯性，其對偶基因 L^M 可產生M抗原，L^N 可產生N抗原。M型者基因型爲$L^M L^M$，N型者爲 $L^N L^N$，當 L^M 與 L^N 組合一起時，兩種抗原皆能產生，其血型爲 MN 型。

調查某一族羣中三種 MN 血型的人數如下：

M	MN	N	總數
1787	3039	1303	12258
($L^M L^M$)	($L^M L^N$)	($L^N L^N$)	

該族羣中 L^M 基因共有 $2×1787+3039=6613$

L^N 基因共有 $2×1303+3039=5645$

則 L^M 和 L^N 的頻率為:

對　偶　基　因	比　　　　例	頻　　率
$L^M = 2 \times 1787 + 3039 = 6613$	6613/12258	0.5395
$L^N = 2 \times 1303 + 3039 = 5645$	5645/12256	0.4605

　　根據 L^M 及 L^N 之頻率，可以計算族羣在平衡狀態下，基因型的頻率及具有各該基因型的人數：

$L^M L^M = 0.5395 \times 0.5395 = 0.2911$　　6129人 $\times 0.2911 = 1784.15$人

$L^M L^N = 0.5395 \times 0.4605 = 0.2484$　　6129人 $\times 0.2484 = 1522.44$人

$L^N L^M = 0.4605 \times 0.5395 = 0.2484$　　6129人 $\times 0.2484 = 1522.44$人

$L^N L^N = 0.4605 \times 0.4605 = 0.2121$　　6129人 $\times 0.2121 = 1299.96$人

這一結果，與實際調查所得各血型的人數，數目接近，若以 χ^2 驗算，其差異並不嚴重。其基因型頻率，符合公式

$$p^2 + 2pq + q^2 = 1$$

此乃顯示族羣中基因型 $L^M L^M$，$L^M L^N$ 及 $L^N L^N$ 是在平衡狀態中。

　　(二) **顯性及隱性** (dominance and recessive)　若對偶基因一為顯性、一為隱性，在異基因結合時，個體表現顯性性狀。因此顯性性狀的個體，其基因型可能是同基因體，也可能是異基因體；在計算對偶基因的頻率時，其方法便與上述的例子 (MN) 血型稍有差異。

　　對 PTC (phenylthiocarbamide) 能否感到苦味的性狀，其對偶基因T (感苦味) 為顯性、t (不感苦味) 為隱性。調查228位大學生，其中 160 人為感苦味者，68 人不感苦味。因為T為顯性，故 160 名感苦味的人則包括 TT 和 Tt 兩種基因型，68 名不感苦味者，其基因型必定是 tt。根據哈一溫定律的公式，可先計算 t 的頻率。68 名 tt 代表 $q^2 = \dfrac{68}{228} = 0.3$，　$q = \sqrt{0.3} = 0.55$，因為 $p + q = 1$，則 $p = 0.45$。

TT 頻率＝p²＝0.45×0.45＝0.2

Tt 頻率＝pq＝0.45×0.55＝0.25

tT 頻率＝qp＝0.55×0.45＝0.25

tt 頻率＝q²＝0.55×0.55＝0.30

　　p²＝0.2　2pq＝0.5　q²＝0.3

族羣中，基因型爲 TT 者共有 0.2×228人＝45.6人

　　　　基因型爲 Tt 者共有 0.5×228人＝114人

（三）**複對偶基因** (multiple allele)　p＋q＝1 適用於對偶基因有兩個的遺傳性狀。若對偶基因有二個以上，卽複對偶基因時，則所有對偶基因頻率之和等於 1。例如人的 ABO 血型，對偶基因有 I^A，I^B 及 i，I^A 與 I^B 爲共顯性，I^A，I^B 對 i 分別爲顯性。對偶基因的頻率分別以 p，q 和 r 代表，則 p＋q＋r＝1。

調查 173 位學生之 ABO 血型，結果如下：

O	A	B	AB	
78	71	17	7	總數 173

$(\frac{78}{173}＝0.4509)(\frac{71}{173}＝0.4104)(\frac{17}{173}＝0.983)$ $(\frac{7}{173}＝0.0405)$

根據調查資料，將該族羣之表型頻率、基因型頻率等分列如下：

表　型	表型頻率	基　因　型	基因型頻率	基因型總和
O	0.4509	ii	r^2	r^2
A	0.4104	$I^A I^A$ $I^A i$	p^2 2pr	p^2+2pr
B	0.983	$I^B I^B$ $I^B i$	q^2 2qr	q^2+2qr
AB	0.0405	$I^A I^B$	2pq	2pq

因爲 $r^2(O)=0.45$， $r=\sqrt{0.45}=0.67$

$(O+A)$ 的頻率爲 $r^2+2pr+p^2=(r+p)^2$

$r+p=\sqrt{(O+A)頻率}=\sqrt{0.45+0.41}=\sqrt{0.86}=0.93$

已知 $r=0.67$，故 $p=0.93-0.67=0.26$

因爲 $p+q+r=1$， $q=1-p-r=1-0.67-0.26=0.07$

據此可以計算該族羣中，不同基因型的人數

I^AI^A　的人數爲　$p^2=0.26^2=0.0676$

　　　　　　　　173人$\times0.0676=11.6948$人

I^Ai　　的人數爲　$2pr=2\times0.26\times0.67=0.3484$

　　　　　　　　173人$\times0.3484=60.2732$人

I^BI^B　的人數爲　$q^2=0.07\times0.07=0.0049$

　　　　　　　　173人$\times0.0049=0.7477$人

I^Bi　　的人數爲　$2qr=2\times0.07\times0.67=0.0938$

　　　　　　　　173人$\times0.0938=16.22$人

　　（四）**對偶基因位於性染色體**　對偶基因若位於性染色體上，其頻率的計算，與在普通染色體上的基因不一樣。因爲不同的性別，性染色體不一樣；人的性染色體在女性爲 XX，男性則爲 XY。由於絕大部分性連基因都位於X染色體上，Y染色體則沒有對偶基因存在，故基因型在女性爲 AA，Aa 及 aa，男性則爲A和a，故頻率如下：（注意：調查時及計算時，男女需分開）

　　1. 女性：$p^2+2pq+q^2$

　　　　　　AA Aa　aa

　　2. 男性：$p+q$

　　　　　　A　a

因此男性的基因頻率，卽爲其基因型的頻率。

乙、實驗設計

目 的

　　進行族羣遺傳實驗，最先要對該族羣取樣 (sampling)，取樣要逢機取，同時樣本要大，才具有代表性。家庭中的成員，如兄弟姐妹或父母子女等，應避免取在同一樣本中。本實驗調查全班同學對 PTC 能否感到苦味以及 ABO 血型等遺傳性狀，根據調查結果，計算族羣中這兩種性狀其對偶基因的頻率。

器 材

苯胺基硫甲醯基液 (phenylthiocarbamide solution　　1 湯匙
　PTC)

湯　匙　　　　　　　　　　　　　　　　　　　　1 個

步 驟

(一) 顯隱性

　　1. 對 PTC 能否感到苦味，是研究族羣遺傳的最佳特徵。取一湯匙 PTC 液，放入口中，但不要嚥下，在口中漱幾下，數秒鐘後吐去 (PTC 並無毒，但吞下後可能會不適)，對 PTC 有無苦的感覺，將結果記錄下來。

　　2. 由教師將全班的結果寫在黑板上，感苦味 (taster) 和不感苦味 (nontaster) 的人各多少？

　　3. 計算對偶基因 T 和 t 的頻率。

　　4. 感苦味的人中，基因型為 TT 和 Tt 者各多少？

(二) 複對偶基因

　　1. 調查全班同學的 ABO 血型，由教師將結果寫在黑板上。

　　2. 計算複對偶基因 I^A，I^B 和 i 的頻率。

　　3. A 型中有多少是 $I^A I^A$? 多少是 $I^A i$?

　　4. B 型中有幾人是 $I^B I^B$? 幾人是 $I^B i$?

5. 全班同學各調查五位隣居或朋友之血型，使樣本擴大，然後計算複對偶基因的頻率，並與步驟 2 全班的結果比較之。

實驗9-1 生物的命名、分類和鑑定

甲、前　　言

　　將生物分門別類，叫做分類 (taxonomy 或 systematics)。生物的分類主要是根據成體的構造以及胚胎發生的過程，藉以了解生物間關係的親疏遠近而將之歸類。生物的地理分布，亦有助於分類的研究。此外，埋於岩石中的生物化石，則為古代生物與現今生物間的橋樑，對了解生物的親疏關係，亦十分重要。至於生物體各種器官的機能、生物的習性、乃至動物的行為，在分類上則並不重要。

　　生物分類的最小單位是種 (species)。種的定義是：一羣構造相同的生物，彼此能互相交配繁殖，並產生有生殖能力的後代，例如獅。相近的種，如獅、虎、豹則歸於同一屬 (genus)。在生物學上，將生物的屬名和種名聯合起來而稱呼之，這種由屬名和種名組合而成的名稱，叫做學名 (scientific name)，例如獅的學名為 *Felis leo*，虎的學名是 *Felis tigris*。學名是拉丁語或譯作拉丁語的名稱，這種由兩個拉丁名稱組合而成學名的方法，叫做二名法 (binomial system nomenclature)。二名法是在十八世紀中葉由瑞典生物學家林奈 (Linnaeus) 所創；學名不但給予生物明確的稱呼，而且可以表示出與其他生物間的親疏關係。例如屬名相同而種名不一樣的生物，他們的關係，應較不同屬的生物為密切。

　　學名中的屬名為一名詞，其第一字母要大寫；種名是形容詞，為了確切起見，學名後面並隨有描述並定名者的姓，或姓的第一字母，例如 *Felis leo* Linnaeus 或 *Felis leo* L.；為了防止錯誤，更進一步並將定

名的年份列在學名最後的括弧中，例如 *Felis leo* L.（1758）。 若是已定名的某種生物，以後改列入另一屬，於是，早先定名者的姓便寫在括弧中，例如一種知更鳥（robin redbreast）的學名寫作 *Planesticus migratoria*（L）。

同種的個體間，有時會發生較不重要的差異，當這些差異頗爲明顯時，乃稱爲變種或品種（variety）。變種在家禽、家畜中最爲常見。變種的個體，若分別棲息於一定的地理環境中，則稱爲亞種（subspecies）。亞種的學名爲三名（trinomial），即在學名之後，再加上亞種名，例如美國西部的知更鳥與東部的知更鳥有若干差異，故爲一亞種，學名爲 *Planesticus migratoria propinqua* Ridgway。

同一屬的生物，彼此有時會有較大之差異，或是同一屬中包含的種類多，在此情況下，爲了方便起見，便將之分爲亞屬（subgenus），並給予亞屬名稱。亞屬名稱，其中之一必定與原來的屬名相同。這時，學名除屬名與種名外，兩者之間並有亞屬名，該亞屬名置於括弧中，例如一種淡水螺，其亞屬名爲 *Lymnaea*，學名便寫作 Lymnaea（*Lymnaea*）*stagnalis*。

在分類上，具有某些相同特徵的屬，便合爲一科（Family）；特徵相近的科，又合爲一目（Order）；相近的目，合爲一綱（Class）；具有共同特徵的綱則又合爲一門（Phylum）。種、屬、科、目、綱及門爲分類上的主要階層，在各階層之上，有時尚有「首」（super），其下則又有「亞」（sub），如亞綱（subluss），首科（superfamily）等。

科的名稱，及科以下各階層的名稱，都有一定規則。亞種、種、亞屬及屬等名稱之使用，已如前述。科的名稱，其字尾必定爲 idae，而且是由該科中典型的屬名衍生而來，此典型的屬爲「模式屬」（type genus）。亞科名稱的字尾，必定是 inae， 此亦是由主要的屬名衍生而來。例如牛的屬名 *Bos*，科名爲 Bovidae（牛科），亞科（包括大多數似牛的成員）的名稱爲 Bovinae。至於科以上的名稱，則無特殊之規定，通常其最末一個字母爲 a 。

　　屬名及種名的更改，必須符合國際規則。某種生物其種名(specific name) 經描述發表後，即有優先權；但有時由於描述不適當，因此以後的學者難以據此而鑑定；或是其描述發表於不顯著的期刊雜誌，因而被忽視，以致該種生物又被另定一種名。當發現這種由於疏忽而導致的錯誤時，則後來定的名稱應予取消，即使該名稱已長久使用，但仍應予作廢而恢復先前所定的名稱。種名一經發表，即不能更改，除非這種生物在此以前已經用其他的名稱發表，或是由於屬名與種名的組合，先前已用來命名另一種生物。至於屬名的更改，則是因為該名稱早先已用來命名其他生物；或是該生物以前已有其他較合適的屬名；或是需要另立一新的屬，因為原先的屬涵蓋過廣，待生物學的知識漸增，這一屬就必須分為數個不同的屬。例如條蟲中的 *Taenia* 屬，原先幾乎所有的條蟲皆為 *Taenia* 屬，後來發現這一屬應分為許多不同的屬，而 *Taenia* 的名稱，僅保留用於最早使用此名稱的生物，以及其相近的種類。當屬名更改時，種名仍維持不變，定名者亦保留。

　　生物的種類，目前已定名的已近二百萬種。鑑定生物的種類，需要專門的知識，一般只有分類學家始能肯定的鑑定生物的種類。在生物學上，有由專家制定的檢索表（key）；在清楚了解某種生物的形態構造後，將之與檢索表中的特徵相比對，便可鑑定該種生物的名稱。

乙、實驗設計

目　的

　　生物的命名和分類都有一定的法則，本實驗在了解如何命名生物、如何將生物分門別類、以及如何使用檢索表。

器　材

　　（一）

圖 9-1-1

　　（二）

圖 9-1-2

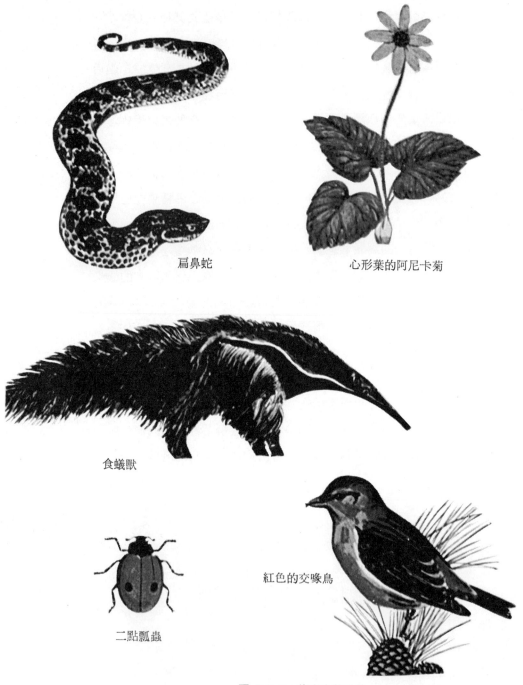

扁鼻蛇

心形葉的阿尼卡菊

食蟻獸

二點瓢蟲

紅色的交喙鳥

圖 **9-1-1** 待定名的生物
（錄自：Norman Abraham et al., *Interaction of Man
& the Biosphere*, Chicago: IMB. 1970. p. 216-218。）

家蠅

銀毛蝙蝠

三齒艾

頭部白色的禿鷹

海馬

圖 9-1-1　待定名的生物（續）

攀緣行走的長臂猿

仙女草

葉三出的車軸草

六線蜥蜴

犀牛

圖 9-1-1 待定名的生物（續）

圖 9-1-3

（三）

圖 9-1-4

步 驟

（一）命名生物

1. 圖 9-1-1 為十五種待命名的生物，根據各該生物的特徵，利用表 9-1-1 所列出的字彙，試著定出這些生物的屬名或種名。例如大熊貓（giant panda）的體色黑白相間，命名時，便可利用這一特徵來稱呼。在表 9-1-1 中拉丁語稱黑色為 melano，白色為 leuco，將此兩字組合 melanoleuco 便可用來形容這種體色黑白相間的動物（按：大熊貓學名為 *Ailuropoda melanoleuca*）。

2. 在命名完畢後，試與表 9-1-2 中這些生物的學名作一比較，當可發現其雷同處。

表 9-1-1

字		彙	
bates	＝攀登者	lineatus	＝線
bi	＝二個	melano	＝黑色
campus	＝海中怪物	myrmeco	＝蟻
cephalus	＝頭	nocti	＝在夜間
cordi	＝心形	octo	＝八個
cornis	＝角	petala	＝花瓣
curvi	＝彎曲	phaga	＝吃
dentata	＝齒的（植物之葉）	platy	＝扁平
domesticus	＝家屋周圍	punctata	＝有點的
folium	＝葉	rhino	＝鼻
hippo	＝馬	rostra	＝喙（鳥）
hylo	＝樹	sex	＝六個
leuco	＝白色	tri	＝三個
vagens	＝旅行，徬徨		

表 9-1-2

俗　　　　名	屬名和／或種名
六線蜥蜴	*Cnemidophorus sexlineatus*
仙女草	*Dryas octopetale*
食蟻獸	*Myrmecophago*
三齒艾	*Artemisia tridentata*
禿　鷹	*Haliaeetus leucocephalus*
海　馬	*Hippocampus*
二點瓢蟲	*Coccinella bipunctata*
阿尼卡菊	*Arnica cordifolia*
家　蠅	*Musca domesticus*
扁鼻蛇	*Heterodon platyrhinos*
紅交喙鳥	*Loria curirostra*
車軸草	*Trifolium*
犀　牛	*Rhinoceros bicornis*
銀毛蝙蝠	*Lasionycteris noctivagans*
長臂猿	*Hylobates*

（二）分類

1. 將圖 9-1-2中的圖形複印後分別剪下，然後將這些圖形分類。最先根據某種特徵，將圖形分為兩類，例如一類的圖形有曲線，另一類僅有直線。

僅有直線的一組共有 12 個圖形，其中有二個（一個矩形、一個三角形）尚有直線自圖形向外伸展，其他十個則無，於是便利用有無直線自圖形向外伸展的特徵，將之分為更小的二羣。同樣的方法亦可施之於圖形有曲線的一羣。

然後又根據圖形中有的塗黑有的則否的特徵來區分；再將三角形與矩形、正方形分開，圓形與半圓、雙圓分開；最後又可根據大小來區分。如此便將所有圖形分為多數小羣，各小羣的圖形都具有共同的特徵。

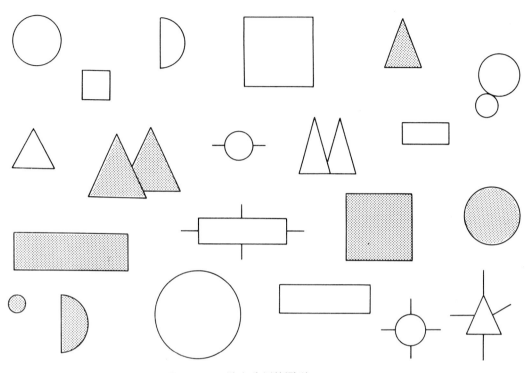

圖 9-1-2 將之分類的圖形

（錄自：James H. Otto et al., *Laboratory Investigations
In Biology*, Holt, Rinehart and Winston, 1981. p. 56。）

2. 檢視圖 9-1-3中的動物和植物，依照步驟 1 的原則，將這些生物先分爲二羣，然後再分爲更小的羣。分類時有關這些生物的特徵，必要時可參考拙著生物學。

（三）檢索表的使用

1. 圖 9-1-4 中的魚，可利用表 9-1-3 加以檢定。表 9-1-3 是某些魚的檢索表（key），使用檢索表時，先查左方的數字 1， 1 的敍述有二：1a 和 1b， 其中有一項敍述與欲鑑定的魚相符， 另一則否；若是 1a 的敍述適當，卽查 1a 敍述的右方， 右方若爲數字 6， 卽查表中左方的數字 6， 6 的敍述也有二： 6a 和 6b，乃選取其中適當的一項，如此重複查閱，直至敍述右方出現一名詞爲止，此名詞卽所欲鑑定之生物的名稱。

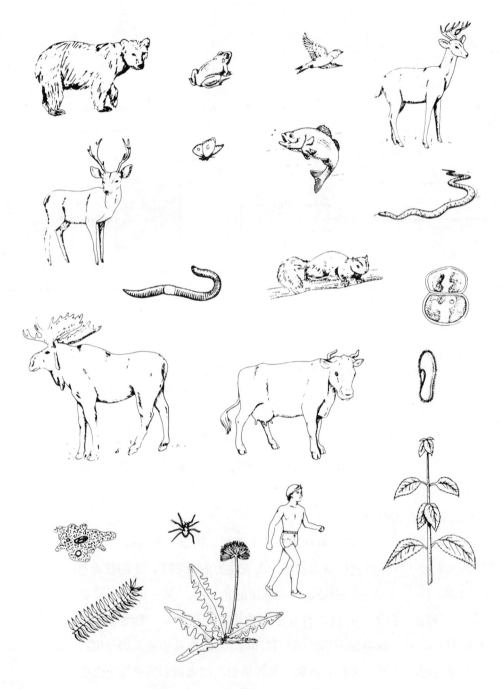

圖 **9-1-3**　待分類的生物。（同圖 9-1-2, p. 59。）

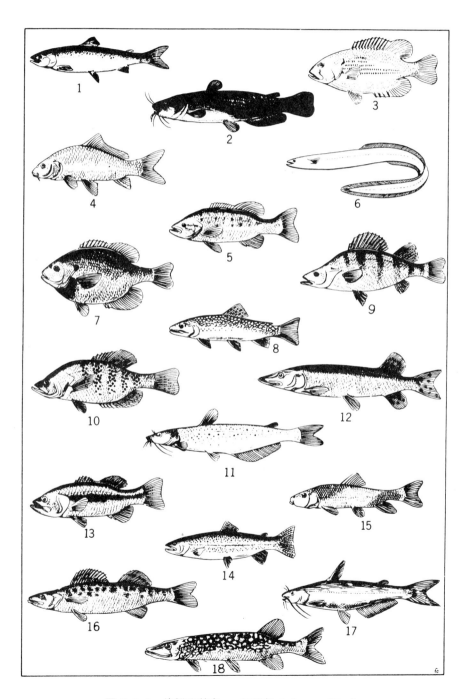

圖 9-1-4　待鑑定的魚。（同圖9-1-2, p. 60。）

舉例:

設若欲鑑定圖 9-1-4 中編號 2 的魚, 先查左方的數字 1, 若是 2 號魚沒有鱗, 或是有鱗但無法觀察出來, 於是便選 1b。1b 之敍述右方為數字 12, 就繼續查左方的 12, 在 12a 和 12b 中, 選擇一項適當的敍述, 這時應選 12b (體不延長, 不似蛇樣), 12b 敍述右方是數字 13, 再查左方的數字 13, 13a 的敍述——唇或頭頂有觸鬚, 該敍述右方為 14, 再查左方的數字 14, 14b 的敍述——尾鰭圓、或稍凹、但不分叉, 頭鈍, 此敍述的右方為鮰 (bullhead catfish), 此卽編號 2 之魚的名稱。

2. 將圖 9-1-4 中的魚, 分別利用表 9-1-3 鑑定其名稱。

魚體構造上的名稱

觸鬚 (barbel)——頭部或唇的肉質突起

鱗片 (scale)——皮膚的衍生物, 覆於體表

鰭 (fin)

脂鰭 (adipose)——身體上方之中央線近尾鰭處之一小型的鰭

肛鰭 (anal)——身體下方之中央線近尾鰭之鰭

尾鰭 (caudal)——尾部的鰭

背鰭 (dorsal)——沿身體上方中央線之鰭, 一個或多個

胸鰭 (pectoral)——近頭部的對鰭, 相當於其他脊椎動物的前肢或臂

腹鰭 (pelvic) ——近尾部的對鰭, 相當於後肢

表 9-1-3　某些魚的檢索表

1 a	體表覆有顯著的鱗片	2
1 b	體表無鱗片或鱗片太小無法看到	12
2 a	背鰭單個	3
2 b	背鰭二個或二個以上，彼此分離或連結	6
3 a	體長是體寬（自頂至底部）的四倍以上；背鰭前緣近體後端，口大，頜關節在眼後方	4
3 b	體長是體寬的四倍以下；背鰭前緣位於頭與尾的中央；口不大，頜關節位眼前方	5
4 a	黑色條紋形成網狀；鰭上無斑點	狗魚
4 b	體表有黃點；鰭上有斑點	白斑狗魚
5 a	口向下彎；無觸鬚，背鰭延長	胭脂魚
5 b	口不向下彎；具有觸鬚，背鰭長	鯉
6 a	背鰭兩個，互相分離，前背鰭刺狀，後背鰭柔軟	7
6 b	背鰭兩個，互相聯合，形成棘狀的前部和柔軟的後部	8
7 a	頭頂凹陷，使背鰭前方形成一隆起，身體上有垂直的深色條紋	黃鱸
7 b	頭頂不凹陷，自頭至背鰭體傾斜不形成隆起，身體上有深色斑點	鱸
8 a	體長為體寬的三倍以上	9
8 b	體長為體寬的三倍以下	10
9 a	頜關節在眼後方；背鰭的棘狀部與柔軟部之間有深溝，幾乎將之分為二個	大口鱸
9 b	頜關節在眼下方；背鰭的棘狀部與柔軟部之溝不致將兩者分開	小口鱸
10 a	口大，頜關節位於眼下或眼後方	11
10 b	口小，頜關節位眼前方	藍鰓鱸
11 a	背鰭有棘 5～7 個；體兩側之深色斑點形成橫條紋	棘臀魚
11 b	背鰭有棘十或十個以上；兩側有深色斑點	石鮨魚
12 a	體延長呈蛇樣；背鰭、尾鰭和肛鰭互相連續	鰻
12 b	體不延長呈蛇樣；背鰭、尾鰭和肛鰭互相分離，具有脂鰭	13
13 a	觸鬚自唇及頭頂長出；頭大而寬	14
13 b	無觸鬚，頭不大亦不寬	16
14 a	尾鰭分叉深；頭尖	15
14 b	尾鰭圓，稍凹陷但不分叉，頭鈍	鮰
15 a	背鰭上方圓，體呈銀色有黑色斑點	淡水鮰
15 b	背鰭長頂端尖；體藍灰色無斑點	藍鮰
16 a	尾鰭分叉深；背部有少數斑點	大西洋鮭
16 b	尾鰭方或略凹；背部有斑點	17
17 a	背部及尾鰭有斑點；沿邊緣有寬帶水平	虹鱒
17 b	背部有斑點及深色線；尾鰭無斑點；鰭的邊緣白色	紅點鱒

實驗10-1 微生物的操作技術

甲、前 言

微生物是指許多個體微小、肉眼無法察見的生物，例如細菌、酵母菌、黴菌、原生動物、單細胞藻類和病毒等。通常根據微生物的構造和生理等特徵，可將之分為三大類：

1. 原生生物（protista）——原生生物為眞核生物（eukaryotes），細胞核的分化程度高，具有核仁、核膜和染色體，細胞質內具有多種胞器。包括原生動物、某些藻類、黴菌和黏菌等。

2. 原核生物（prokaryotes）——無核膜、核仁，胞器種類亦少，包括細菌和藍綠藻。

3. 病毒（virus）——無典型之細胞構造，亦無產生能量之酶系統，僅能在寄主細胞內生長繁殖。

研究微生物的學科，叫做微生物學（microbiology），其範圍包括微生物之形態、構造、生殖、遺傳、生理、代謝、分佈、分類、以及與人類或其他生物的關係等。

乙、實驗設計

目 的

由於微生物個體小，肉眼不能察見，因此，在進行微生物實驗以前，必須先熟練微生物的操作技術。本實驗之進行，應先由教師示範，然後學生隨著操作練習。這些技術，看來似較複雜，但稍加練習便會熟

練。（按：國立臺灣師範大學科學教育中心，有「細菌的培養和觀察」
之錄影帶，需要時可以商借或價購，供學生觀看參考。）

器 材

接種環	1 支
接種針	1 支
吸 管	1 支
酒精燈或本生燈	1 個
培養皿	1 個
試 管	1 支
培養基 ⎱ 培養皿中的瓊脂平板	1 個
試管中的瓊脂斜面	1 個
燒瓶中之肉湯	1 個
棉花塞	1 個
消毒劑（來沙爾）	酌量

步 驟

（一）無菌技術 (aseptic technique)

所有用來處理或培養微生物的玻璃器皿、針、環和材料，都必須非
常清潔，所謂清潔並非只是用水和肥皂洗去肉眼能看到的髒東西而已，
而是必須經過消毒，以除去或殺死可能附於其上的微生物，這種除去器
物上微生物的技術，叫做無菌技術。

殺菌的方法，可以使用加壓加熱，或在火焰上加熱，或用化學物質
如酸、鹼、酒精等處理。消毒時，用於器皿和設備上之化學物質，叫做
消毒劑 (disinfectant)， 用於活組織如皮膚上者， 叫做抗菌劑 (antise-
ptic)，抗菌劑的效果不及消毒劑，兩者皆可殺死微生物或抑制其生長。

進行微生物實驗時，所有器具及培養基皆需消毒，不過當將微生物
自一個器皿移植至另一個器皿中時，總有短暫時間暴露於環境中。周圍
環境中有許多其他種類的微生物，若是這些不需要的微生物被引入所培
養的羣落中，則這些進入的微生物，叫做污染物 (contaminant)。 雖然

肉眼不能看到這些污染物，但腦海中必須銘記其存在；因此，在操作微生物時，必須時時提防、處處小心，避免培養的微生物被污染。爲此培養物要盡少暴露於空氣中，接種時，環或針一定要消毒。

（二）設　備（equipment）

圖 10-1-1 爲微生物實驗所需的儀器設備。高壓（蒸氣）滅菌器

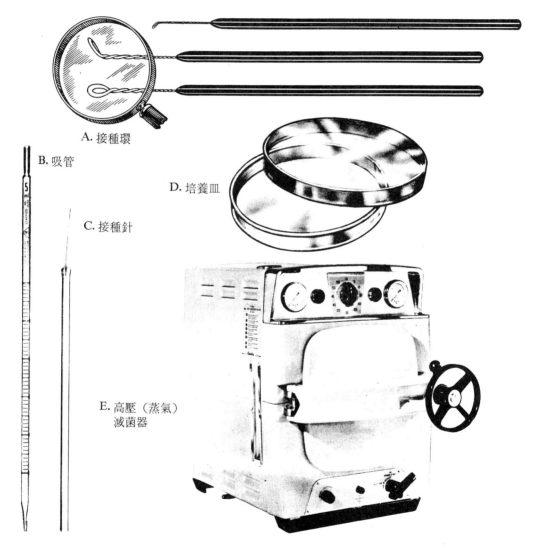

A. 接種環

B. 吸管

D. 培養皿

C. 接種針

E. 高壓（蒸氣）
滅菌器

圖10-1-1 微生物實驗用之儀器設備。（錄自: Biological Science Curriculum Study, *Biological Science, Student Laboratory Guide,* 2nd ed., New York: Brace & World, 1968. p. 65.）

(autoclave) 可用來消毒器皿及培養基，加熱後器皿或培養基都不會受損；若無此設備，則可用壓力鍋代替。吸管 (pipette) 有二種：一種是有刻度，可以自一端吸入液體的玻璃管；另一種為乳頭吸管，一端為橡皮球，按捏時，可以吸入液體（應已使用過）。培養皿 (petri dish) 是一底一蓋、有矮邊的平底盤，培養基傾入皿底的部分，然後加蓋以防空氣中的微生物進入培養皿中。

微生物身體過小，故不能單個個體加以處理；接種環和接種針都要在火焰上（圖 10-1-2）燒至發紅以事消毒，待冷卻後（很快）才能使用。

圖10-1-2　接種環在火焰上滅菌

（三）培養基 (medium)

在自然界，常常是多種微生物生活一起；但是，在實驗室中培養時，不同種類的微生物必須隔離培養，此為純培養 (pure culture)。培養微生物最大的問題是設計微生物生長的培養基，早期時，利用營養肉湯 (nutrient broth)，這種肉湯內含有微生物生長所需的各種成分。

將不同種類的細菌分離培養的方法，是由德國微生物學家郭霍 (Robert Koch, 1843-1910)所創。郭霍的發現則是基於山苗爾 (Johann Samuel) 的方法，山苗爾將細菌培養在各種固體物上，其中包括切開的馬鈴薯，細菌在馬鈴薯上生長並形成一個大團，此一團細菌稱為菌落

(colony)。　每一菌落中包含無數細菌，　更重要者是在一個菌落中的細菌都屬於同一種，顯示單個細菌在馬鈴薯上繁殖而產生數以百萬計的後代，　由眾多細菌聚集一起而形成的菌落，便可用肉眼察見。在同一菌落中的個體，都是由最初的一個細菌繁衍而來。因此，一個菌落便是一個純培養 (pure culture)。

　　郭霍將數種細菌散布在培養基上，這些細菌便黏在培養基表面不同的部位，此單個細菌便開始繁殖，最後便在各特定的位置形成菌落，各菌落都是純培養。馬鈴薯並不是理想的培養基：第一，因為馬鈴薯並非所有細菌的適當食物，因此，只有少數種類的微生物能生長。第二，馬鈴薯未經消毒，表面附有刀上或空氣中的污染物；這些污染物也會長成菌落，如是則無法區分這些菌落究竟是來自意外的污染或是接種在馬鈴薯上的細菌。因此，在培養細菌時，必須要設計某種培養基，既可供應細菌生長所需的各種養分，同時又可加以消毒。郭霍最初使用營養肉湯與明膠 (gelatin) 混和，　傾入培養皿中待其凝固；　將細菌用畫線法（streaking）散布在培養基上（圖 10-1-3 是數種畫線平板法 streaking-

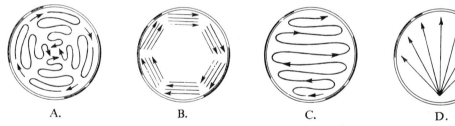

A.　　　　　　B.　　　　　　C.　　　　　　D.

圖10-1-3　畫線平板法。（同圖10-1-1，p. 66。）

plate method)。但明膠亦有缺點，因為明膠在 28°C 時便溶解。 28°C 則低於許多細菌生長的溫度。 同時，　有多數細菌能產生分解明膠的酵素，於是，培養基便變成液體，培養基一旦液體化，所有的菌落便混在一起。之後，郭霍便改用瓊脂 (agar)，　瓊脂由一種海藻提鍊而來，　是固體培養技術上的理想材料。瓊脂要在溫度達100°C時始變軟，液態的瓊脂要冷卻至 42°C 才再凝固，因此，可藉這種特性設計出獲得純培養的方法。此時，便不使用畫線平板法來分離細菌的菌落，而是將細菌與

冷卻中的瓊脂尚呈液態時混合一起，將此混合物傾入培養皿中，待瓊脂凝成固體時，各細菌便單獨位於瓊脂中，然後由此單個細菌發展成純培養的菌落。利用此法獲得純培養細菌的方法，叫做傾注平板法(pour-plate method)。圖 10-1-4是傾注平板法與畫線平板法分離菌落的結果，可以作一對比。

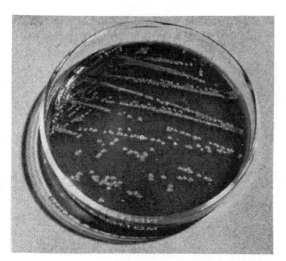

圖10-1-4　大腸菌的畫線平板（左）與傾注平板（右）。（同圖10-1-1, p. 67。）

現今微生物學上，仍沿用郭霍的純培養技術。培養時，將細菌置於培養箱中適當的溫度下。

（四）防止污染 (prevention of contamination)

培養微生物時，培養基必須先行消毒，以除去其內所含之生物；其次要防止導入污染物。培養細菌的試管要使用棉花塞，棉花可以過濾空氣中的微生物。打開培養細菌的試管塞時，要將棉花塞如圖10-1-5 般夾在手指間，記住不能離手放下；培養管口要通過火焰（圖10-1-6），伸入經燒紅冷卻的接種環（圖10-1-7），再塞好棉塞。製作棉花塞、將培養基和玻璃器皿消毒等，皆是培養細菌時必要的工作。

（五）染色技術 (staining technique)

觀察細菌有時要加以染色，染色方法與觀察細胞時將細胞核或其他構造加以染色的技術無大差異。結晶紫 (crystal violet) 與細胞內近表

圖10-1-5　將棉塞夾於小指及手掌、小指與無名指間而拔出。

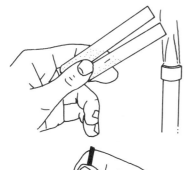

圖10-1-6　試管在火焰上滅菌

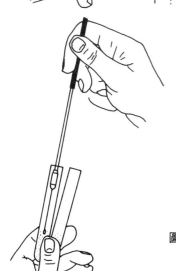

圖10-1-7　試管內接種法

面處的 RNA 相作用，因此，若細菌的表層含有大量 RNA 卽染成某種顏色，而含 RNA 量少的部位則染成另一種不同的顏色。這種方法是由丹麥的細菌學家革蘭 (Gram) 所創，在微生物學上，細菌的分類便可根據其對結晶紫的染色反應而區分。凡是能為結晶紫染色的細菌，便

稱革蘭氏陽性 (Gram-positive)， 若不能爲結晶紫染色者，稱爲革蘭氏陰性 (Gram-negative)。由於細菌根據構造而分類有其困難，因此，革蘭氏技術在區分細菌時，便有其價值。

（六）顯微鏡技術 (microscope technique)

觀察細菌時， 常常需要 放大倍率在 43× 以上， 因此要 使用油鏡 (oil immersion objective)。使用油鏡時，先在蓋玻片上加一滴油，然後將油鏡鏡頭下降並與油接觸。觀察細菌另一常用的方法是暗視野 (dark field microscopy)，此時需要調節集光器 (condensor)， 以形成黑色背景以與微生物照光後發亮的情形成對比。

（七）實驗技術 (laboratory technique)

本實驗由教師示範各種基本微生物學技術， 學生必須隨著教師學習，如畫線、接種、配置培養基等技術都要熟練。

進行微生物實驗時，必須注意勿將微生物散布在室內各處。接種環和接種針在使用完畢放下以前，必須先消毒。所有的培養物及其他含有活的微生物材料要放在器皿中加以消毒，然後再棄置。用消毒液如來沙爾清理工作區域。

實驗10-2 病 毒

甲、前 言

病毒的構造簡單，未達細胞階級，所以是介於生物與無生物間的物體。細胞生物皆含有 DNA 和 RNA，但病毒僅含有 DNA 或 RNA，而無兼有 DNA 和 RNA 者。病毒缺少合成蛋白質所需要的核糖體和酵素，只能在其所感染的寄主細胞內始能繁殖，故病毒必須行寄生。有些病毒對寄主有嚴重影響，表10-2-1略舉數種動物病毒對寄主的影響。

表 10-2-1 動物病毒

類　別	引起的疾病
DNA 病毒	
腺病毒 (adenovirus)	急性呼吸道感染；在某些情況下，會引起倉鼠之惡性腫瘤
微小病毒 (parovirus)	某些型式的胃腸炎（下痢，嘔吐）；常與人類的A型肝炎相關
乳頭瘤病毒 (papovavirus)	人、兔、狗的腫瘤；鼠及倉鼠的某些癌症
疱疹病毒 (herpes virus)	面疱疹；水痘；帶狀疱疹；若干會引起癌症
痘病毒 (poxvirus)	天花；牛痘；形成纖維瘤
RNA 病毒	
腸道病毒 (enterovirus)	下痢；流行性脊髓灰質炎；無菌腦膜炎
鼻病毒 (rhinovirus)	傷風
披蓋病毒 (togavirus)	黃熱病；德國麻疹
流感病毒 (influenza virus)	流行性感冒
副黏病毒 (paramyxovirus)	溫和的呼吸道疾病；麻疹；腮腺炎
彈狀病毒 (rhabdovirus)	狂犬病

沙粒病毒 (arenavirus)	腦膜炎
冠狀病毒 (coronavirus)	上呼吸道疾病
反錄病毒 (retrovirus)	某些腫瘤 (肉瘤)；白血病；愛滋病
呼腸病毒 (reovirus)	溫和的呼吸道疾病；人、牛及鼠的嚴重下痢

（一）**病毒的構造**　病毒是微小的顆粒，包含一由核酸形成的中心 (core)，中心的外圍有蛋白質形成的衣殼 (capsid)。有些病毒在衣殼外面，尚有一層膜，稱爲外（套）膜 (envelope)，此膜含有蛋白質、脂質和醣，愛滋病的病毒卽具有外膜。病毒所含的核酸，不論其爲 DNA 或 RNA，皆爲其遺傳物質。病毒的遺傳物質所含之基因，少者僅五個，多者達數百個。

病毒非常微小，有的僅比一個蛋白質分子略大而已，直徑約 0.25 μm，因此，必須用電子顯微鏡觀察。當有許多病毒聚集在寄主細胞內時，方能在光學顯微鏡下觀察到。

病毒的形狀，取決於構成蛋白質外殼之次單位 (subunit)的排列方式。該次單位叫做殼粒 (capsomere)。例如煙草嵌紋病毒 (TMV) 呈桿狀（圖 10-2-1），其衣殼爲中空柱狀，構成衣殼的蛋白質次單位排

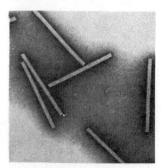

圖10-2-1　煙草嵌紋病毒（TMV）。（錄自：Claude A. Villee et al., *Biology*, 2nd ed., Holt, Rinehart and Winston, Inc., 1989. p. 539。）

列成螺旋狀 (helical)（圖 10-2-2A）。引起呼吸道急性感染的腺病毒 (adenovirus)，其衣殼之蛋白質次單位排列成多面體的幾何圖形，表面尚有絲狀構造（圖 10-2-2 B）。有的病毒如噬菌體 T_4，其蛋白質外殼的次單位兼具上列兩種排列方式（圖 10-2-2 C），包含多面體的頭部及螺旋排列的尾。

（二）**病毒的感染週期**（viral infectious cycle）　病毒必須在適當

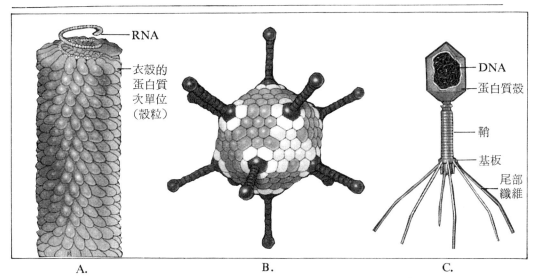

RNA

衣殼的
蛋白質
次單位
（殼粒）

DNA

蛋白質殼

鞘

基板

尾部
纖維

A.　　　　　　　　　　B.　　　　　　　　　　C.

圖10-2-2　數種病毒的衣殼。A．煙草嵌紋病毒（TMV）的衣殼。B．腺
病毒呈多角形的衣殼。C．T₄ 噬菌體。（錄自：Ceice Starr, Ralph
Taggart, *Biology*, 5th ed., Wadsworth, 1989. p. 591。）

的寄主細胞內才會繁殖。寄主細胞表面有特定的分子羣（鑑識部位），
病毒可與該等分子結合，然後整個病毒或其核酸部分便進入寄主細胞。
進入後，病毒的核酸便指使寄主細胞轉錄和轉譯病毒的基因，產生病毒
的核酸和蛋白質，兩者再組合爲病毒，最後破壞寄主細胞而釋出。合成
核酸時，若是 RNA 病毒，則藉 RNA 聚合酶（RNA polymerase）之
助，轉錄 RNA。但有些 RNA 病毒，如愛滋病毒（HIV）以及某些腫
瘤病毒，則是藉反轉錄酶（reverse transcriptase）（一種 DNA 聚合
酶）之助，以 RNA 爲鑄模，合成單股的 DNA，該 DNA 稱爲 cDNA
（complementary DNA），由 cDNA 再形成雙股的 DNA，進而利
用此 DNA 合成病毒的 RNA。

（1）**噬菌體**（bacteriophage）　感染細菌的病毒，叫做噬菌體。最
常見的噬菌體，其構造爲一多面體的頭部，內有纏絡的核酸。許多噬菌
體除多面體的頭部外，尚有一尾與頭部相連；尾的末端有多數纖維（圖
10-2-2 C），用以附於細菌表面。

噬菌體在細菌內繁殖後，會破壞寄主細胞而釋出，此爲溶菌性感染

(lytic infection)。另有些溫和的噬菌體，進入細菌後，其 DNA 嵌入
細菌的 DNA，並隨細菌的分裂而複製，這種情形，叫做潛溶性感染
（lysogenic infection）。不過以後病毒的 DNA 又會自寄主的 DNA
分離，而恢復其溶菌週期而破壞寄主細胞。

少數噬菌體（以及某些動物病毒），在寄主細胞內尚有另一種共存
方式（圖 10-2-3）。當病毒 DNA 進入寄主細胞後，寄主細胞仍可進

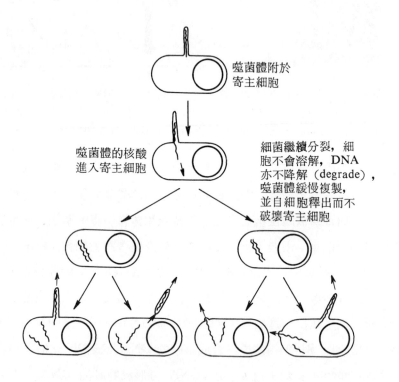

噬菌體附於
寄主細胞

噬菌體的核酸
進入寄主細胞

細菌繼續分裂，細
胞不會溶解，DNA
亦不降解（degrade），
噬菌體緩慢複製，
並自細胞釋出而不
破壞寄主細胞

圖10-2-3 寄主細胞與病毒共存。（同圖10-2-1, p. 544。）

行其本身的代謝活動，而病毒的繁殖至為緩慢。待病毒成熟至近細胞膜
處，細胞表面乃突出一芽，病毒在通過細胞膜時，乃獲得部分細胞膜而
形成其外膜。待病毒釋出後，寄主便再修復其細胞膜。

(2) 植物病毒（plant virus） 植物病毒常導致農作物的減產，由
於植物的病毒疾病尚無法治療，因此，科學家皆集中精力於這些疾病的

防止，目前已發展出重要農作物的抗病毒品系，對已感染疾病的植株，則進行焚毀。植物病毒是由昆蟲傳播，也可經由種子或無性繁殖傳給下一代。一旦植株受到病毒感染，該病毒在植物體內便可經由原生質絲（plasmodesma）而擴散，因為原生質絲係穿過細胞壁、隣近細胞間的細胞質連繫。

（3）**動物病毒**（animal virus）　大多數動物病毒缺少附著寄主細胞的構造，不過在其表面有接受分子，這些分子有助於病毒以化學結合附著於寄主細胞。有些病毒如腺病毒（adenovirus）。其衣殼表面有突出的纖維，可以附於寄主細胞的接受部位，該部位稱為細胞受體（receptor）。又如疱疹、流行性感冒及狂犬病的病毒，其外膜表面有由糖蛋白形成的釘狀物作為接受部分。動物病毒有的僅能感染人，因其接受部分僅能與人類細胞表面的受體相結合。麻疹病毒和痘病毒可以與多種細胞的受體相結合，因此，可以感染多種不同的組織。但是流行性脊髓灰質炎（polio）的病毒，僅能與某些組織的細胞——脊髓、喉及腸——相結合。當無外膜的動物病毒與寄主細胞表面的受體結合時，整個病毒便為寄主細胞所吞食而至細胞質中。有外膜的病毒則與寄主細胞的細胞膜癒合，然後進入細胞質，在細胞質中，外膜及衣殼皆除去。

動物病毒在寄主細胞內繁殖後便離開寄主細胞。無外膜的病毒，寄主細胞破裂而將之釋出。有外膜的病毒，在通過細胞膜時，便獲得脂蛋白的外膜。釋出時，寄主細胞緩慢的形成一突起，病毒不會破壞寄主細胞（圖 10-2-3）。

動物細胞在受病毒感染後，會產生干擾素（interferon），以干擾病毒繁殖。干擾素可由細胞釋出，以保護其周圍未受感染的細胞。

（三）**病毒的培養**（curturing virus）　由於病毒要在活細胞內始能繁殖，因此，便不能用培養基培養。最早發展出來、至今仍沿用以培養動物病毒的方法，是利用雞胚。培養時，將受精一週或二週的雞蛋，除去一小片殼，由此孔注入病毒。病毒可注入胚體本身，或是胚外膜——通常為卵黃囊或絨尿膜（chorioallantoic membrane）（圖 10-

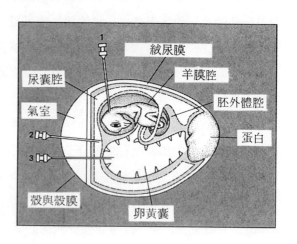

圖10-2-4 發育 10～12 天的
鷄胚，示如何將病毒注入 (1)
鷄胚頭部 (2) 尿囊腔 (allan-
toic cavity) (3) 卵黃囊 。
(同圖 10-2-1, p. 540。)

圖中標示：絨尿膜、羊膜腔、胚外體腔、蛋白、卵黃囊、殼與殼膜、氣室、尿囊腔

2-4)，然後用蠟將殼開孔之處封閉，將蛋置於 36°C 的孵卵箱中；病毒便在寄主細胞內繁殖，以後可用離心法將之與寄主細胞分離。天花、流行性感冒以及黃熱病等疫苗便是利用病毒培養於發育中的鷄胚而製造。

目前培養病毒廣泛使用的方法是組織培養。幾乎各種動物細胞皆可用適當的培養基培養。有的疫苗卽利用組織培養的病毒製造，這對某些人而言，則可解決使用疫苗對鷄蛋發生敏感的困擾。

某些病毒無法用鷄胚培養，亦不能用組織培養，這些病毒就只能用鼠、豚鼠、兔以及猴等動物培養。用動物培養的優點是可以研究由病毒感染所引起典型之症候羣。

(四) **病毒與癌** (virus and cancer) 在動物，不論 DNA 或 RNA 病毒，皆會引起癌症。勞斯氏肉瘤病毒 (Rous sarcoma virus) 是最早被發現可以使鷄罹患癌症者。引起癌症的病毒，其核酸會與寄主細胞的 DNA 組合，寄主細胞便因此而變為癌細胞。

有些致癌的病毒具有一個或數個致癌基因 (oncogene)，這些基因會使寄主細胞變為癌細胞。致癌基因亦見於很多動物的正常細胞中，若是這些基因被致活，細胞卽變為癌細胞。致癌基因具有轉譯多種蛋白質的訊息，這些蛋白質包括細胞生長因子、膜的受體、蛋白質激酶

(protein kinase) 等。 細胞改變後，致癌基因便保持活動狀態而持續轉錄，進而導致癌症。有些病毒雖不含致癌基因，但是可以致活細胞中原已存在的致癌基因。

RNA 病毒中， 與癌症有關者是反錄病毒（retrovirus）， 這種病毒具有反轉錄酶（reverse transcriptase）。 人類的一種反錄病毒稱爲 HTLV 即與白血病有關，HTLV 進入 T 淋巴球（白血球的一種）後，即引起一連串的變化而導致白血病。與此相關的一種反錄病毒現稱 HIV；已證明爲引起 AIDS 的因素。

目前自人的腫瘤中， 雖然尚未分離出 DNA 病毒， 但是有證據顯示數種人類的癌症與 DNA 病毒有關。埃—巴二氏病毒 (Epstein-Barr virus, EB 病毒) 可以感染各種族的人，但在中非，此一病毒引起槃克氏淋巴瘤 (Burkitt's lymphoma)，同樣的病毒，在國人則會導致鼻咽癌。 B 型肝炎病毒與肝癌有關， 2 型單純疱疹病毒 (herpes simplex virus type 2) 與頸癌有關。 此外， 乳癌、AIDS 患者常見的卡帕錫氏肉瘤 (Kaposi's sarcoma) 亦都與病毒有關。

（五）**病毒的分類** (classification)　　由於病毒未達細胞階級， 又不能獨立行代謝活動，因此，不列入生物五大界中的任何一界。目前對病毒的演化關係知道得很少，因此至今尚無爲大家所認同的分類系統。雖然有學者將病毒分類爲科與屬， 但並未廣泛被接受 。 病毒的分類是根據四項主要標準: (1) 大小， (2) 形狀， (3) 蛋白質外面有無外膜 (envelope)，(4) 核酸的種類 —— DNA 或 RNA， 以及核酸是單股 (single strand) 或雙股 (double strand)。有時也根據其所引起寄主之疾病或傳播方式而分類。

（六）**類病毒與鋸體** (varoid and prion)　　類病毒爲呈直線或環狀的單股 RNA（僅 250 至 400 個核苷酸），無蛋白質外殼。在自然情況下， 其 RNA 分子本身對褶， 其含氮鹽基互相配對， 故呈短桿狀。類病毒較最小的病毒猶小，但卻能橫掃馬鈴薯農田，或柑桔等樹林。三十年前類病毒幾乎摧毀美國的菊花業。在菲律賓曾毀滅一千二百萬株椰

子樹，造成嚴重的經濟損失。目前已知類病毒會引起倉鼠發生癌症，也可能引起數種人類的癌症。

鋸體爲小型的蛋白質，不含任何核酸。但鋸體卻能在寄主細胞中複製。鋸體既不含遺傳訊息，如何能控制寄主的合成機制，是令人困惑的事。推測鋸體可能會致活寄主細胞 DNA 中原已存在的鋸體基因，但卻無法肯定。脊椎動物數種慢性、致命的中樞神經系統疾病，如羊的擦癢病 (scrapie)、人的克魯病 (kuru disease) 和克—傑二氏病 (Creutzfeldt-Jakob disease)，可能皆由鋸體引起。

乙、實驗設計

目　的

雖然病毒要用電子顯微鏡才能觀察到，但是利用病毒感染寄主所遺留的痕跡，當可了解病毒的存在及其作用。所謂遺留的痕跡，此處可以微生物學上所稱的溶菌斑 (plaque) 爲例。溶菌斑是培養的細菌死亡後培養基表面呈現的一圈透明區。病毒感染細菌後，會使細菌死亡，因此，根據溶菌斑的出現，可以了解病毒的存在及其作用。

器　材

細菌懸浮液（如水稻白葉枯病桿菌 *Xanthomonas oryzae* 或大腸桿菌 *Escherichia coli*)

噬菌體懸浮液（如病毒 XP-10、寄生水稻白葉枯病桿菌、或病毒 T_2 寄生大腸桿菌）

試管（內裝軟性營養洋菜，並保存於 50°C 水浴中）	4 支
營養洋菜平板培養基	4 個
500ml 燒杯（作水浴用）	1 個
試管（內盛 9ml 無菌水，卽經滅菌的蒸餾水）	8 支

吸　管　　　　　　　　　　　　　　　　4支
溫度計　　　　　　　　　　　　　　　　1支

步　驟

1. 先將噬菌體懸浮液作一系列稀釋，方法如圖 10-2-5 所示。

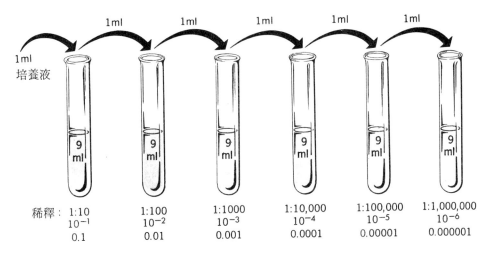

圖10-2-5　病毒（或酵素等）培養液的稀釋法。（錄自: Biological Science Curriculum Study, *Student Laboratory Guide*, 2nd ed., New York: Harcourt, Brace & World, 1968. p. 47。）

2. 將 4 支裝有軟性營養洋菜的試管，分別標註 1, 2, 3, 4。

3. 用三支吸管分別吸取 0.2ml 10^{-8}，10^{-7} 及 10^{-6} 噬菌體稀釋液，依次注入試管 1， 2 及 3，第 4 支試管不加入噬菌體。

（注意: 病毒濃度的高低， 與溶菌斑的數目有關， 若加入的病毒濃度過低，則僅出現少數幾個溶菌斑；若病毒濃度過高，則細菌將被吃光，平板培養基上，幾乎沒有細菌；若不加入病毒，細菌便可長成一片 lawn。本實驗乃選取適當的三種濃度之病毒。）

4. 另用一吸管，吸取 0.5ml 細菌懸浮液， 加入軟性營養洋菜試管中，四支試管均要加入。

5. 取四個培養皿，分別標註 1, 2, 3, 4。

6. 將四支軟性營養洋菜試管中的內容物，趁熱分別倒入 1, 2, 3, 4

四個營養洋菜平板培養基中， 注意倒入時， 培養皿必須半開蓋， 如圖
10-2-6。

圖**10-2-6** 培養皿半開蓋

7. 將培養皿在桌面前後、 左右作 8 字形轉動 (圖 10-2-7)， 使
細菌和噬菌體均勻分布於培養基表面。

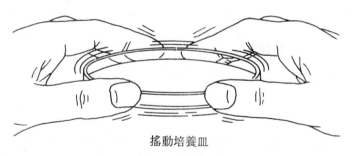

圖**10-2-7** 將培養皿在桌面
前後左右作 8 字形搖動

搖動培養皿

8. 待洋菜凝固後， 將培養皿倒置， 放入 37°C 的溫箱中24小時。

9. 次日觀察 (不打開蓋子)。

10. 培養皿 1, 2, 3 有無溶菌斑出現? 培養皿 4 的細菌生長情形如
何? 設置培養皿 4 的意義何在?

〔備註〕 用水稻白葉枯病桿菌與病毒 XP-10 進行實驗，最好使
用馬鈴薯蔗糖培養基 (potato sucrose medium, 簡稱 PS medium),
其配製方法見附錄。

實驗11-1　細菌的染色和觀察

甲、前　　言

細菌是原核生物界 (Kingdom Monera) 中惟一的成員，也是微生物中數目最多和分布最廣的一類。在溫泉、積雪、沙漠和最深的海洋中皆有細菌存在。

（一）**細菌的特徵**　細菌為原核生物 (prokaryote)，其細胞核沒有核膜和核仁，故稱擬核 (nucleoid)。細胞質中亦無由膜形成的胞器 (organelle)，ATP的形成以及其他複雜反應，皆在細胞膜的部位發生。因此，其細胞膜相當於真核細胞的胞器。核糖體數目多，散布於細胞質中，或位於細胞膜內側。在核糖體表面蛋白質合成的效率高而迅速。

細菌的營養方法，絕大多數是異營，少數為自營。自營的細菌中，有的是利用日光能以行光合作用，少數種類則行化學合成 (chemosynthesis)，以簡單的無機物作為能源，以合成本身的有機物。

大多數細菌用二分法由一個細胞分裂為二個。細菌的擬核由染色體構成，染色體為環狀的 DNA。細胞質內尚有由 DNA 形成的質體 (plasmid)。

除始細菌 (archaebacteria) 外，其他的細菌，細胞壁的成分為肽聚糖 (peptidoglycan)。某些細菌在細胞壁的外面尚有緊密附著的莢膜 (capsule)。另有些細菌則有疏鬆附著的黏液層 (slime layer)，用以附著於岩石、植物體等。細菌表面的纖維狀突起──線毛 (pilus)，可助細菌彼此連結而行接合生殖，亦可助細菌附著他物而免被冲走，例如寄生人體腸內或輸尿管中的細菌。許多可以運動的細菌則具有一或多條鞭

毛， 鞭毛的構造與一股真核細胞的鞭毛不一樣， 真核細胞的鞭毛內有11 個微管（圖 11-1-1）， 而細菌的鞭毛則爲一單根的小纖維（圖 11-1-2）。

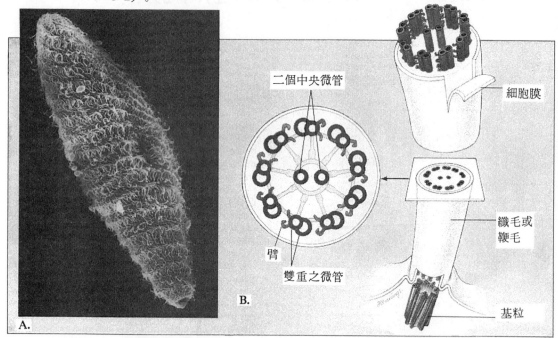

圖11-1-1 真核細胞的纖毛或鞭毛。 A． 草履蟲體表的纖毛。 B． 纖毛或鞭毛的微細構造。 （錄自： Ceice Starr, Ralph Taggart, *Biology*, 5th ed. , Wadsworth, 1989. p. 79。）

細菌的細胞壁， 使細菌表現一定的形狀。 最常見者爲球狀、 桿狀和螺旋狀， 分稱球菌（coccus）、 桿菌（bacillus）和螺旋菌（spirillum）（圖 11-1-3）。 球菌和桿菌會成對、 成羣或成串的聯合一起， 此乃由於細胞分裂後， 子細胞未分離而形成。

（二）**細菌的分類** 傳統上， 生物學家常常根據細菌的特徵如形狀、 生長方式、 對環境的忍受（包括溫度和 pH 等）、 細胞壁的特性等而區分之， 例如稱革蘭氏陽性和陰性， 卽由於其細胞壁的成分和構造不同而染色性質不一樣， 以此而區分之。

細菌的分類則與上述的例子不一樣， 目前根據細菌的形狀構造、 生化性質、 遺傳特徵、 營養需求、 習性以及對某些藥物的敏感性等， 而將

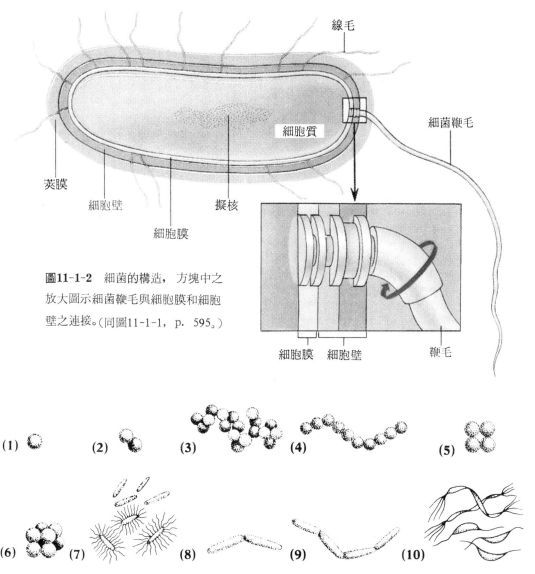

線毛

細胞質

細菌鞭毛

莢膜

細胞壁

擬核

細胞膜

圖11-1-2 細菌的構造，方塊中之放大圖示細菌鞭毛與細胞膜和細胞壁之連接。（同圖11-1-1，p. 595。）

細胞膜　細胞壁　鞭毛

(1)　(2)　(3)　(4)　(5)

(6)　(7)　(8)　(9)　(10)

圖11-1-3 球菌 (1, 2, 3, 4, 5, 6) 桿菌 (7, 8, 9) 和螺旋菌 (10)，有的單獨，有的相連。（錄自：James H. Otto et al., *Laboratory Investigations In Biology*, Holt, Rinehart and Winston, 1981. p. 66。）

之分為 33 組，這些組或稱其為門、或稱之為綱、甚至其他名稱，則尚無定論。

原核生物界包括二大類，即始細菌（Archaebacteria）與真細菌（Eubacteria）。

1. 始細菌（Archaebacteria） 始細菌是目前發現某些奇特的微生物，其與眞細菌之最大不同處，是細胞壁中不含肽聚糖（peptidogly-can）。 這些細菌可以生活於溫泉、 酸性土壤、 鹽度極高的水中， 以及其他象徵生命起源的古代環境（故有始細菌之名）。 始細菌包括下列三類：

(a) 極端嗜鹽菌（extreme halophile） 這類細菌僅能生活於鹽度極高的環境中，如鹽池、鹽湖。大量存在時，會使水呈粉紅、紅或橘紅等顏色，因其體內含有胡蘿蔔素（carotenoid）。嗜鹽菌亦會使鹽漬的魚以及鹽漬的動物皮革腐敗。大多數嗜鹽菌的營養方法爲異營，少數種類能利用日光能而行光合作用， 因其體內具有紫色的細菌視紫素（bacteriorhodopsin）， 可以捕捉日光能。

(b) 產甲烷菌（methanogen） 這些始細菌行無氧呼吸，將二氧化碳和氫形成甲烷（CH_4）。 棲於溝水及沼澤中， 在人類以及動物尤其是牛、 羊等反芻動物的消化道中甚爲普遍。 許多天然氣、 沼澤中的沼氣，都是這類細菌代謝活動的結果。

(c) 嗜熱酸菌（thermoacidophiles） 這類細菌，見於溫泉、高度酸性的土壤、甚至靠近火山口的海洋底。

2. 眞細菌（Eubacteria） 眞細菌包括藍綠菌（昔稱藍綠藻）以及典型的細菌。茲將典型的細菌簡述於下，藍綠菌則留待實驗 11-2 再行討論。

細菌的營養方法有光合作用、化學合成以及異營。行光合作用的細菌有綠硫菌（green sulfur bacteria）和紫硫菌（purple sulfur bacteria），這類細菌行光合作用時， 並非以分解水而獲得電子， 而是由硫化氫（H_2S）獲得電子，因此，光合作用的副產品是硫而不是氧。

有的細菌如硝化菌（nitrifying bacteria）行化學合成， 利用簡單的無機物爲原料，自氧化無機物時獲得能量，以合成本身所需的養分。行化學合成的細菌自環境中吸收二氧化碳、水和氮化合物，利用這些物質合成複雜的有機養分，合成時，自氨之氧化爲硝酸鹽或亞硝酸鹽，自

硫或鐵的化合物氧化而獲得能量。這類細菌中有的在氮的循環中扮演著重要的角色。

大多數的細菌則行異營, 即攝取現成的有機物為食。 異營的細菌中, 絕大多數是腐生 (saprobe), 其他的則為共生 (symbiosis), 共生時或為片利共生(commensalism), 或為寄生(parasitism)。 寄生的細菌會導致植物及動物的疾病, 導致疾病的生物, 則稱為病原(pathogen)。

不論自營或異營, 通常細菌都需要氧, 以行細胞呼吸。但若干種類的細菌則為兼性嫌氧 (facultative anaerobe), 即當有氧供應時行有氧呼吸, 在缺氧時, 亦可行無氧呼吸。 另有些細菌為專性嫌氧 (obligate anaerobe), 即只有無氧呼吸始產生能量, 這些細菌在有氧時生長緩慢, 甚至極低濃度的氧即會將其殺死。

乙、實驗設計

目 的

微生物學家將細菌依形狀分為球菌、桿菌和螺旋菌, 這些細菌的特徵在顯微鏡下甚易鑑定。本實驗將浸液中的細菌加以染色再行觀察, 細菌經染色後, 可以迅速在顯微鏡下觀察到。同時細菌內的各種構造, 其染色反應各不相同, 故可藉染色以辨別其構造。

器 材

豆的浸液(黃豆 20〜30 顆置於燒杯中, 加水半滿煮沸, 再將燒杯中加滿水。置於溫暖處四、五天)	酌量
燒 杯	1 個
結晶紫染液 (crystal violet stain)	酌量
碘 液 (iodine solution)	酌量
95％酒精	酌量
濾紙或紙巾	2 張

番紅花紅染液 (safranin stain)	酌量
複式顯微鏡 (帶油鏡)	1臺
接種環	1支
載玻片	1片
本生燈或酒精燈	1個

步 驟

(一) 細菌的染色技術 細菌的染色技術分三部分:

1. 塗 片

a. 取清潔的載玻片, 在本生燈或酒精燈的火焰上輕輕通過三次, 使載玻片加熱, 然後將載玻片向下的一面輕觸手腕內側, 至有溫熱 (但不燙) 的感覺。

b. 待玻片冷卻後, 用接種環取豆的浸液, 置於載玻片上未接觸手腕的一面, 將之塗抹成約一元硬幣大小之薄層 (圖 11-1-4A), 塗得

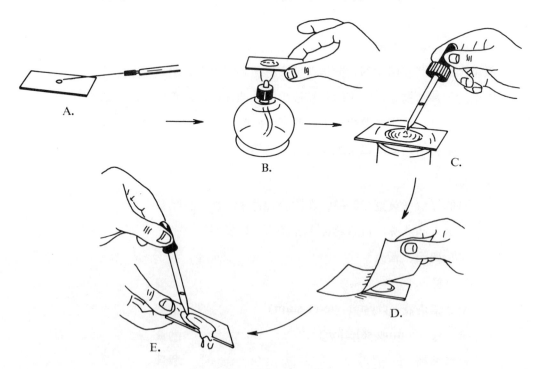

圖11-1-4 細菌染色技術的過程

愈薄，愈易在顯微鏡下觀察到。

　　c. 任塗片在空氣中封乾。

2. 固　定

　　a. 載玻片塗有浸液的一面向上，將之迅速通過火焰 3 ～ 4 次（圖 11-1-4 B），使細菌黏於載玻片上而固定之。

　　b. 待載玻片冷卻至室溫。

3. 染　色

　　a. 在載玻片之塗抹處加 5 滴結晶紫液（圖 11-1-4 C）。

　　b. 染色 1 分鐘。

　　c. 將載玻片置燒杯的水中，輕輕洗去多餘的染液。

　　d. 將載玻片浸於碘液中，或加碘液於載玻片上， 1 分鐘。

　　e. 將載玻片在水中輕洗， 再用濾紙或紙巾吸乾水分（圖 11-1-4 D）。

　　f. 將載玻片在95％酒精中來回移動以脫色，至無染液脫落為止，脫色時間自 30 秒至 3 分鐘不等。

　　g. 用濾紙將載玻片之水分吸乾， 再用 番紅 花紅染液（ safranin stain）複染， 此時，將載玻片置番紅花紅染液中，或加數滴染液在載玻片上， 染 30 秒，用水洗去多餘的染液（圖 11-1-4 E），吸乾，即可觀察。

（二）用顯微鏡觀察

　　1. 將製備之浸液塗片，置顯微鏡下，用低倍觀察，再換高倍。高倍觀察到以後，再換油鏡。使用油鏡時，先將高倍鏡轉開，加一滴顯微鏡用油在載玻片上。

　　2. 將油鏡轉至鏡筒下方，使鏡頭浸於油中，然後用細調節輪調節焦距，調節時， 要很緩慢。

　　3. 常見的細菌有三種： 球菌、桿菌及螺旋菌。球菌單獨存在， 或成對、成羣、成串。桿菌或細長、或粗短。螺旋菌較少觀察到。革蘭氏陽性者染成紫或藍色；革蘭氏陰性者呈粉紅或紅色。

　　4. 玻片標本中，革蘭氏陽性者那一種形狀的細菌最多？

實驗11-2　藍綠菌的觀察

甲、前　言

藍綠菌（Cyanobacteria）昔稱藍綠藻（blue green algae），傳統上，根據其形態、色澤等將其列入藻類；但目前根據其細胞的構造特徵則改屬原核界，爲眞細菌中的一類。微生物學家斯登尼（Roger Stanier）將之名爲藍綠菌。

藍綠菌生活於湖泊、池沼、潮濕的土壤或樹幹上，也有些種類生活海洋中，也有的生活於溫泉中，更有些種類與菌類共生，形成地衣。藍綠菌是行光合作用的原核生物，具有葉綠素（少數例外），除葉綠素外，尚有輔助色素如胡蘿蔔素（carotenoid）、藻藍素（phycocyanin，藍色，僅見於藍綠菌）；有些種類有呈紅色的藻紅素（phycoerythrin），這種色素亦見於紅藻，此一現象，曾被認爲是兩者間有演化關係的佐證。

（一）**構造**　藍綠菌與其他原核生物一樣，不具核膜，亦無由膜形成的胞器，如粒線體、色素體等。但與其他眞細菌不同者，是藍綠菌具有內膜，稱爲光合層（photosynthetic lamella）（圖 11-2-1），內含葉綠素及光合作用所需的酵素，因此，其葉綠素及輔助色素雖不位於色素體內，但係分散在位於細胞邊緣由膜形成的光合層中。

藍綠菌的細胞壁不含纖維素，而與細菌一般含有由多糖與多肽形成的肽聚糖。細胞內儲藏的醣類，主爲一種與肝糖極爲相似的多糖，稱爲藍綠菌澱粉（cyanophycean starch）。此外，細胞內亦儲藏脂質和蛋白質。細胞外圍，有分泌的膠質鞘（sheath）。膠質中含有色素，使其呈現褐、黑、紫、黃、藍、綠或紅等各種顏色。藍綠菌中，實際上僅有半

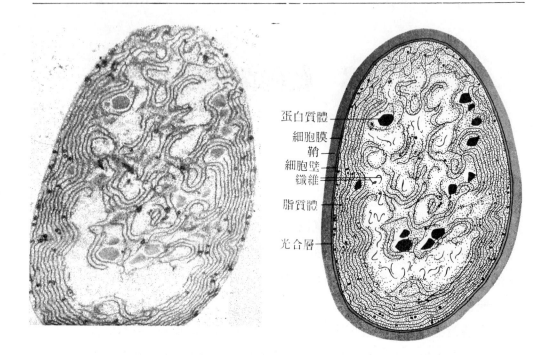

圖11-2-1 藍綠菌的構造（圖爲念珠菌的構造，左方爲在電子顯微鏡下所攝）。（錄自：Peter H. Raven et al., *Biology of Plants*, 2nd ed., New York: Worth, 1976. p. 200。）

數種類呈藍綠色。紅海是因水面有大量紅色的一種藍綠菌，使水呈現紅色而得名。

藍綠菌的細胞很微小，有的種類是單細胞（圖 11-2-2），大多數則形成絲狀體（filament），少數種類的絲狀體可以發生分枝，更有少數種類形成平面或不規則的羣體（圖 11-2-3）。細胞分裂後，可能互相分離，也可能彼此以膠質鞘相連，但各細胞皆獨立生活。有的絲狀體，如念珠菌（藻）（*Anabaena*）（圖 11-2-4）和葛仙米菌（藻）（*Nostoc*）（圖 11-2-3C），每隔一段距離有一個特化的細胞，叫做異形細胞（heterocyst），異形細胞的壁厚而透明，有固氮作用。

藍綠菌不具鞭毛、纖毛或其他運動胞器，但有些絲狀體會運動，如顫菌（藻）會顫動（圖 11-2-3A）；也有的絲狀體種類包括顫菌會緩慢滑動。從絲狀體斷下的小段會以每秒 $10\mu m$ 的速度滑動而至他處。單細胞的藍綠菌亦會發生間際的跳躍運動。

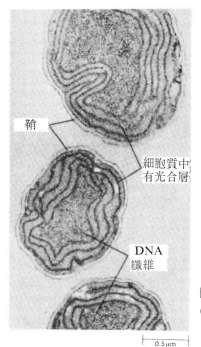

鞘

細胞質中
有光合層

DNA
纖維

├─ 0.5μm ─┤

圖**11-2-2**　單細胞的藍綠菌，各細胞並不相黏成絲狀體。
（同圖 11-2-1, p. 198。）

（二）**生殖**　藍綠菌行無性生殖，細胞由一個分裂為二（圖 11-2-5）。羣體及絲狀體會碎裂而行碎片生殖（fragmentation），斷裂的碎片會長成新的絲狀體。有些絲狀體種類，如念珠菌和葛仙米菌，其絲狀體在異形細胞處會斷裂，斷下的小段可長成新的絲狀體；又在某些情況下，其營養細胞的壁會增厚而轉變為厚壁孢子（akinete）。厚壁孢子對不良環境有高度的抵抗力，至環境適宜再萌發為新個體。厚壁孢子有歷時達 87 年再行萌發者。藍綠菌不產生配子，故不行有性生殖。

（三）**分布**　藍綠菌與其他細菌一般，可以生活於極端不良的環境中。自近沸點的溫泉，至南極嚴寒的湖泊都有藍綠菌充斥其中。某些種類的藍綠菌是海洋中的浮游生物，也有很多海生種類附於岩石上。淡水生的藍綠菌，其絲狀體中有很厚的石灰質沉澱。生活於溫泉中者如 *Mastigocladus*（絲狀體種類）生活於 55°C、單細胞的 *Synechococcus* 生活於 75°C 的環境中。土壤中包括沙漠在內，都富含藍綠菌。

許多種類的藍綠菌可以固氮，在東南亞，農田可以多年種植稻穀而

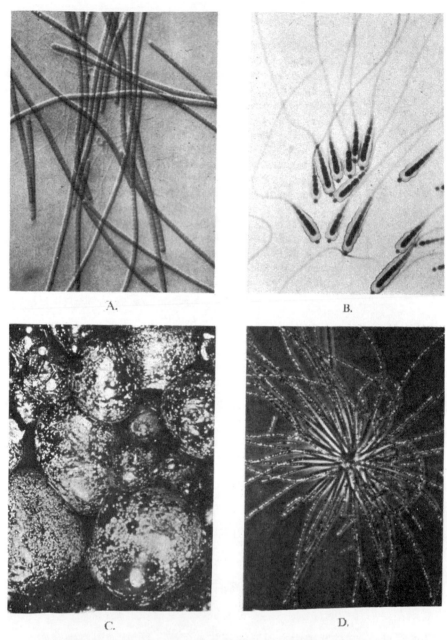

圖11-2-3　數種形成絲狀體的藍綠菌。　A. 顫菌（藻）（*Oscillatoria*）。
B. 黏絲菌（*Gloeotrichia*），絲狀體基部有一異形細胞。C. 葛仙米菌（
藻）（*Nostoc*）的羣體球。D. 硫絲菌（*Thiothrix*），許多絲狀體以基部
附著他物，形成圓形花飾，無葉綠素，以氧化 H_2S 獲得能量。（同圖
11-2-1, p. 199。）

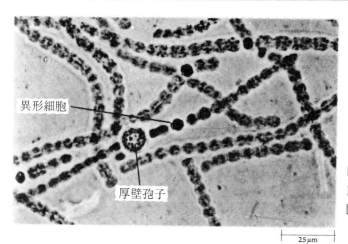

異形細胞

厚壁孢子

25μm

圖11-2-4　念珠菌（藻），細胞呈桶狀，有固氮能力。（同圖11-2-1, p. 199。）

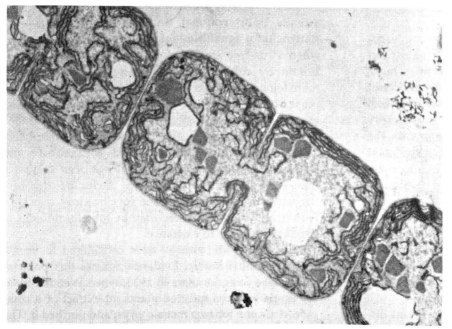

圖11-2-5　念珠菌行細胞分裂。（同圖11-2-1, p. 201。）

無需施肥，卽是因爲有能固氮的藍綠菌生活其間。由於藍綠菌有固氮能力，因此，能移植於赤裸的岩石或土壤。葛仙米菌等絲狀體中異形細胞的形成，會由於氨和硝酸鹽的存在而受到抑制。但是，當這些含氮物的量降至某一限度時，異形細胞便又開始出現，同時固氮酶(nitrogenase)

又顯著活動，固氮酶可以將氮還原爲氨。當異形細胞形成後，細胞內會產生三種新的蛋白質成分，這些成分可能係用來構成固氮酶。

藍綠菌常與變形蟲、鞭毛蟲、矽藻、菌類以及某些較高等的植物共生。當藍綠菌生活於這些生物體內時，通常無細胞壁，其功能猶如葉綠體，細胞分裂亦常與寄主細胞的分裂同時發生。

藍綠菌亦常爲地衣中的光合作用者；此外，亦見於蘚苔植物及維管束植物中，以執行固氮的功能。

乙、實驗設計

目 的

藍綠菌的分布廣，本實驗採集數種常見的藍綠菌，加以觀察，以了解其構造特徵。

器 材

池水或溝水	酌量
花盆或石塊陰濕處之綠色物	酌量
水溝邊之濕土	酌量
滿江紅	酌量
顯微鏡	1臺
載玻片	1片
蓋玻片	1片
鑷 子	1支
吸 管	1支

步 驟

（一）黏球菌（藻）（*Gloeocapsa*）　大多爲單細胞，或由二個、四個細胞組成的扁平羣體，各細胞外圍有一層或數層膠質鞘，羣體外圍有共同的膠質鞘（圖 11-2-6）。膠質呈黃、褐、紅、藍或紫色。繁生於潮濕的岩石或花盆陰濕面，常長成一擴大的薄片狀。

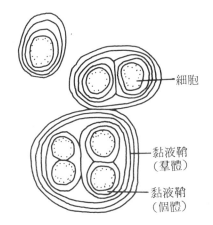

圖11-2-6　黏球菌（藻）

1. 取花盆或石塊陰濕處之綠色物少許，置載玻片土，加水一滴，加蓋玻片。

2. 將玻片標本置顯微鏡下觀察。

（二）顫菌（*Oscillatoria*）　顫菌由許多形態構造相同之細胞連串成線狀，各細胞外圍有一層膠質鞘，使細胞互相連接，是為單細胞之羣體，即各細胞若將之分離，均可單獨生存。絲狀體中常有一、二個中空的死細胞，絲狀體可在此斷裂，脫離母體而成新的絲狀體。呈藍綠色至黑色，能前後左右顫動或滑動（圖 11-2-3A 及 11-2-7）。

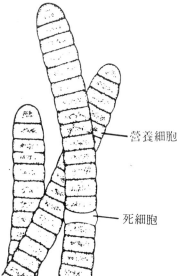

營養細胞

死細胞

圖11-2-7　顫菌（藻）

1. 水溝或池塘不流動的污水中、或腐木上，常有綠色黏物，是為顫藻。選取髒污帶綠色的溝水一滴，置載玻片上，加放蓋玻片。

2. 將玻片標本置顯微鏡下，觀察顫菌的運動及細胞的構造，注意有無死細胞。

（三）葛仙米菌（*Nostoc*）　葛仙米菌的絲狀體甚為扭曲，並被有堅固之膠質鞘（圖 11-2-8），因此形成硬羣體膠質球，羣體球直徑可達 50 公分（圖 11-2-3 C）。生長於水中、土壤表面，水生種類可漂浮或著生於水生植物體上，有些種類可生長於急流中。

1. 水溝邊或潮濕的泥土上，常可見小葉狀之葛仙米菌羣體，採集後泡於水中。

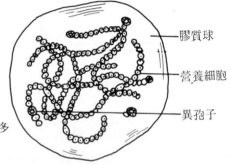

膠質球

營養細胞

異孢子

圖11-2-8　葛仙米菌（藻）的膠質羣體球內有多數絲狀體

2. 切取葛仙米菌的膠質球一小片，置載玻片上，加水一滴，用解剖針將該小片膠質球中之絲狀體分離，加蓋玻片。

3. 置顯微鏡下觀察，注意在膠質鞘中有許多彎曲的絲狀體，有無看到異形細胞?

（四）念珠菌（*Anabaena*）　常與滿江紅共生，其絲狀體與葛仙米菌相似，惟絲狀體外圍無膠質鞘（圖11-2-4）。

1. 取滿江紅的葉，置載玻片上搗碎。

2. 加水一滴，加蓋玻片。

3. 置顯微鏡下觀察。

實驗12-1 藻類的觀察

甲、前　言

　　藻類是一羣相當分歧的生物，其中大部分能行光合作用。體表無角皮（cuticle）以防止體內的水分散失，因此只能生活於水中或濕地。體內除葉綠素、類胡蘿蔔素（carotenoid）外，尚有其他多種色素。通常根據其所含色素、儲藏的養分等而分爲若干門。藻類中有的是單細胞，有的則爲體大型的多細胞生物；雖然如此，在分類上，也有將所有藻類歸於原生生物界。本實驗所觀察的角鞭毛蟲、矽藻、星月藻、水綿、石蓴及眼蟲，分別屬於以下各門。

　　（一）**甲藻門**（Pyrrophyta）　甲藻亦稱渦鞭藻（Dinoflagellata），大多數生活海水中，少數生活於淡水。甲藻的最大特徵是具有一條橫的以及一條直的鞭毛，橫鞭毛位於橫溝中，似腰帶般繞體一週；縱鞭毛位於縱溝中，與橫鞭毛垂直，並自縱溝向體後端延伸。有的種類身體表面有纖維質鞘（圖 12-1-1），有的則裸露。

　　大多數甲藻含有葉綠素 a 和 c，並有類胡蘿蔔素，能行光合作用。至於不含色素的種類，則攝食水中的小生物。體無色而體表有纖維質鞘的種類，則可自鞘的隙縫中伸出僞足以捕食。不論淡水或海水產的甲藻都是水中生態系中重要的一羣。少數海產的種類（圖 12-1-2），當大量存在時（2,500～5,000 個以上／公升水），會引起赤潮（red tide），使海水變爲紅或褐色，所產生的毒素，會使魚、蝦以及其他動物大量死亡。

　　（二）**金黃藻門**（Phylum Chrysophyta）　金黃藻生活於海水或淡

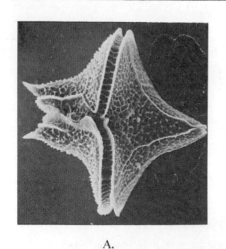

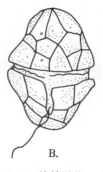

圖12-1-1　數種甲藻。A．掃描顯微鏡下的甲藻，示其鞘的外形。B．示其鞘及鞭毛。C．身體裸露的種類。（A．錄自: Claude A. Villee et al., *Biology*, p. 583。B. C錄自: Cleveland P. Hickman, *Biology of the Invertebrates*, 2nd ed., Saint Louis: Mosby, 1973. p. 51。）

圖12-1-2　一種生活於海洋中會引起赤潮的甲藻，屬名 *Gonyaulax*。A．描繪之圖，示其鞘及鞭毛，B．掃描顯微鏡下的鞘。（A．錄自: Hickman, 前揭書, p. 51。B. 錄自: Villee, 前揭書, p. 583。）

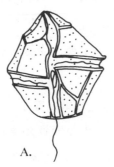

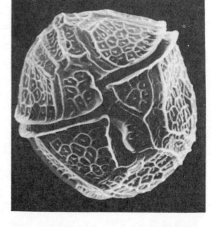

水中，體內的色素以胡蘿葡素（carotene）和葉黃素（xanthophyll）為主，這些色素遮蓋了葉綠素的綠色，而使細胞呈現各種深淺之黃綠色或褐色，儲藏的養分絕非澱粉而是另一種稱為白醣素（leucosin）的醣類，以及油（oil）。本門包含金黃藻（Chrysophyceae）、黃綠藻（Xanthophyceae）和矽藻（Bacillariophyceae）等三大綱。

　　矽藻（diatom）的分布極廣，淡水和海水中均極易發現。大多數為單細胞，少數形成羣體（圖 12-1-3）。其細胞壁由上下兩半嵌合而成，成分為果膠質和矽質。細胞壁上具有各式花紋（圖 12-1-4），這些花紋是分類鑑定的輔助依據。細胞內有一枚或數枚黃褐色之色素體，

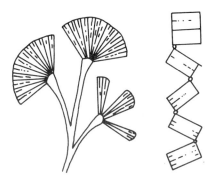

圖12-1-3 形成羣體的矽藻

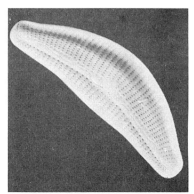
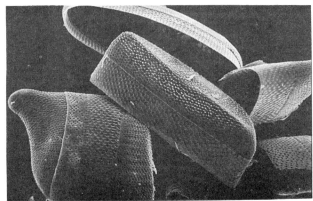
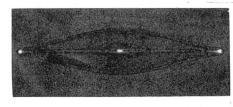
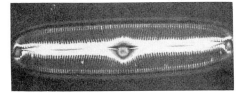

圖12-1-4 掃描顯微鏡下數種矽藻的殼。 （錄自: Villee, 前揭書, p. 585。）

所含色素爲葉綠素 a 和 c 、類胡蘿蔔素及葉黃素。

　　矽藻由於數量多，故爲生態系中的主要生產者，亦爲海生動物的主要食物。古代的矽藻死亡後，其細胞壁堆積於海底形成矽土（diatomaceous earth）。矽土的性質與玻璃相似，可用以製鍋爐及熱氣管的絕熱體、金屬擦光劑及牙粉等。

　　矽藻行無性生殖時（圖 12-1-5）， 其上下兩半分爲兩個子細胞，以後各長出下半個細胞壁， 如此形成的兩子細胞， 一個與原來細胞等大，另一個則稍小。分裂繼續進行，個體乃逐漸變小。此一情形，可藉

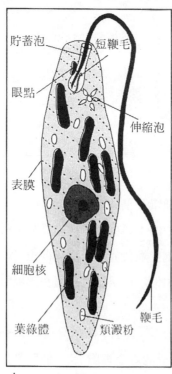

圖12-1-5 矽藻之無性生殖，自左至右由一個分為兩個。

細胞壁本身略為增大以補救之；亦可藉有性生殖以恢復原來大小。有性
生殖時，產生的配子離開其殼（細胞壁），雌雄配子結合形成的合子，
待體積增大至原來大小，始分泌新殼。

（三）**裸藻門**（Phylum Euglenophyta） 裸藻皆為單細胞，具有
兩條鞭毛，其中一條甚短，不伸出體外（圖 12-1-6）。體表無細胞壁，
僅有表膜（pellicle）；表膜柔軟易曲，故身體形狀可以改變。裸藻皆行
無性生殖，其方法為縱行二分。色素體中含有葉綠素 a 和 b 以及類胡蘿

圖12-1-6 眼蟲。
A. 示眼蟲構造。
B. 活的眼蟲。
（錄自：Villee，前
揭書，p. 586。）

貯蓄泡　短鞭毛
眼點
伸縮泡
表膜
細胞核
葉綠體　類澱粉
鞭毛

A.

B.

蔔素，儲藏的養分爲類澱粉 (paramylum)。有些種類當生活於黑暗中時，便失去葉綠素而行腐生；有些種類則原本就不具色素，甚至攝食固體物，行全動性營養。裸藻兼具動物和植物的特徵，故被認爲是介於動植物之間的生物。

裸藻生活於池沼中，尤其是富含有機物的水中。因此，裸藻可用來作爲水污染的指標，水中若含有大量裸藻，表示水質可能已遭污染。

（四）**綠藻門** (Phylum Chlorophyta)　綠藻是頗爲分歧的一羣，不論是形態或生殖方法，都有甚大差異。身體有單細胞、聯合細胞 (coenocytic)、至多細胞的絲狀體 (filament) 和膜狀體 (sheet) 等（圖 12-1-7）。雖然綠藻在構造方面頗爲歧異，但生化方面則甚爲一致：能行光合作用、含有葉綠素 a 和 b 以及類胡蘿蔔素、儲存的養分爲澱粉、大多數具有纖維素的細胞壁；這些特徵，皆與植物相同。基於這種情況，生物學家均認爲植物係由綠藻演化而來。

綠藻的生殖方法，一如其形態構造，亦十分分歧。綠藻兼行無性和有性生殖。無性生殖爲細胞分裂，多細胞的種類，尚可行裂片生殖 (fragmentation)。很多種類經有絲分裂而產生孢子。有的孢子有鞭毛)可以運動，稱爲游走孢子 (zoospore)；有的則鞭毛退化，而爲無毛孢子 (aplanospore)。

有性生殖爲配殖，卽產生配子，配子通常有鞭毛，有的爲同型配殖 (isogamous)，卽雌雄配子外形相同；有的爲異型配殖 (anisogamous)。若干種類的綠藻，則行接合生殖 (conjugation)（圖 12-1-8），互相接合的細胞，可以互換遺傳物質。

綠藻有的水生，有的陸生。水生者主要棲於淡水，但也有不少種類生活在海水中，陸生者則限於濕地。綠藻尤其是淡水的種類，在食物鏈中十分重要。

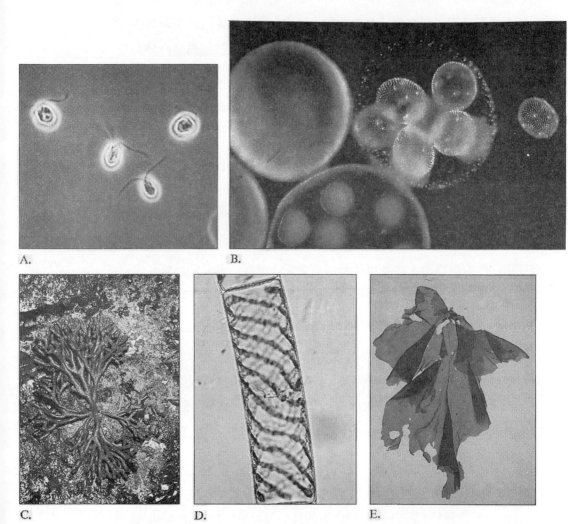

A.

B.

C.

D.

E.

圖12-1-7　各種型式的綠藻。A. 單胞藻為單細胞。B. 團藻，為形成羣體的種類。C. 一種管狀綠藻，為聯合細胞。D. 水綿為絲狀體。E. 石蓴，為膜狀體。（錄自：Villee，前揭書，p. 588。）

A.

B.

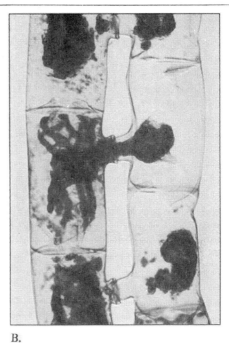

C.

D.

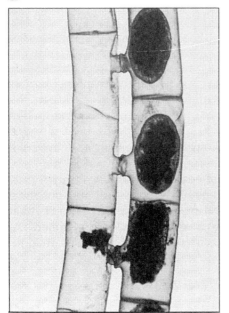

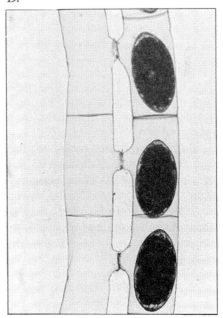

圖12-1-8　水綿行接合生殖。**A．**兩絲狀體靠近，兩者的細胞間產生接合
管。**B．**及**C．**一細胞的內容物經接合管而至對方細胞內。**D．**形成合子。
（錄自：Villee，前揭書，p. 587。）

乙、實驗設計

目　的

本實驗觀察數種常見的藻類，以了解他們形態上的歧異性。

器　材

新月藻培養液	少許
水綿培養液	少許
角鞭毛蟲培養液	少許
矽藻培養液	少許
眼蟲培養液	少許
石蒪（新鮮或保存標本）	1個
顯微鏡	1臺
載玻片	1片
蓋玻片	1片
解剖盤	1個

步　驟

（一）綠　藻

1. 新月藻 (*Closterium*)　取新月藻培養液一滴，置載玻片上，加放蓋玻片，置顯微鏡下觀察。新月藻爲淡水中常見的單細胞綠藻，每一細胞由兩個半細胞 (semicell) 組成。細胞中央有縊 (isthmus)，兩端略尖，全體略曲成新月狀（圖 12-1-9）。

2. 水綿 (spirogyra)　取水綿絲狀體二、三條，置載玻片上，加水一滴，加蓋玻片，置顯微鏡下觀察。水綿爲漂浮於池塘及稻田中的綠藻，由長柱形細胞構成絲狀體（圖 12-1-7D）（圖 12-1-8）。絲狀體不分枝，各細胞內有一至數個螺旋狀葉綠體。無性生殖以細胞分裂增加絲狀體之長度，然後斷裂爲數個新個體。有性生殖行接合生殖。

3. 石蒪 (*Ulva*)　取石蒪置解剖盤中，觀察其形態。石蒪生長在

海岸、江河出海口之兩岸、以及潮汐帶之石塊上，其個體作葉片狀，長約 30 公分、寬 15 公分，基部有一附著器，由此伸出許多假根（圖 12-1-7 E）。

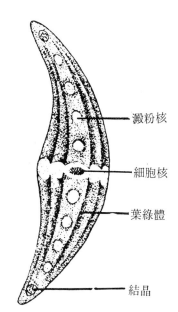

澱粉核

細胞核

葉綠體

結晶

圖12-1-9　新月藻

（二）甲　藻

4. 角鞭毛蟲（*Ceratium*）　取角鞭毛蟲培養液一滴，置載玻片上，加水一滴，加蓋玻片，於顯微鏡下觀察。角鞭毛蟲種類多，生活於淡水或海水，其纖維質鞘具有長棘（圖 12-1-10）。

（三）金黃藻

5. 矽藻（diatom）　取矽藻培養液一滴，置載玻片上，加水一滴，加蓋玻片，於顯微鏡下觀察。

（四）裸　藻

6. 眼蟲（*Euglena*）　取眼蟲培養液一滴，置載玻片上，加水一滴，加蓋玻片，參照圖 12-1-6 於顯微鏡下觀察眼蟲的構造及運動。

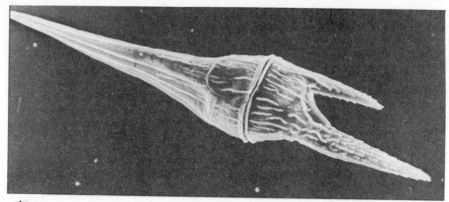

A.

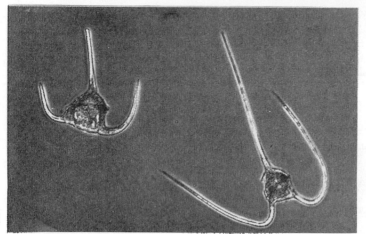

B.

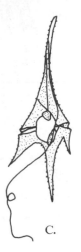

C.

圖12-1-10 數種角鞭毛蟲（*Ceratium*）。（A. B 錄自：Villee, 前揭書，p. 583。C. 錄自：Hickman, 前揭書，p. 51。）

實驗12-2　原生動物的探集和觀察方法

　　原生動物為單細胞生物，目前已定名者約有五萬種。在分類上，往昔將之歸屬於動物界 (Kingdom Animalia)、原生動物門 (Phylum Protozoa)；現今的分類方法，將生物分為五界，原生動物則歸屬於原生生物界 (Kingdom Protista)。

　　原生動物生活於淡水、海水以及潮濕的土壤中，地球上只要有水分存在之處，便有原生動物生存其間。原生動物能生活於寒冷的極地，也有生活於溫度超過 60°C 的溫泉中者。至於水的 pH 值，大多數原生動物生活於 pH 呈中性的水中或略呈鹹性者。許多生活於淡水或海水的種類，能漸漸適應水中鹽分的改變，美國猶他州的大鹽湖，含鹽量高達 20%～27%，卻仍有少數種類的原生動物生存其間。當水分缺少時，原生動物便形成孢囊（圖 12-2-1），用以度過不良環境，當環境適宜時，再自孢囊出來。

　　除自由生活的種類外，也有很多原生動物與其他生物生活一起，有

變形蟲

腎形蟲

衣沙蟲

圖12-2-1　數種原生動物的孢囊。（錄自: Cleveland P. Hickman, *Biology of the Invertebrates*, 2nd ed., Saint Louis: Mosby, 1973, p. 51。）

的為寄生 (parasitism)， 有的為片利共生 (commensalism)， 有的為互利共生 (mutualism)。

(一) 採集地

原生動物不但種類多，而且分布廣，因此，採集簡便。通常在靜止的水中較流水中的原生動物多，尤其是富含有機物的池水、溝水中含量最豐。

1. 淡水　湖泊、池塘、河流和溝渠，不論是水質清澈或水不流動並富含有機物的環境中，皆能採得原生動物。有些種類常存於水面的泡沫、浮渣中，如眼蟲。眼蟲量多時，浮沫會呈現綠色。

2. 濕土　有的原生動物生活於潮濕的土壤中，這些原生動物與生活於淡水中的同種生物並無差異。

3. 海水　原生動物中有很多種類的鞭毛蟲、纖毛蟲以及肉足蟲生活於海水中，其中肉足類的有孔蟲和放射蟲，皆為海生；有孔蟲生活於深達 3,000 公尺的海底，放射蟲則生活於水面。

4. 鹽水池 (brine pool)　少數種類的原生動物， 僅能生存於鹽度甚高的池或湖中，例如美國猶他州的大鹽湖中有數種鞭毛蟲、纖毛蟲和變形蟲，至今尚未在其他地區發現過。

5. 溫泉　溫泉的水溫即使超過 60°C 以上，仍可發現原生動物。

6. 積雪　有的原生動物，可以生存於高山的積雪中。例如紅球蟲 (*Haematococcus*)，其體內除葉綠體外（圖 12-2-2 A）， 尚有許多紅色顆粒（圖 12-2-2 B）， 故體呈紅色。 紅球蟲亦可生活於氣候溫和處的池水中。

7. 其他生物體內　許多原生動物與其他生物共生:

a. 其他原生動物　蛋蛞(*Opalina*，一種鞭毛蟲，生活於蛙腸內)體內有一種變形蟲（*Endamoeba*）寄生。

b. 其他無脊椎動物　白蟻腸內有許多鞭毛蟲行互利共生。

c. 脊椎動物　人類的許多重要疾病，皆因原生動物寄生體內而引起，例如瘧疾、赤痢及睡眠病等。

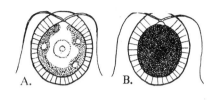

圖12-2-2　紅球蟲。A. 示體內的葉綠體。B. 示體內充滿紅色顆粒。（錄自：T. L. Jahn, *How to Know the Protozoa*, p. 80。）

　　d. 植物　有的原生動物寄生於水生或陸生的植物體內，導致這些植物的嚴重疾病。

（二）採集和觀察原生動物所需的設備

　　觀察原生動物最重要的儀器是顯微鏡，一般學生用顯微鏡，低倍物鏡 10×、高倍物鏡 43×，與目鏡 10× 共同使用卽有放大倍率 100× 或 430×，卽可使用，若能有油鏡 (oil lens)，則可用以觀察較小的原生動物，當屬最佳。

　　採集和觀察原生動物時，除顯微鏡外，尙需：

1. 載玻片
2. 蓋玻片
3. 杓　子
4. 乳頭吸管
5. 鑷　子
6. 採集瓶（約 1000ml 大小、有蓋的瓶）
7. 甲基纖維液 (methyl cellulose)

（三）採集和培養

　　池水表面的泡沫、池塘邊緣水淺處或沼澤地之植物及碎屑物，皆富含原生動物。採集時，用杓子掬取水面的泡沫和浮渣（包括水草或其他漂浮的植物、堆積的碎屑物等），將採得的東西置入瓶內，瓶內再充滿水，加蓋。

　　用同樣的方法，採取池塘底部的植物及碎屑，置入瓶中，加滿池水，加蓋。

　　採得的標本，携回實驗室後，便揭開瓶蓋，將採集瓶置於窗口無强

烈陽光照射的地方，因爲陽光直射會使標本瓶溫度過高，導致大部分原生動物死亡。

採得的標本，應保留數週，並連續觀察。有的原生動物在携回實驗室後，卽刻可以在顯微鏡下觀察到。有的則散布瓶內各處，要靜置24~48 小時後，才聚集於水面，此時，較易被發現。有的種類經靜置後，則聚集於瓶底，或是水面下三公分左右處。因此，觀察時，要分別自瓶內不同處吸取水，才會發現較多不同種類的原生動物。有時，某些種類在檢視當天量很多，但可能第二天便爲其他種類所替代；這種改變有的則可能很緩慢，爲時長者可達數週。改變的原因，與溫度、水量和水中的化學物質有關。

原生動物常以細菌爲食，採得的標本，可在瓶中加入少許經煮沸的乾草浸液（用稻草或其他乾草切成約三公分長加水煮沸而成，乾草與水的比例，以在煮沸後，浸液呈濃茶般顏色）。取浸液 20ml，加入標本瓶中，可以使原生動物，尤其是草履蟲、游仆蟲和其他小型纖毛蟲恢復活力。

至於寄生的原生動物，則必須檢查寄主的血液、腸的內容物、肝或其他部位，始能發現。

（四）觀察方法

觀察原生動物要使用顯微鏡，因此，在觀察前，必須製備玻片標本。用乳頭吸管在瓶內吸取液面或瓶底的水，或固體物上之碎屑，置於載玻片上，加放蓋玻片，置於低倍鏡下觀察，必要時再換高倍鏡檢視。

（五）使原生動物運動緩慢下來

許多原生動物的運動快速，故不易觀察。此時要耐心等待，因爲玻片標本中的水分會漸漸乾涸，原生動物的運動便緩慢下來。但過分乾燥，則會導致身體變形，應予避免。

使原生動物運動緩慢下來的最佳方法，是利用甲基纖維液(methyle cellulose)；這種液體的黏性大，可以減緩原生動物的運動。甲基纖維液的配置是取甲基纖維 10gm，加水 45ml，煮沸並浸泡 20 分鐘，再

加蒸餾水 45ml，冷卻至 10°C 直至透明，置於滴瓶中。此液的黏度似蜂蜜，使用時，用吸管吸取甲基纖維液，在載玻片中央，塗一如鉛筆粗細的圓圈。另用乳頭吸管吸取標本瓶中的原生動物，置於甲基纖維液所塗的圓圈中央，加上蓋玻片（圖 12-2-3）。當原生動物向圓圈的外圍

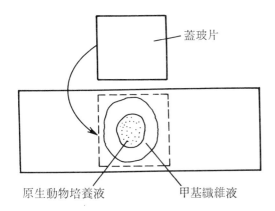

圖**12-2-3** 玻片標本的製作。
（同圖12-2-2, p. 17。）

蓋玻片

原生動物培養液　　　甲基纖維液

游動時，即遇甲基纖維液，由於甲基纖維的黏性增加，其運動便逐漸緩慢。

（六）估計原生動物的大小

　　原生動物身體的大小，由於種類不同而有很大差異。在顯微鏡下觀察時，設若缺少顯微測量器，也可用很簡單的方法估算。一般低倍物鏡的放大倍率為 10×，若目鏡亦為 10×，則以此觀察物體時，總放大倍率為100×。此時，視野的直徑為1600μm。倘若所觀察到的原生動物，其長度約為視野直徑的一半，則體長約 800μm；若長度為視野直徑的五分之一，則體長約 320μm（圖 12-2-4）。

　　在標準的高倍物鏡(43×)與10×目鏡下，視野的直徑約為372μm。

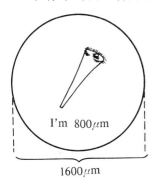

I'm 800μm

1600μm

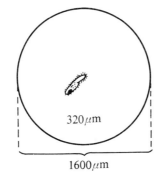

320μm

1600μm

圖**12-2-4** 根據視野直徑估計原生動物的大小。（同圖12-2-2, p. 13。）

若某原生動物的長度，在高倍鏡下，爲視野直徑的一半，則其大小爲 $180\mu m$；若爲視野直徑的五分之一，則約 $75\mu m$。

實驗12-3　原生動物的觀察

甲、前　　言

　　原生動物的身體雖然僅由單個細胞構成，但是，這一細胞卻能與多細胞動物一樣，表現種種生理機能。在構造方面，原生動物亦與一般細胞一樣，包括細胞膜、細胞質及細胞核等部分。細胞膜位於身體表面，是物質進出細胞的門戶。若是原生動物的身體表面僅有細胞膜，身體的形狀就不能維持一定，於是體表有時會突出而形成偽足（pseudopodium），如變形蟲便是。有的原生動物，細胞膜與其下方的一薄層細胞質構成薄膜（pellicle），薄膜能維持細胞的形狀；草履蟲和眼蟲等的體表都有薄膜，故身體有一定的形狀。有的原生動物的身體表面具有殼，殼是由細胞所分泌，身體便藏於殼中，如有孔蟲和放射蟲等都有殼（圖12-3-1）。原生動物中除纖毛蟲外，通常具有一個細胞核，即使具有二

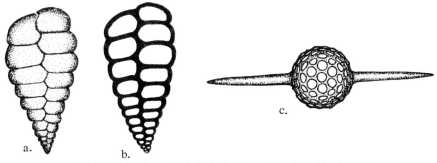

圖12-3-1　原生動物的殼。a 及 b 為有孔蟲，a 為殼的外表，b 為切面，c 為放射蟲。（錄自: T. L. Jahn, *How to Know the Protozoa*, p. 106, 132。）

個以上的核，這些核的構造都一樣；但纖毛蟲的核，則有大核（macronucleus）和小核（micronucleus）兩種（圖 12-3-2），前者與新陳

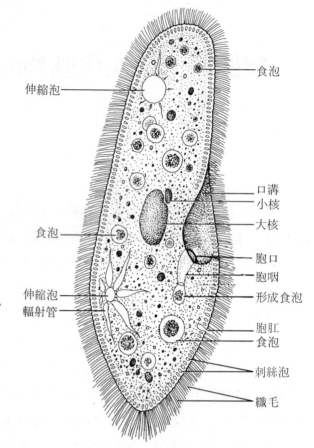

伸縮泡

食泡

食泡

伸縮泡
輻射管

口溝
小核
大核

胞口
胞咽

形成食泡

胞肛
食泡

刺絲泡

纖毛

圖12-3-2 草履蟲。
（錄自： Hegner
and Engemann,
*Invertebrate Zo-
ology*, New York:
Macmillan, 1968.
p. 71。）

代謝有關， 後者則與生殖有關。 原生動物的細胞質可分外質 (ectopla-
sm) 和內質 (endoplasm)， 外質位於細胞膜下方，薄而透明； 內質呈
顆粒狀，食泡、伸縮泡、葉綠體等構造皆位於內質中。

　　原生動物中具有鞭毛的種類， 有的具有葉綠體， 如眼蟲和團藻等，
葉綠體內含有葉綠素， 可以行光合作用而自製養分； 有的則行腐生 (
saprobic)， 攝食腐敗的有機物； 有的則攝取固體食物， 在體內形成食
泡 (food vacuole) 而消化之。 生活於淡水中的原生動物，體內有伸縮
泡 (contractile vacuole)，用以排除體內過多的水分，故伸縮泡的功能
主在調節體內的滲透壓。原生動物經新陳代謝產生的廢物如二氧化碳和
氨等，皆由體表排出。至於原生動物的生殖方法，則可分無性生殖和有
性生殖兩大類。無性生殖主爲二分法 (binary fission)，卽由一個細胞

經有絲分裂而成爲兩個（圖 12-3-3 ）；　此外尙有複分裂（ multiple

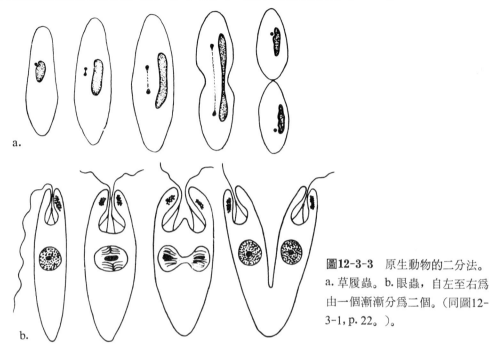

圖12-3-3　原生動物的二分法。a.草履蟲。b.眼蟲，自左至右爲由一個漸漸分爲二個。（同圖12-3-1, p. 22。）。

fission)（圖 12-3-4)，卽細胞核先分裂爲多個，然後再細胞質分裂，產

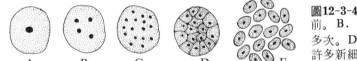

圖12-3-4　複分裂。A. 爲分裂以前。B. 核分裂兩次。C. 核分裂多次。D. 細胞質分裂。E. 形成許多新細胞。（同圖12-3-1, p. 24。）

生多個細胞，例如瘧疾原蟲在人體的紅血球內，便行此種分裂方法。有

的則行出芽生殖（budding）（圖 12-3-5）。 至於有性生殖， 除纖毛蟲

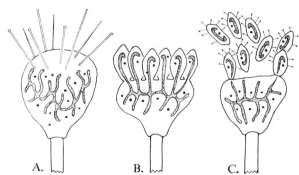

圖12-3-5　出芽生殖。A. 爲生殖以前。B. 在體前端產生許多小型細胞，各細胞皆有一大核的分枝和一小核。C. 新個體具有纖毛，並脫離母體。（同圖12-3-1, p. 24。）

外，　其他種類的有性生殖，皆爲配殖（syngamy），卽產生雌雄配子，由配子結合而成的合子（zygote）發育爲新個體。　而纖毛蟲的有性生殖則爲接合生殖（conjugation），　卽由兩個不同交配型的個體，　接合一起，互相交換一個小核，此小核與本身的核結合，再經細胞分裂而產生後代（圖 12-3-6）。

圖12-3-6　草履蟲行接合生殖。A．兩個個體接合，　各具一大核，一小核。B．小核行減數分裂，由一分爲二。C．由二分爲四。D．四個小核，三個消失，餘下的一個又再分爲二。E．互相交換一個小核。F．本身的核與交換的核結合。G．個體分離。H．大核消失，小核分裂，I．小核繼續分裂爲八個，J．四個長成大核，K．細胞體分裂，大核、小核分配至新細胞，L．細胞體再分裂，各具一個大核，一個小核。（同圖12-3-1, p. 26。）

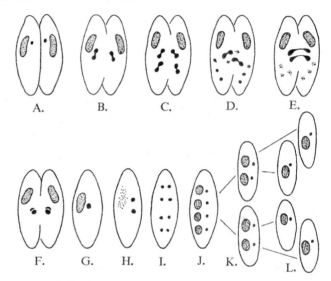

原生動物依照其運動胞器的種類或有無，　可分爲下列四個亞門（Subphylum）：

Subphylum Sarcomastigophora 肉足鞭毛蟲亞門——運動胞器爲鞭毛或僞足，具有鞭毛者屬鞭毛首綱（Superclass　Mastigophora），具有僞足者屬肉足首綱（Superclass Sarcodina）。

Subphylum Sporozoa 孢子蟲亞門——無運動胞器，生活史中有一孢子時期（用以感染其他寄主），孢子的構造簡單。

Subphylum Cnidospora 極囊孢子蟲亞門——無運動胞器，孢子構造較複雜，紡錘形的孢子兩端有極囊，囊內有絲狀物，絲狀物伸出時，用以附著寄主細胞。

Subphylum Ciliophora 纖毛蟲亞門——運動胞器爲纖毛。

乙、實驗設計

目　的

檢視實驗 12-2 所採集的池水或溝水中之原生動物，以了解其運動及攝食等情形。

器　材

顯微鏡	1 臺
載玻片	1 片
蓋玻片	1 片
甲基纖維液	少許
池　水（或溝水）——實驗 12-2 採集所得	少許
乳頭吸管	1 支

步　驟

1. 用乳頭吸管吸取甲基纖維液，在載玻片中央，塗一似鉛筆直徑般大小之圓圈。

2. 另用一乳頭吸管，分別在標本瓶中之液面、瓶底或固體物表面，吸取水少許，置載玻片上甲基纖維液之圓圈中，加放蓋玻片。

3. 將載玻片置顯微鏡下，用低倍鏡觀察，必要時，再換高倍鏡檢視。

4. 檢視時，可參照下列附圖或其他資料。

淡水中常見的原生動物

（一）鞭毛蟲類——具有鞭毛，有的體內有葉綠體，內含葉綠素，故體呈綠色。有些種類的葉綠體內，除葉綠素外，尚有其他紅、黃顏色的色素，致體呈褐色。這種含有色素體的種類，皆能行光合作用。

1. 具有色素的鞭毛蟲

眼蟲 （*Euglena*） 的身體前端具有一根鞭毛， 體內有葉綠體， 故呈綠色。 近體前端， 有一紅色之眼點 （stigma）。 眼蟲的種類很多， 左圖爲 *E. gracilis*， 體長約 35～55μm， 分布甚廣， 因其能生活於酸性 （pH 3.5） 或鹼性甚高 （pH 9.9） 的環境中， 其他種類的眼蟲則無法在此等環境中生存。

Euglena gracilis 33～55μm

（錄自： T. L. Jahn, 前揭書, p. 64。）

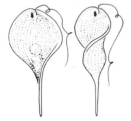

扁眼蟲 （*Phacus*）， 葉綠體較眼蟲者小、 數目多， 呈盤狀。 有的種類身體有時扭曲。

Phacus torta 80～100μm

（同上， p. 67。）

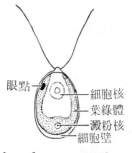

眼點
細胞核
葉綠體
澱粉核
細胞壁

單胞藻 （*Chlamydomonas*）， 具有兩條鞭毛， 體內有一個大型呈杯狀的葉綠體， 前端有一眼點。

Chlamydomonas angulosa 20μm

（同上， p. 80。）

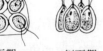

正面觀　　側面觀

盤藻 （*Gonium*）， 形成羣體， 有的種類羣體中有四個細胞， 有的有十六個細胞， 這些細胞排列在同一平面上呈盤狀。 每一細胞的構造與單胞藻相似。

Gonium sociale 10～22μm

（同上， p. 75。）

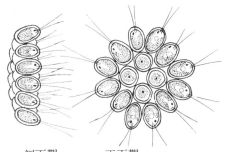

側面觀　　　正面觀
Gonium pectorale 90μm
（同上，p. 75。）

Pandorina morum 20~50μm
（同上，p. 77。）

實球藻（*Pandorina*），羣體內有 16 個細胞，細胞間排列緊密，聚集於球狀羣體的中心，故名。每一個體的構造亦似單胞藻。

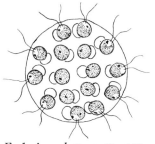

Eudorina elegans 40~150μm
（同上，p. 77。）

空球藻（*Eudorina*），羣體中有 32 個細胞，細胞排列於球狀羣體的表面，羣體中空，故名。

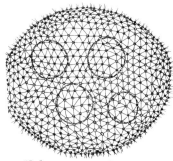

Volvox aureus （1000~3000
個細胞）350~500μm
（同上，p. 78。）

團藻（*Volvox*），由數百至數千個細胞排列成一中空的球狀羣體。細胞小，彼此間有細胞質形成的絲狀物相連接。各個體均有二條鞭毛、眼點和葉綠體等構造。羣體中有的細胞行新陳代謝，爲體細胞(somatic cell)，有的專行生殖，爲種細胞（germ cell）。種細胞可經無性生殖而產生子羣體；亦可行有性生殖，卽產生卵或精子，卵子受精後可發育爲一新羣體。

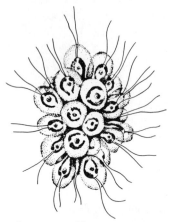

Synura uvella 100～400μm
(Hegner, 前揭書, p. 10。)

合尾蟲 (*Synura*), 2～50 個細胞排列成輻射狀。各細胞之葉綠體呈褐色, 前端亦有一紅色之眼點, 若水庫的水中有大量合尾蟲存在時, 水卽會有異味。

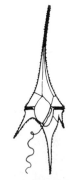

Ceratium hirundinella
95～700μm
(T. L. Jahn, 前揭書, p. 60。)

角鞭毛蟲 (*Ceratium*), 體表有纖維質板, 種類多, 淡水及海水中皆有, 體呈褐色, 有二條鞭毛, 一條橫的, 位於體前後間中央部的橫溝中, 另一為直行, 位於體後半的縱溝中, 鞭毛先端自縱溝向體後端延伸。

2. 不具色素的鞭毛蟲

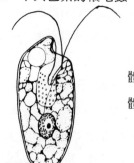

Chilomonas paramaecium
20～40μm
(Hegner, 前揭書, p. 11。)

唇滴蟲 (*Chilomonas*), 為乾草浸液中最常見者, 體扁, 前端的口道 (gullet) 顯著, 前端有二條鞭毛, 體內儲藏的養分為類澱粉 (paramylum)。

Astasia，　構造上除缺少葉綠體外，　其餘皆與眼蟲十分相像。儲藏的養分爲類澱粉。

Astasia dangeardi 50～60μm
（T. L. Jahn, 前揭書, p. 71。）

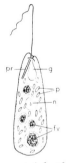

線鞭蟲（*Peranema*），前端的鞭毛，基部粗直不能擺動，先端則可擺動。以藻類或其他原生動物爲食。

Peranema trichophorum
20～70μm
（同上, p. 72。）

（二）肉足類——具有偽足。

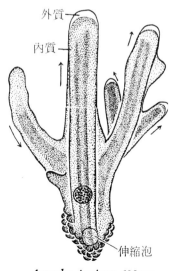

外質
內質

變形蟲（*Amoeba*），具有指狀的偽足，偽足內有外質及內質。*Amoeba proteus* 爲典型的代表，大者可達 600μm。巨大變形蟲（*Pelomyxa*）則可達 5mm。

伸縮泡

Amoeba proteus 600μm
（同上, p. 120。）

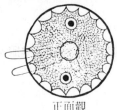

正面觀

側面觀

Arcella vulgaris 30〜100μm
（同上，p. 126。）

覃頂蟲（*Arcella*），為有殼的變形蟲，殼透明，為幾丁質，呈傘狀。殼的下方中央有孔，偽足由此伸出。

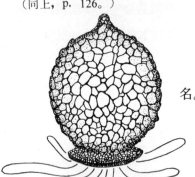

Difflugia urceolata
200〜230μm
（同上，p. 127。）

衣沙蟲（*Difflugia*），殼的表面有泥沙附著，故名。

Euglypha alveolata
125〜160μm
（同上，p. 128。）

Euglypha，殼的表面有棘，偽足較衣沙蟲、覃頂蟲為細。

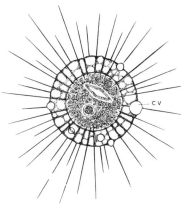

輻球蟲（*Actinospharium*），爲太陽蟲的一種，體呈球狀，僞足自體表輻射而出，外質中有許多液泡，內質中有多數細胞核和食泡，食物爲藻類及小型甲殼類。

Actinospharium eichhorni
200〜300μm
（同上，p. 102。）

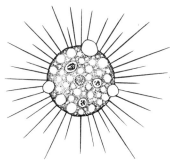

Actinophrys，亦屬太陽蟲的一種，細胞中央有一個核，伸縮泡有多個，僞足亦呈輻射狀。

Actinophrys sol 40〜50μm
（同上，p. 103。）

（三）纖毛蟲類──具有纖毛。

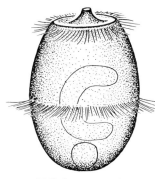

櫛毛蟲（*Didinium*），體卵圓形，前端有一錐狀的吻，吻的先端有口，用以吞食其他動物，尤喜食草履蟲。纖毛排列呈兩圈，一圈在體前端，另一在體中央。

Didinium nasutum
80〜200μm
（同上，p. 178。）

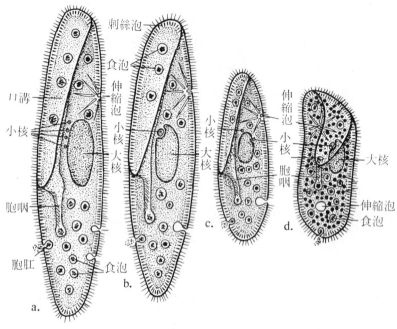

a. **P. multimicronucleatum,** 有四個或四個以上的小核，三或三個以上的伸縮泡。

b. **P. caudatum,** 一個大核，一個小核，二個伸縮泡。

c. **P. aurelia,** 二個小核，二個伸縮泡。

d. **P. bursuria,** 前端截平，一個小核，二個伸縮泡，體內有藻類共生，故呈綠色。

（同上，p. 187。）

草履蟲（Paramaecium），約有十種，左圖為四種常見的草履蟲。

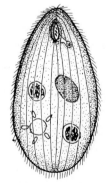

Tetrahynema geleii 40～60μm

（同上，p. 194。）

四膜蟲（*Tetrahymena*），為常見的小型纖毛蟲，口溝中，有一個波動膜及三個小膜，故名。

腎形蟲 (*Colpoda*)，為常見的纖毛蟲，體呈腎形，極易辨別。

Colpoda cucullus 40～110μm
（同上，p. 193。）

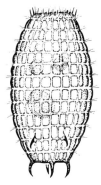

板殼蟲 (*Coleps*)，體呈桶狀，骨骼位於外質中，為許多表膜 (pellicle) 形成之小板，排成 12 橫排及 24 縱列，體後端有 8 個棘。

Coleps octospinus 80～110μm
（同上，p. 181。）

長吻蟲 (*Lacrymaria*)，體前端延長呈鵝頸狀，該延長部能快速擺動。

Lacrymaria olor
500～1200μm
（同上，p. 183。）

Lionotus，體延長呈瓶狀，頸部細長，後端鈍，頸及後端皆能收縮。

Lionotus fasciola 100μm
（同上，p. 184。）

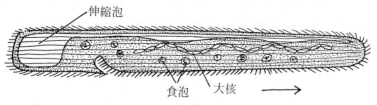

伸縮泡

食泡　大核　→

Spirostomum ambiguum 1.3mm
（同上，p. 200）

玉帶蟲（*Spiro-stomum*），爲淡水原生動物中身體最大者，體長形略扁，體能縮至原來長度的 1/4 或更小，大核呈念珠狀。

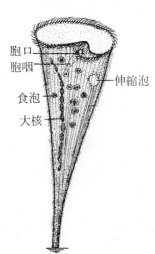

胞口
胞咽
食泡
大核
伸縮泡

喇叭蟲（*Stentor*），體似喇叭狀，體前端盤狀部邊緣有小膜（membranelle，狀似較粗大之纖毛），體表佈滿纖毛，大核念珠狀，有的種類外質中有色素使體呈現藍色，體後端可以附著他物。

Stentor coeruleus 1.2mm
（同上，p. 204。）

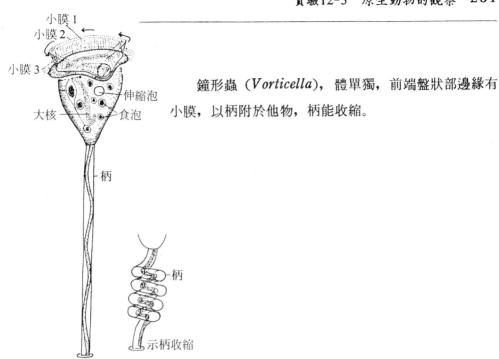

Vorticella campanula 50～150μm
（同上，p. 218。）

鐘形蟲（*Vorticella*），體單獨，前端盤狀部邊緣有小膜，以柄附於他物，柄能收縮。

Carchesium polypinum
個體 100～125μm（同上，p. 363。）

羣鐘蟲（*Carchesium*），呈羣體，柄內有肌絲，但彼此柄內的肌絲並不連續，因此其中之一收縮時，並不影響羣體中其他個體的柄。

Euplotes patella 90μm
（同上，p. 207。）

游仆蟲（*Euplotes*），纖毛通常由一束聚集而形成刺毛，刺毛位於身體腹面，可用以在物體表面爬行，體後端有四條尾刺毛。

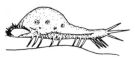

Stylonichia　在物體表面爬行
pustulata 150μm

（同上，p. 209。）

桿尾蟲 (*Stylonichia*)，體較游仆蟲狹長，尾刺毛三條。利用刺毛可在物體表面爬行。

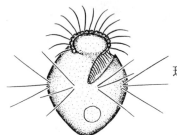

Halteria grandinella
25～50μm
（同上，p. 211。）

彈簧蟲 (*Halteria*)，運動時呈彈簧狀跳躍，體呈球狀，刺毛數少。

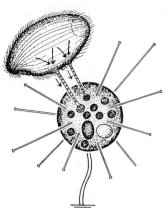

Podophyra fixa 10-28μm
（正利用觸手吸食四膜蟲的細胞質）
（同上，p. 222。）

Podophyra，吸管蟲的一種，成體無纖毛，以柄附於他物，身體表面有許多觸手，利用觸手刺入或吸著食物，然後由觸手將獵物的細胞質吸入，其觸手有似吸管，故名。

除原生動物外，池水或溝水中，也可觀察到某些小型的後生動物如：

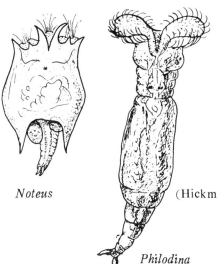

輪蟲 (*rotifer*)，大多生活淡水中，種類多，在池水中較常見者，為體呈圓胖形游泳的種類如 *Noteus*，乾草浸液或溝水中常見者為體表分節能爬行或游泳的種類如 *Philodina*。

Noteus

(Hickman, *Biology of the Invertebrates*, p. 245。)

Philodina

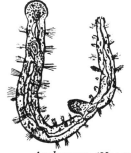

瓢體蟲 (*Aeolosoma*)，屬環節動物，身體分節，每節有四束剛毛 (setae)，池水或溝水中常能發現。體長約 5mm。

Aeolosoma (Hegner，前揭書，p. 336。)

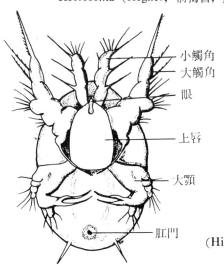

無節幼蟲 (*naplius*)，為甲殼類自卵孵化出之幼蟲，體不分節，前端背中央有一眼，具有二對觸角，一對大顎。

小觸角
大觸角
眼
上唇
大顎
肛門

Nauplius lurva
(Hickman，前揭書，p. 516。)

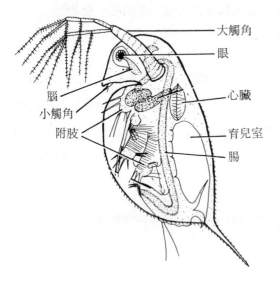

水蚤 (*Daphnia*)、劍水蚤 (*Cy-clop*)、介蝦類 (Ostracod)、貝甲類 (Conchostraca)，皆爲小型的甲殼動物，在食物鏈上非常重要。肉眼雖能察見，但必須用顯微鏡始能觀察其構造。

水蚤 (water flea) 屬枝角目 (Order Cladocera)，體長約0.5mm，在水中藉其大觸角作跳躍運動，行單性生殖，卵於育兒室內發育。

Daphnia (Hegner，前揭書，p. 426。)

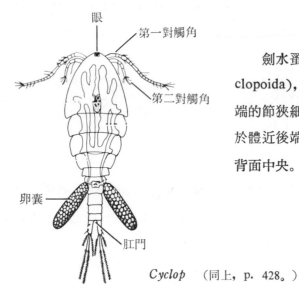

劍水蚤屬劍水蚤目 (Order Cyclopoida)，體長 0.6～5mm，體後端的節狹細，卵產於卵囊中，卵囊附於體近後端兩側，眼一個，位於頭部背面中央。

Cyclop （同上，p. 428。）

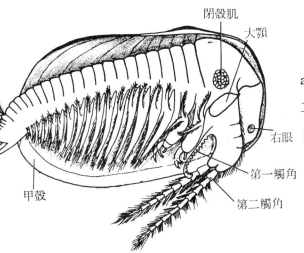

三種貝甲目（Order Conchostr-
aca, clam shrimp）的動物，體表有
二片殼，位身體左右兩側，附肢的數
目多。貝甲目的動物體長6～17mm。

Leptestheria（除去右殼）

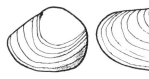

Limmadia　　*Cyzicus*
（右殼）　　　（右殼）
（Hickman，前揭書，p. 522。）

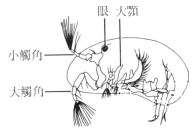

介蝦目（Order Ostracoda,
mussel shrimp）的動物亦有二片殼，
身體的附肢數目較貝甲類少，本目動
物體長 1mm。

Cypris（除去左殼）
（Hegner，前揭書，p. 427。）

實驗13-1 菌類的觀察

甲、前 言

在生態學上，菌類是**分解者**，可以分解任何有機物，包括枯枝殘葉、動物的屍體及其排泄物、各種食物、皮革製品以及許多用具。菌類將食物分解後，這些有機物中所含的碳、氮和礦物質等，即行釋出，這些物質在自然界，可以為生物重複利用；因此，在生態平衡上，貢獻甚大。菌類這種以無生命的有機物為食之情形，叫做腐生 (saprobe)；菌類中，也有很多種類與其他生物共生，共生者，或為寄生、或為互利共生。菌類不論行腐生或共生，皆會分泌酵素至體外，使食物先行分解，然後再攝食。

（一）體制 (body plan) 菌類中僅少數為單細胞，如酵母菌；絕大多數皆為多細胞，如黴菌和蕈；黴菌則又佔多數。黴菌係由長形細胞連接成絲狀，稱為菌絲 (hypha)，再由菌絲集合而成菌絲體 (mycelium) (圖13-1-1)。菌絲的構造，隨種類而異；有的菌絲內部無隔壁，為聯合細胞 (coenocytic)；有的則有隔壁，各細胞具有一或二個細胞核，但隔壁上仍有孔 (圖 13-1-2)，可容細胞質自一細胞移動至其他細胞。藉這種細胞質的流動，可以將養分自菌體的一處輸送至另一部位。

（二）分類 菌類的分類，主要根據其有性孢子和子實體的特徵。由於種類的分歧，學者們對菌的分類，至今並無共識。目前的趨勢是將菌類分為四門：接合菌門 (Division Zygomycota)、子囊菌門 (Division Ascomycota)、擔子菌門 (Division Basidiomycota) 和半知菌門

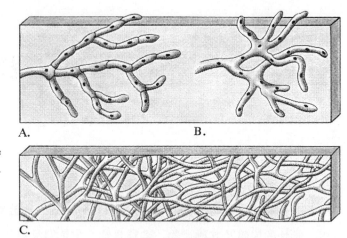

圖13-1-1 黴菌的菌絲。A. 內部有隔壁。B. 內部無隔壁，C. 形成菌絲體。(錄自: Ceice Starr, Ralph Taggart, *Biology*, 5th ed., Wadsworth, 1989, p. 612。)

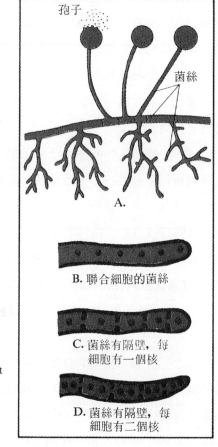

圖13-1-2 黴菌。A. 構造。B. 聯合細胞的菌絲。C. 菌絲有隔壁，隔壁有孔，每細胞有一個核。D. 菌絲有隔壁，每細胞有二個核。(錄自: Claude A. Villee et al., *Biology*, 2nd ed., Holt, Rinehart and Winston, Inc., 1989. p. 600。)

(Division Deuteromycota)。至於黏菌和水黴菌 (Oomycota)，傳統上屬於菌類，目前則將之歸爲原生生物界。表 13-1-1 爲菌的分類摘要。

表 13-1-1　菌界的分類

門 (Division)	代 表 種 類	無 性 生 殖	有 性 生 殖
接合菌	黑黴菌（*Rhizopus nigricans*）	孢子囊內有不能運動的孢子	形成接合孢子（zygospore）
子囊菌	酵母菌，紅麵包黴菌（*Neurospora crassa*）	分生孢子梗 (cnidiophore) 的頂端產生分生孢子	不同交配型的配子，其核癒合形成2n的合子，經減數分裂，產生子囊孢子（n）
擔子菌	蕈、黑穗病菌 (smut)、銹病菌 (rust)	蕈類中不常見	菌絲頂端的細胞癒合，產生2n的合子；減數分裂形成擔孢子（n）
半知菌或稱不完全菌	靑黴菌	分生孢子	尙未發現

　　（三）接合菌門　接合菌產生有性的接合孢子（zygospore），菌絲爲聯合細胞 (coenocytic)。許多種類生活於土壤中腐敗的動植物體上，有些則寄生於動植物。最常見的是黑黴菌（*Rhizopus nigricans*, black bread mold）（圖 13-1-3）。當孢子掉落在麵包上，便會萌芽長成菌絲體。有的菌絲水平生長，叫做匍匐菌絲 (stolon)；有的菌絲伸入麵包中吸收營養，叫做根狀菌絲 (rhizoid)；有些菌絲則向空中生長，頂端形成膨大的孢子囊 (sporangium)，囊內有黑色的孢子，當孢子囊破裂時，孢子便釋出。

　　有性生殖時，兩不同交配型的菌絲互相靠近，並產生激素，使菌絲頂端相遇，而形成配子囊 (gametangium)，囊內的正負配子互相結合，形成二倍體 (2n) 的合子，合子表面有厚壁而進入休眠。合子實際上是接合孢子囊，內含一個接合孢子 (zygospore)。經過一段時間休眠後，接合孢子囊便裂開，接合孢子便萌發，在萌發爲菌絲的過程中，發生減數分裂。由此可知，在黑黴菌的生活史中，僅合子（接合孢子）爲

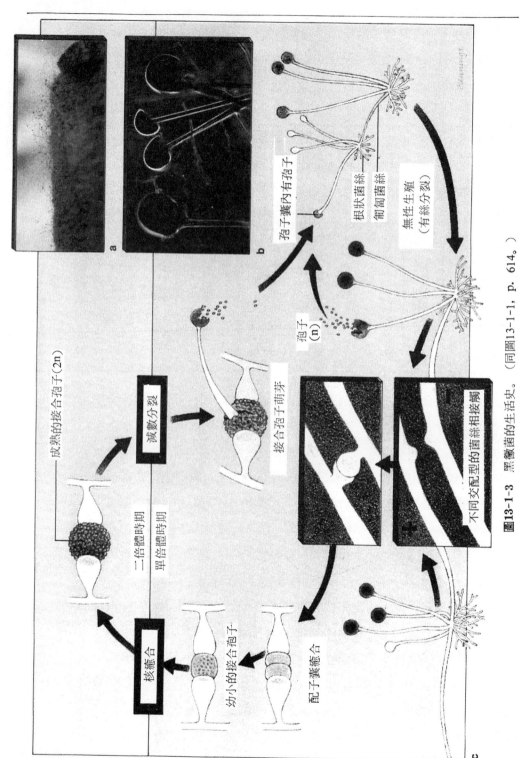

圖13-1-3 黑黴菌的生活史。（同圖13-1-1，p. 614。）

孢子囊內有孢子

根狀菌絲
匐匐菌絲

無性生殖
（有絲分裂）

孢子
(n)

接合孢子萌芽

成熟的接合孢子 (2n)

減數分裂

二倍體時期
單倍體時期

核癒合

幼小的接合孢子

配子囊癒合

不同交配型的菌絲相接觸

a

b

c

二倍體，所有菌絲及無性孢子皆為單倍體（n）。

（四）**子囊菌門**　子囊菌的孢子在一小囊內產生，此小囊稱為子囊（ascus），菌絲的隔壁上有孔。子囊菌的種類多，且頗分歧，包括單細胞的酵母菌、多細胞的紅麵包黴菌、以及許多會引起食用植物嚴重疾病的種類。紅麵包黴菌生長於糕餅上，其無性孢子呈粉紅色，是研究遺傳及生化的最佳材料。

酵母菌有 300 種以上，其無性生殖為出芽。在出芽生殖的過程中，細胞核由一分為二，其中一核移入芽體中，芽體長大後便與母細胞分離。由於出芽快速，有時芽體尚未與母體分離，便又發生芽，因而形成一短短的細胞鏈（圖 13-1-4）。

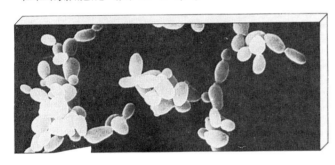

圖13-1-4　酵母菌出芽生殖後相連成串。（同圖13-1-1, p. 615。）

酵母菌的有性生殖是接合生殖，兩個不同交配型的單倍體互相接合而形成合子，合子為二倍體，也能行出芽生殖而產生二倍體的後代。合子也可經減數分裂而產生四個到八個單倍體的孢子，這些孢子位於原來二倍體合子的細胞壁內，此種孢子囊即為子囊。

（五）**擔子菌門**　擔子菌包括蕈、孔菌、以及許多危害植物者如黑穗病菌（smut）、銹病菌（rust）等。擔子菌的孢子著生於擔子柄（basidium）上，稱為擔孢子（basidiospore）。擔子柄是一個膨大呈棒狀的細胞，頂端產生四個擔孢子，故孢子位於擔子柄的外面，此與囊孢子位於子囊內的情形不一樣。擔孢子散落在適宜的環境中，便萌發並長成新的菌絲體。菌絲有隔壁，其上穿孔，容細胞質通過。

蕈的菌絲腐生在土壤或腐木上，有肉質的擔子果（basidiocarp）。擔子果由蕈柄（stripe）和蕈蓋（pileus）組成（圖 13-1-5）。蕈蓋的

腹面，有許多輻射排列的蕈褶（gill），蕈側兩邊有擔子柄，柄的頂端有四個擔孢子。蕈在幼時，蕈蓋腹面覆有一層薄膜，稱為蕈膜（velum），蕈蓋成熟時展開如傘狀，蕈膜遂破裂而殘留在蕈柄上。

　　典型的蕈，其生活史如圖 13-1-5 所示。蕈褶上的擔孢子掉落在適宜的環境中，便萌發長成初生菌絲體（primary mycelium），這種菌絲

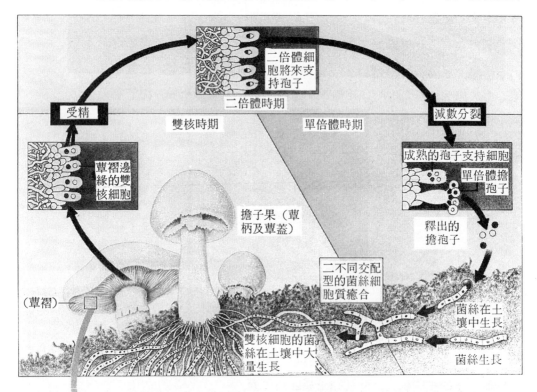

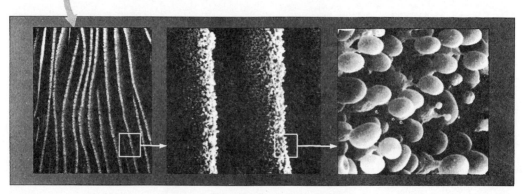

圖13-1-5　蕈的生活史。（同圖13-1-1，p. 618。）

的細胞具有一個核，為單倍體（n）。當兩個不同交配型的單倍體菌絲相遇時，便會癒合，但兩者的核則仍各自分離，因此，形成的次生菌絲體（secondary mycelium），其菌絲的細胞為雙核（dikaryotic），即具有兩個核。這種菌絲大量生長，最後便形成擔子果。在蕈褶上菌絲頂端的二個細胞核會癒合而成二倍體的合子。合子經減數分裂形成四個單倍體的細胞核，核移至擔子柄的頂端便形成擔孢子。

（六）**半知菌門** 半知菌亦稱不完全菌（imperfect fungi）。菌界中，有些至今尚未發現其有性生殖；這些菌因無法分類，便將之歸為半知菌門。大多數半知菌的無性生殖為產生分生孢子（conidium），故與子囊菌的關係較密切，少數則與擔子菌較為相近。

青黴菌屬（Genus Penicillium）中，有些種類其有性生殖不明，屬於半知菌；有些則具有產生囊孢子的有性生殖，屬於子囊菌。

青黴菌的菌絲，隔壁上有孔。成熟時，由匍匐菌絲產生直立的孢子囊柄，其頂端叢生分生孢子梗（phialide），梗端形成一串串的分生孢子（圖 13-1-6）。由於分生孢子的壁呈青色，形成孢子時，呈現一片青色，故名青黴菌。

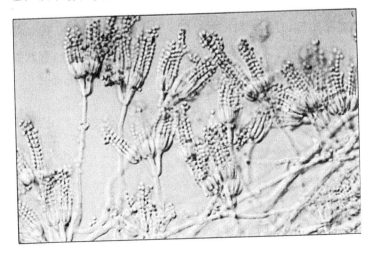

圖13-1-6 青黴菌，示分生孢子。(同圖13-1-1, p. 619。)

乙、實驗設計

目 的

本實驗觀察數種不同的菌，以了解其構造及生殖方法。

器 材

長黴的麵包（實驗前數天，將麵包置於陰濕處，任其長黴）（全班合用）	1 個
長黴的橘子（實驗前數天，將橘子置於陰濕處，任其長黴）（全班合用）	1 個
酒 釀	少許
洋 菇	1 個
鑷 子	1 支
顯微鏡	1 臺
載玻片	1 片
蓋玻片	1 片
刀 片	1 片
乳頭吸管	1 支

步 驟

（一）黑黴菌

1. 用鑷子取長黴麵包上灰黑色的物質，置載玻片上，加水一滴，加蓋玻片，於顯微鏡下觀察黑黴菌的構造。

（二）酵母菌

2. 用乳頭吸管，吸取酒釀少許，置一滴於載玻片上，加蓋玻片，於顯微鏡下先用低倍，再換高倍，觀察酵母菌的構造及出芽情形。

（三）洋 菇

3. 取洋菇一個，觀察其外形。

4. 用刀片自傘中央至傘的邊緣切取蕈傘約八分之一大小，然後沿着與蕈傘直徑垂直的方向，切取蕈褶一小薄片（愈薄愈好）。（圖 13-1-7）。

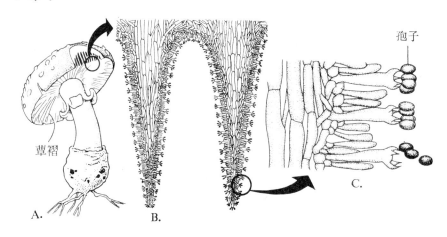

孢子

蕈褶

A.

B.

C.

圖13-1-7　蕈褶及孢子之著生情形。
　　　　　A．蕈，切去一塊示蕈褶。
　　　　　B．蕈褶放大。
　　　　　C．示孢子著生於蕈褶的情形。

5. 將切下的蕈褶置載玻片上，加水一滴，加蓋玻片。

6. 將玻片標本置顯微鏡下，先用低倍，再換高倍，看到孢子否?

（四）靑黴菌

7. 取長黴橘子上的藍綠色物質少許，置載玻片上，加水一滴，加蓋玻片，置顯微鏡下觀察靑黴菌的構造。

實驗14-1 苔蘚植物

甲、前　　言

苔蘚類是陸生植物中惟一沒有維管束的一門，由於缺少運輸水分、養分和礦物質的構造，因此，個體的大小便受到限制。苔蘚植物雖是陸生，但仍需要生活在潮濕的地方，始能生長旺盛並藉水分以完成受精作用。

苔蘚植物包含三綱: 苔綱 (Class Bryopsida)、蘚綱 (Class Hepatopsida)以及角蘚綱 (Class Anthoceropsida)。這三綱的植物不一定密切的關聯，但彼此的生活史則相似。

(一) **苔綱** (Class Bryopsida)　苔的植物體一般都很小，但因苔常多數聚生一處，被覆面積很大，故易被發現。苔具有根狀的構造，稱為假根 (rhizoid)，用以固著植物體並吸收養分。此外，尚有直立的莖，莖上有葉。但因苔蘚類無維管束，故並非真正的根、莖和葉。常見的綠色植物體為其配子體 (圖 14-1-1)，頂端有配子囊。苔類有的是雌雄同株，有的是雌雄異株。雄者具有藏精器 (antheridium)，其內的精子藉雨水之沖刷或昆蟲的携帶而至附近的雌株，精子乃進入藏卵器 (archeogonium)，並與卵結合。合子發育為孢子體，該孢子體自雌配子體的頂端突出 (圖14-1-2)，附於雌配子體，並自雌配子體獲得養分。開始時，孢子體呈綠色，可以行光合作用，待至成熟，葉綠素消失，便呈金褐色，此時必須仰賴配子體以獲得養分。孢子體包括足 (附於配子體)、柄 (seta) 及蒴 (capsule) 三部分。蒴內有孢子母細胞，孢子母細胞經減數分裂而產生孢子。待孢子成熟，蒴蓋打開，孢子便釋出，若

圖14-1-1
苔的配子體呈綠色、葉狀。（錄自：Claude A. Villee et al., *Biology*, 2nd ed., Holt, Rinehart and Winston, Ine., 1989, p. 621。）

圖14-1-2 苔的孢子體自配子體的頂端長出。（同圖14-1-1, p. 621）

落於適宜的環境中， 便萌發長成綠色絲狀的原絲體 (protonema)。 原絲體發育爲配子體，生活史便又重複循環 （圖 14-1-3）。

　　（二）**蘚綱** （Class Hepatopsida）　 蘚的形態與苔很不一樣，植物體呈扁平葉狀， 叫做原葉體 (thallus)。 原葉體向下的一面（腹面）有許多假根，將植物體固定於土壤中。蘚兼行無性生殖和有性生殖，有性

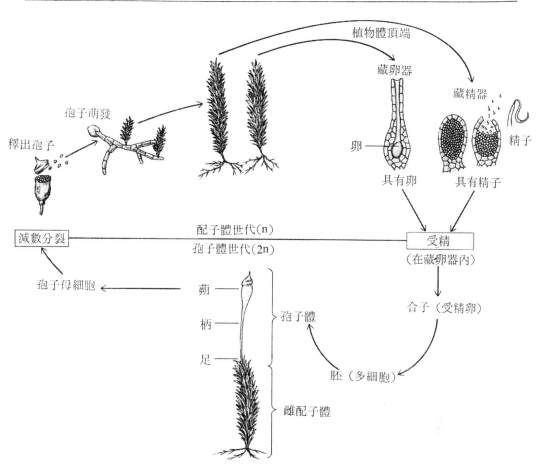

圖14-1-3　苔的世代交替。（同圖14-1-1，p. 622。）

生殖涉及藏卵器和藏精器的形成，生活史基本上與苔類相同。

　　地錢（*Marchantia*）是蘚類中頗為常見者，配子體為雌雄異株（圖 14-1-4），雄株長出着生藏精器（anthridium）的雄托（antheridial receptacle）（圖14-1-5A），雌株則長出着生藏卵器（archeogonium）的雌托（archeogonial receptacle）（圖 14-1-5B），兩者的外形酷似傘；當雨水或其他流水「淹過」藏精器時，精子便由細孔逸出，精子可在水中游泳，藉水分的存在而至藏卵器，以與卵結合。合子發育為孢子體。成熟的孢子體由基部的足、頂端的蒴、以及位於足及蒴之間的柄所組成（圖 14-1-6）。足伸入配子體，用以吸收養料；蒴就是孢子囊，

圖14-1-4 地錢蘚。A．雄配子體，狀似傘。B．雌配子體，狀似多腕的海星。

（錄自：Ceice Starr, Ralph Taggart, *Biology*, 5th ed., Wadsworth, 1989, p. 629。）

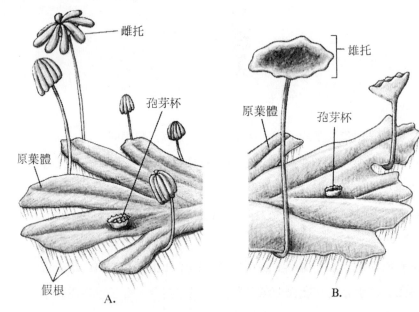

雌托

孢芽杯

原葉體

假根

A.

雄托

原葉體

孢芽杯

B.

圖14-1-5 地錢蘚。A．雌株上有雌托。B．雄株上有雄托（同圖14-1-1, p. 623。）

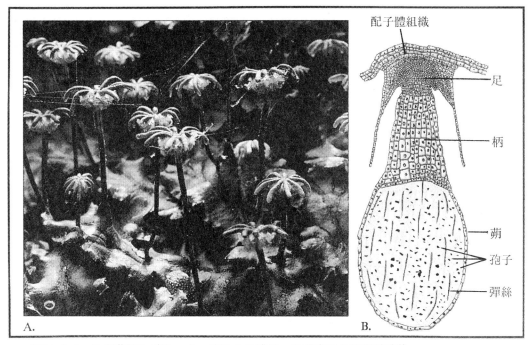

配子體組織

足

柄

蒴

孢子

彈絲

A.　　　　　　　　　　　　B.

圖14-1-6　地錢蘚的生活史。A. 雌株上的雌托，其藏卵器內的卵受精後，開始發育爲孢子體。B. 孢子體。（同圖14-1-1，p. 624。）

成熟時，　其內的孢子母細胞便發生減數分裂而產生孢子，　蒴中有彈絲（elator），彈絲可以將孢子散出。

地錢也可行無性生殖，　其配子體先端可以分叉生長，　原葉體乃延長，當原葉體後端原來老舊的部分死亡時，先端的分枝便互相分離而各自長成一新的原葉體。另一種無性生殖的方法，是在原葉體背面產生孢芽杯（gemmae cup）（圖 14-1-7），　杯底有多數孢芽（gemmae），孢芽成熟時便散出，發育爲新的原葉體。

（三）**角蘚綱**（Class Anthoceropsida）　角蘚的種類少，　其配子體的外形似蘚。這類植物與其他苔蘚類不一定密切相關。例如其細胞內具有一個大型的葉綠體，這一情形與某些藻類相仿，而苔及蘚則與其他植物一樣，細胞內含有多數呈盤狀的葉綠體。

角蘚的藏精器和藏卵器皆埋於原葉體中，卵受精後，孢子體乃自配子體組織突出形成角狀（圖14-1-8）。一個配子體常可產生很多株孢子

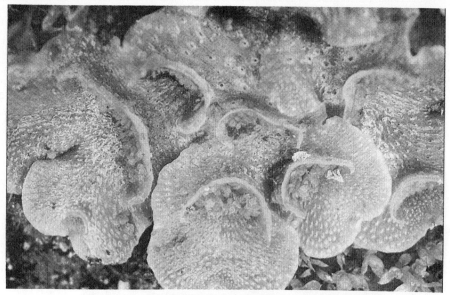

圖**14-1-7**　地錢蘚的原葉體上有圓形的孢芽杯，內有孢芽。
（同圖14-1-1，p. 623。）

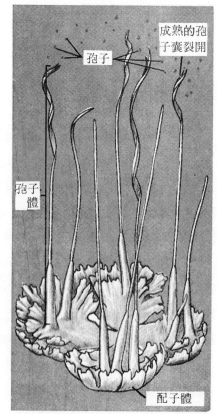

圖**14-1-8**　角　蘚
（同圖14-1-1，p.
625。）

體，孢子體的細胞含有葉綠體，能行光合作用。基於這一情形，有些學者認爲角蘚的孢子體是雷尼蕨等原始維管束植物的祖先，但也有學者認爲角蘚的孢子體是由原始維管束植物退化而來。

乙、實驗設計

目　的

本實驗觀察苔及蘚的配子體及孢子體，以了解其構造及生殖方法等。

器　材

（一）

苔（帶有孢子體的新鮮標本）	1 株
解剖針	1 支
載玻片	1 片
蓋玻片	1 片
顯微鏡	1 臺
原絲體之永久玻片	1 片
藏精器及藏卵器之永久玻片	各 1 片

（二）

地錢蘚雌株（帶有雌托）	1 株
地錢蘚雄株（帶有雄托）	1 株
孢子體之永久玻片	1 片
顯微鏡	1 臺
鑷　子	1 支
載玻片	1 片
蓋玻片	1 片

步　驟

（一）苔的觀察

1. 用肉眼觀察苔的配子體，注意其假根的位置、葉的排列以及位於配子體頂端的孢子體。

2. 用鑷子將孢子體自配子體上摘下，觀察孢子體的蒴、柄及足等部。

3. 將蒴置載玻片上，加水一滴，用解剖針將蒴弄破，其內的孢子卽至水中，加蓋玻片，置顯微鏡下觀察孢子。

4. 取藏精器及藏卵器之永久玻片，於顯微鏡下觀察之。

5. 取原絲體之永久玻片，置顯微鏡下觀察。

(二) 地錢的觀察

1. 取地錢的配子體，觀察其葉狀體、假根、雌托、雄托及孢芽杯等。

2. 用鑷子自孢芽杯中取出少許孢芽，置載玻片上，加水、加蓋玻片，於顯微鏡下觀察之。

3. 取地錢孢子體之永久玻片，置顯微鏡下觀察其蒴、柄、足以及蒴內的孢子、彈絲等。

實驗15-1　海綿的針骨

甲、前　　言

　　海綿是海邊常見的動物，其分布自潮間帶(intertidal zone，漲潮時淹沒、退潮時露出的區域)至海深 9,000 公尺處皆有。 海綿動物中僅有一科（淡水海綿科）生活於清澈的河流或湖泊等淡水中。海綿行固著生活，附著於岩石、木塊、甚至其他動物的體表（圖 15-1-1）。

　　海綿雖屬多細胞動物，但在構造上，僅具有少數幾種細胞，由這些細胞形成最起始的組織， 而未達器官的階級， 故不具有口或其他任何器官。身體表面有許多小孔 (ostium)，頂端有一大型的出水孔 (osculum)，體內有管道和空腔。由這些孔、管道和空腔連接而成溝道系。

　　（一）溝道系 (canal system)　　溝道系是水流出入海綿身體的通道，有的簡單， 有的複雜， 共分三型: 單溝型、 雙溝型和複溝型（圖15-1-2）。 溝道系各空腔的內側為具有鞭毛的襟細胞 (choanocyte)，其鞭毛的擺動，可以造成水流，使水出入海綿的身體。

　　1. 單溝型 (asconoid)　　單溝型為最簡單的溝道系， 體中央為一空腔，稱為海綿腔 (spargocoel)。海綿腔的內緣為襟細胞。由於海綿腔大， 故水流緩慢， 隨水流入的食物不足， 身體大小乃受限制。 水流通道: 小孔──→海綿腔──→出水孔。

　　2. 雙溝型 (syconoid)　　在演化過程中， 單溝型海綿的體壁向外推形成許多輻射管 (radial canal)，襟細胞皆位於輻射管的內緣。上下的輻射管間的空際稱為流入管，輻射管與流入管間的壁上有小孔，稱為前幽門孔 (prosopyle)。 水流通道: 小孔──→流入管──→前幽門孔──→

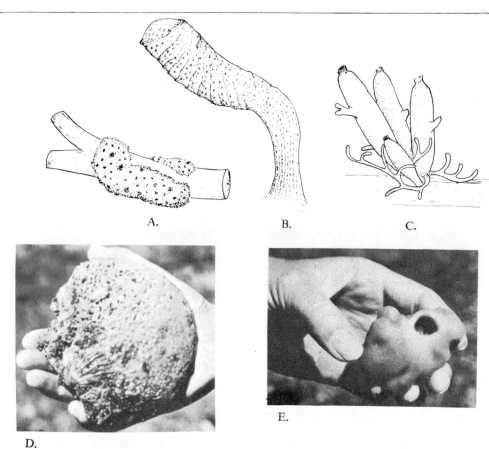

圖15-1-1 海綿行固著生活。A．附於木塊上。B．固著於海底。C．附於岩石。D．附於海扇蛤。E．附於寄居蟹的殼表。（錄自：Claveland P. Hickman, *Biology of the Invertebrates*, 2nd ed., Saint Louis: Mosby, 1973, p. 110, 111。）

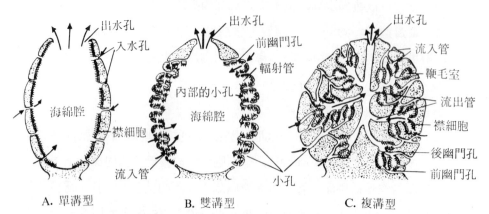

圖15-1-2 海綿的三型溝道系。（同圖15-1-1，p. 113。）

輻射管──→海綿腔──→出水孔。

3. 複溝型 (leuconoid)　複溝型為最複雜的溝道系。輻射管繼續向外推，乃形成鞭毛室 (flagellated chamber) 與流出管，小型的流出管互相連結而成一大型的流出管，水自流出管經出水孔排至外界。水流通道：小孔──→流入管──→前幽門孔──→鞭毛室──→後幽門孔──→流出管──→出水孔。

(二) 海綿的細胞　海綿的體壁由兩層細胞構成（圖 15-1-3），外層為扁細胞，內層主為襟細胞，兩層細胞間有膠狀物，其內有變形細胞。

1. 扁細胞 (pinacocyte)　扁細胞扁平，呈多角形，具有收縮力。體表的小孔以及頂端的出水孔，皆由特化的扁細胞形成。小孔是孔細胞中央的通道，出水孔則是由多個肌細胞圍繞形成。

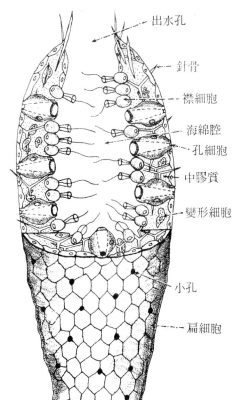

出水孔

針骨

襟細胞

海綿腔

孔細胞

中膠質

變形細胞

小孔

扁細胞

圖15-1-3　海綿縱切示體壁的細胞。（錄自：RoBert D. Barnes, *Invertebrate Zoology*, 2nd ed., W. B. Saunders, 1968. p. 65。）

2. 襟細胞（choanocyte）　襟細胞是高度分化的細胞，細胞呈球狀，游離端有一條鞭毛，鞭毛基部有襟圍繞，襟係由細胞質延伸而成。

3. 變形細胞（amoebocyte）　變形細胞具有偽足，可以在膠質中游走，由於偽足的形狀、細胞的大小以及內含物之不同，變形細胞乃有數種：(a) 星膠細胞（collencyte）（圖15-1-4），偽足細長分枝，有時

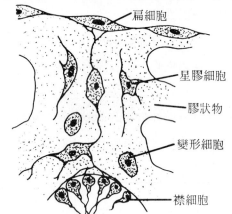

扁細胞

星膠細胞

膠狀物

變形細胞

圖15-1-4　海綿體壁的數種細胞。
（同圖15-1-1, p. 115。）

襟細胞

偽足互相連結成網狀。(b) 色素細胞（chromocyte），偽足呈葉狀，內含色素。(c) 儲藏細胞（thesocyte），細胞內充滿儲藏之養分。(d) 造骨細胞（scleroblast），分泌針骨。(e) 造絲細胞（spongioblast），分泌海綿絲。(f) 原細胞（archaeocyte），為未分化的胚胎細胞，為性細胞的來源，需要時，也可形成體內的任何細胞，因此原細胞在海綿的再生方面擔負著重要的任務。

（三）**骨骼**（skeleton）　骨骼位於中膠質中，是海綿分類上最重要的特徵，海綿的骨骼包括針骨（spicule）和海綿絲（spongin）兩類。有的海綿僅具有針骨，有的僅具有海綿絲，有的則兩種皆具有。

1. **針骨**　針骨的成分為鈣質或矽質，其形狀及大小常有很大差異。由於大小不同因而有大針骨（megasclere）和小針骨（microsclere）之稱。由於形狀不同，又有不同的稱呼：(a) 單軸針骨（monaxon）—為單根軸（axis），軸直行或彎曲（圖 15-1-5A，B，C）。(b) 四軸針骨（tetraxon）—— 四軸針骨亦稱四放針骨（tetractine），具有四個射線，該四個射線不位於同一平面（圖 15-1-5D）；有時失去一個射線

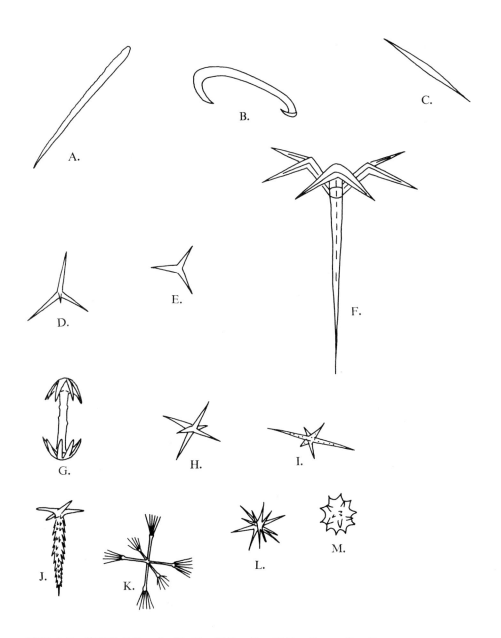

圖15-1-5 海綿的針骨。A.B.C. 單軸。D. 四軸。E. 三放。F. 一端呈冠狀之四軸針骨。G. 兩端呈盤狀之四軸針骨。H.I.J.K. 六放。L.M. 多軸。（A.B.C.F 錄自：Barnes，前揭書，p. 67。D.E.G.H.I. J.K.L.M 錄自：Hickman，前揭書，p. 117。）

而成爲三放針骨（triradiate）（圖 15-1-5 E）；　有時其中一個射線特長，　另三個射線則在長的射線之一端形成冠狀（圖 15-1-5 F）；　有時冠狀構造在長的射線兩端形成盤狀（邊緣光滑或呈扇形）（圖 15-1-5 G）。　(c) 三軸針骨（triaxon）——三軸針骨亦稱六放針骨（hexactine），由三根軸互相交叉垂直而形成，　其射線等長或不等長（圖15-1-5H，I）。　六放針骨甚多變異，　例如失去一個射線（圖 15-1-5 J），或射線先端分枝（圖 15-1-5K）等。(d) 多軸針骨（polyaxon）——多軸針骨亦稱星形針骨（aster），　有多數短而等長的射線自中央輻射而出（圖 15-1-5 L, M）。

　　針骨係由造骨細胞分泌，單軸針骨由一個造骨細胞分裂爲二時，在該兩個細胞核間開始分泌一軸，核漸漸遠離，軸亦漸漸增長。三放針骨則由三個造骨細胞形成（圖 15-1-6）。

　　2. 海綿絲　海綿絲爲分枝或排列成網狀的纖維（圖 15-1-7），其成分爲硬蛋白質（scleroprotein），富有彈性。浴用海綿的骨骼僅有海綿絲，因此，待其他細胞腐蝕後餘留的海綿絲可供工業用。海綿絲由造

圖15-1-6　針骨的形成。A～D單軸針骨的形成。E～H三放針骨的形成，三個造骨細胞行細胞分裂，在核與核間分泌針骨。（同圖15-1-1, p. 115。）

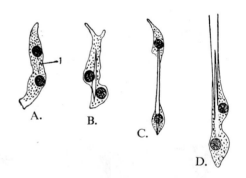

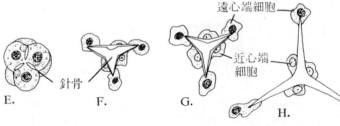

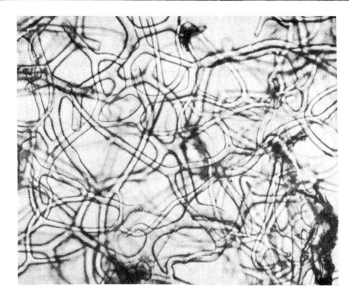

圖**15-1-7**　海綿絲。
（同圖15-1-3, p.
66。）

絲細胞分泌，相鄰細胞分泌的纖維互相癒合（圖 15-1-8），而形成長
纖維。造絲細胞在分泌相當量的海綿絲以後便退化消失。

　　（四）生理（physiology）　海綿的生理現象，均涉及其溝道系，
因此，水流出入海綿身體與其代謝活動的關係至為密切。其入水小孔及
出水孔的開閉，可由孔細胞或肌細胞加以調節，在靜止的環境下，這些
孔皆張開。海綿的食物為水中的小生物或有機碎片，這些食物隨水流入

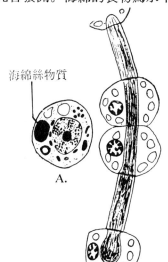

海綿絲物質

A.

B.

圖**15-1-8**　造絲細胞分泌海綿。　A. 造絲細胞開始分泌海綿
絲物質。B. 一系列造絲細胞的分泌物形成一條海綿絲纖維。

溝道系，然後由襟細胞攝入而行胞內消化，再至變形細胞繼續消化，食物的殘渣則由變形細胞釋放至溝道系的水流中，隨水排至外界。當水流通過溝道系時，細胞與水之間可交換氣體。

（五）**生殖**　海綿兼行無性生殖與有性生殖，無性生殖有芽球及出芽生殖等方式。淡水海綿在秋天時，體內的原細胞便聚集成一個個小團，小團表面有由其他變形細胞形成的硬膜，膜內埋有小針骨，此一構造，叫做芽球（gemmule）（圖 15-1-9）。待多天天氣寒冷或水分乾涸

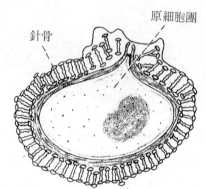

針骨

原細胞團

圖15-1-9　芽球。
（同圖15-1-3，p.73。）

時，個體會死亡，芽球便掉落水底，以此度多；至翌年春天原細胞自小孔逸出，漸漸分化為一新個體。出芽生殖時，原細胞遷移至身體表面突出之針骨先端形成芽，芽自母體脫落而形成新個體。海綿具有未分化的原細胞，故再生力強。

有性生殖時，由原細胞形成卵或精子（襟細胞亦可形成精子）。大多數海綿為雌雄同體，但是精子與卵成熟的時間不同，故行異體受精。精子隨水排出，並隨水進入另一海綿體內，然後進入襟細胞，襟細胞乃失去鞭毛而成攜帶細胞（carrier cell），將精子攜至卵的附近（圖 15-1-10），並將精子交予卵，精子與卵乃在原處受精，也在原處發育，形

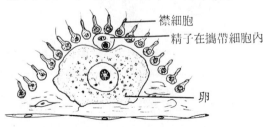

襟細胞

精子在攜帶細胞內

圖15-1-10　攜帶細胞將精子攜至卵的部位。
（同圖15-1-1，p. 121。）

卵

成具有纖毛的幼蟲（圖 15-1-11），幼蟲隨水排出，在水中游泳一段短時間，便附著他物發育為成體。

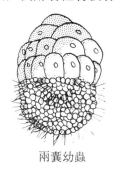

兩囊幼蟲

圖15-1-11　海綿的幼蟲。
（同圖15-1-1, p. 122。）

乙、實驗設計

目　的

海綿的針骨，由於種類不同而不一樣。本實驗選取數種不同的海綿，製成針骨的玻片標本，以供觀察和保存。

器　材

海　綿（各組選取不同種類的海綿）	1 小塊
20％NaOH	酌量
蒸餾水	酌量
95％酒精	酌量
100％酒精	酌量
二甲苯（xylol）	酌量
試　管	1 支
試管夾	1 個
試管架	1 個（全班合用）
載玻片	1 片
蓋玻片	1 片
乳頭吸管	1 支
酒精燈	1 個

加拿大膠 (canada balsam)　　　　　　　　　酌量

標籤紙　　　　　　　　　　　　　　　　　　1 張

步　驟

1. 切取海綿一小塊，置試管中，加入 20%NaOH 溶液，使蓋過海綿。

2. 用試管夾夾住試管，在酒精燈上加熱至沸騰，待海綿溶解後，置試管架上，靜止 1 ～ 2 分鐘，待針骨沉澱。

3. 傾去試管中的液體，換以蒸餾水，搖動後靜止，待針骨沉澱。

4. 如此重複 2 ～ 3 次，每次都需等待針骨沉澱。

5. 換以 95%酒精兩次，以脫去水分，每次均搖動後靜置。

6. 用無水酒精處理 3 次。

7. 再換二甲苯 (xylol)，使針骨透明。

8. 以乳頭吸管吸取試管中含有針骨的液體，置載玻片上，除去多餘的二甲苯。

9. 滴加加拿大膠 (canada balsom)，加上蓋玻片，在左側貼上標籤。

10. 將玻片標本置顯微鏡下觀察。

實驗15-2 水　螅

甲、前　言

水螅為腔腸動物典型代表之一。腔腸動物體呈輻射對稱，在構造上已達組織的階層，但仍無器官。體內有一大空腔，稱消化循環腔（gastrovascular cavity），該空腔有口但無肛門。體壁由兩層細胞構成，兩層間有膠狀物，稱中膠層（mesoglea）。中膠層在水螅體很薄，但水母體則很厚，故水母呈透明狀。體壁內外層均含多種細胞，其中刺細胞（cnidoblast）內含刺囊（nematocyst），刺囊為一種胞器（organelle），是腔腸動物主要特徵之一。

腔腸動物大多生活海水中，但水螅則生活於池沼、河流等淡水中，體長2-25mm（由於種類不同而異）。身體的基部有足盤（pedal disk）（圖 15-2-1），用以附著水中的植物、石塊或其他固體物。足部可以分泌黏液，使身體在附著物表面滑動。游離端有口，口的周圍，通常有 5～6 個觸手。觸手上的刺細胞特多，常聚集成團（圖15-2-2）。

（一）**水螅的體壁**　體壁包括外層及內層，外層稱表皮層（epidermis），內層稱胃皮層（gastrodermis），兩層間有中膠層（圖15-2-3）。

1. 表皮層　表皮層含有下列數種細胞：(a) 皮肌細胞（epitheliomuscular cell），為表皮層中最多的細胞，有保護作用，基部有縱行的肌纖維，由這些纖維，構成縱肌層。(b) 間細胞（interstitial cell），為小而呈圓形的細胞，位於皮肌細胞基部間之空隙中，可以形成精子、卵或體內的其他細胞，是一種未分化的胚胎細胞，與海綿的原細胞相當。(c) 腺細胞（gland cell），分泌黏液，足部特多。(d) 刺細胞（cnido-

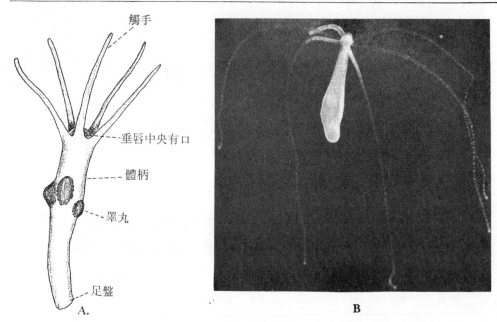

觸手

垂唇中央有口

體柄

睪丸

足盤

A.

B

圖15-2-1 水螅之外形。A. 示身體各部。B. 活的水螅照片。（錄自：Robert D. Barnes, *Invertebrate Zoology*, 2nd ed., W. B. Saunders, 1968. p. 75。）

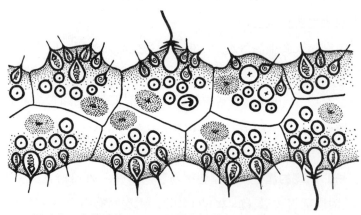

圖15-2-2 觸手之一小部分放大，示成羣之刺囊。（錄自：Ralph Buchsbaum, *Animals Without Backbones*, The University of Chicago Press, 1955. p. 74。）

blast)。觸手部特多，游離端有一毛狀的短突起，叫做刺絲 (cnidocil)，細胞內有一刺囊 (nematocyst)，囊有捲曲的細管，刺囊向外的一邊為一蓋子，蓋若打開，細管便翻出。(e) 感覺細胞 (sensory cell)，細胞細長，游離端有一個突起，可以接受外界的刺激，基部有纖維，與神經細胞的突起相連接。(f) 神經細胞 (nerve cell)，位於表皮層的基部，

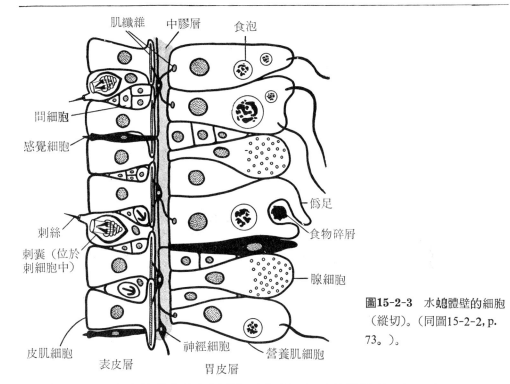

圖15-2-3　水螅體壁的細胞（縱切）。（同圖15-2-2, p. 73。）。

具有多個突起，與高等動物的多極神經元相似，但其傳導衝動則無一定的方向。

2. 胃皮層　胃皮層所含細胞，與表皮層相似，包括：(a) 營養肌細胞 (nutritive muscle cell)，這種細胞與表皮層的皮肌細胞相當，但游離端有鞭毛，鞭毛擺動，可使消化循環腔內的物質流動，基部含有橫行的肌纖維，由這些肌纖維，構成環肌層。(b) 間細胞，數目少，零星散布於營養肌細胞間。(c) 腺細胞，分泌酵素，以分解食物；口部的胃皮層，其腺細胞則分泌黏液，以助食物之吞嚥。(d) 感覺細胞，游離端的突起接受身體內部的刺激。水螅的胃皮層中無神經細胞，亦無刺細胞。

3. 中膠層　水螅的中膠層薄，膠狀物內無細胞。

（二）**刺囊** (nematocyst)　刺囊是一種胞器，由刺細胞所產生。刺細胞係由間細胞形成，可以行變形運動，移行至某些特定的部位，而在觸手上則特多。

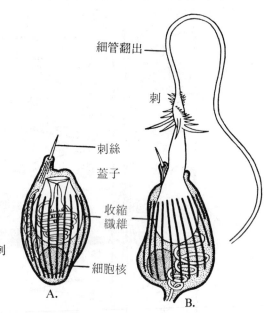

細管翻出

刺

刺絲

蓋子

收縮
纖維

細胞核

A.

B.

圖15-2-4　刺細胞。A. 刺囊在細胞內。B. 刺囊彈出。（同圖15-2-2, p. 76。）

刺細胞呈卵圓形或梨形，核位於細胞基部（圖15-2-4），以一細柄連於表皮層。刺細胞產生刺囊時，先分泌囊的部分，然後再分泌細管，囊向外的一面有蓋子，刺囊位於刺細胞近游離端的部位。刺細胞的刺絲，可能是特化的鞭毛。刺絲受刺激時，刺細胞便收縮，刺囊的滲透壓加大，細胞內的水便衝入刺囊內，於是，刺囊便由刺細胞彈出，刺囊的蓋子便打開，捲曲在囊內的細管便翻出。細管的先端，有的張開，有的封閉。先端張開的細管，可以刺入捕捉的動物體內，並將刺囊內的毒液注入。先端封閉的細管則用以附著他物。刺細胞在釋出刺囊後卽行分解消失，然後由附近的間細胞再形成新的刺細胞，通常在 48 小時內，便可完成遞補。

腔腸動物的刺囊有十多種，水螅具有其中的四種（圖 15-2-5）：(1) 穿刺囊 (penetrant)，管端開口，管的基部有刺，管翻出後可以刺入其他動物（圖 15-2-6），並將囊內的毒液注入，使動物痲醉。(2) 膠刺囊 (glutinant)，管端開放，囊內有黏液，用以黏住他物，膠刺囊有兩種，一種的細管有刺，一種無刺。(3) 捲刺囊 (volvent)，管端封閉，管翻出後，用以捲住他物（圖 15-2-7）。

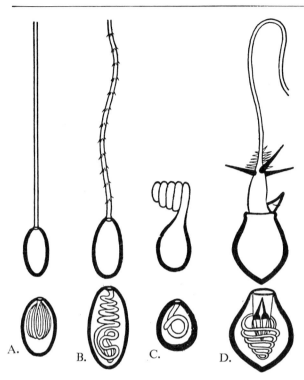

圖15-2-5　水螅的四種刺囊。A. 無刺膠刺囊。B. 有刺膠刺囊。C. 捲刺囊。D. 穿刺囊。（同圖 15-2-2, p. 74。）

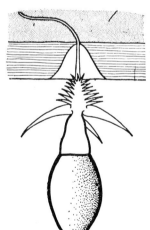

圖15-2-6　刺穿囊之細管刺入所捕食物之組織中。（同圖15-2-2, p. 76。）

（三）水螅的生理

1. 運動　水螅雖然行固著生活，但仍可運動，其運動方式除了利用足盤在附著物表面滑動外，　尚可作翻筋斗運動（圖 15-2-8），　這時利用觸手附著他物，足盤向上，身體倒立，然後足盤彎向身體另一邊而

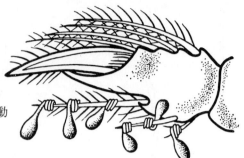

圖15-2-7 數個捲刺囊之細管捲住一小型甲殼動物之剛毛。(同圖15-2-2, p. 75。)

圖15-2-8 水螅之翻筋斗運動。(同圖15-2-2, p. 82。)

著地，觸手恢復向上。水螅另一種常見的運動方式是漂浮 (floating)，其足盤離開附著物分泌氣泡，使身體浮於水面，水螅可以倒置漂浮一段時間。

2. **營養** 腔腸動物皆爲肉食，以小型甲殼類如水蚤等爲食。水螅的觸手觸及食物時，便釋出刺囊，用以繞住黏住或刺入食物，然後將之麻醉。觸手將食物送入口 (圖 15-2-9)，口周圍胃皮層的腺細胞分泌黏液，助食物之吞入。腺細胞分泌之酵素將食物在消化循環腔中分解成漿狀，食物的碎片，再由營養肌細胞游離端伸出的僞足攝入細胞內，以

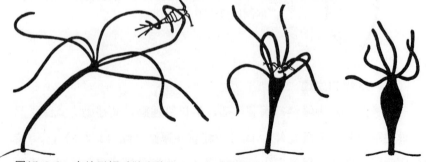

圖15-2-9 水螅用觸手將食物送入口中，然後嚥下。(同圖15-2-2, p. 81。)

行胞內消化。未消化的食物，則在身體收縮時，由口排出（圖 15-2-
10）。

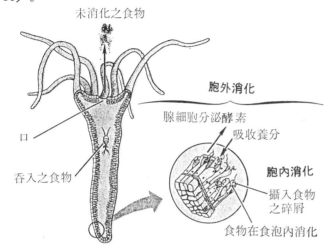

未消化之食物

胞外消化

腺細胞分泌酵素

吸收養分

胞內消化

口

吞入之食物

攝入食物
之碎屑

食物在食泡內消化

圖**15-2-10**　示水螅消化食物。
（錄自: Biological Sciences
Curriculum Study, *Biolog-*
ical Science, 4th ed., Ha-
rcourt Brace Jovanovich,
1980. p. 432。）

　3. **呼吸和排泄**　水螅無特殊的呼吸器官，亦無排泄器官，細胞可
以與水直接交換氣體（圖 15-2-11）。含氮廢物主爲氨，亦由細胞擴散
至水中。

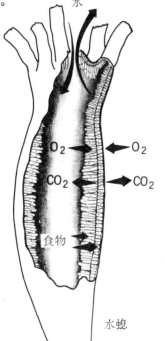

水

O_2　　O_2

CO_2　　CO_2

食物

圖**15-2-11**　水螅的呼吸作用。
（同圖15-2-10, p. 446。）

水螅

4. **感應** 水螅由感覺細胞接受的刺激， 可以傳遞至神經細胞。 神經細胞位於表皮層的基部， 彼此以突起互相連接， 形成一個神經網 (nerve net) （圖 15-2-12）。 由於神經細胞傳導刺激沒有一定方向，

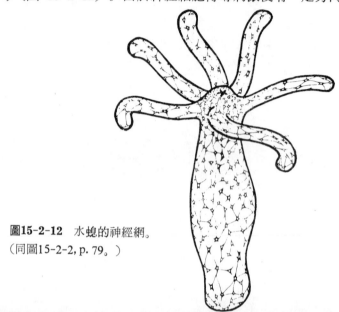

圖15-2-12 水螅的神經網。
（同圖15-2-2, p. 79。）

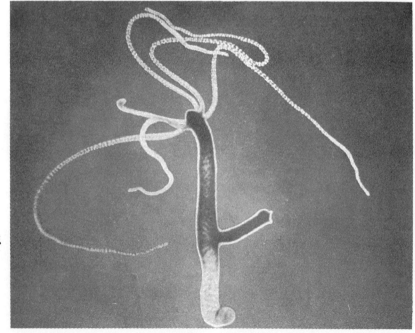

圖15-2-13 水螅
及一幼小的芽。
（同圖15-2-2, p.
84-4。）

因此，身體一處受刺激，全身皆會發生反應而收縮。

5. 生殖　水螅在春夏氣候溫暖的季節行出芽生殖（圖15-2-13），芽成熟後便脫離母體而獨立生活。水螅的再生力也很強。有性生殖在秋天行之，因爲水螅必須利用受精卵以度多。大多數種類的水螅爲雌雄異體，有性生殖時，由間細胞聚集形成卵巢或睪丸。卵巢呈球狀（圖15-2-14），內有一個卵，卵成熟後，卵巢壁會破裂，卵便裸露水中。睪丸呈錐形（圖 15-2-15），成熟後，先端有一小孔，精子由此逸出至水中游泳（圖 15-2-16），若遇卵，便與之結合，故卵在原位（卵巢中）受精，並在原位行卵裂，胚胎表面產生幾丁質的厚壁（圖 15-2-17），胚胎自母體脫落，掉於水底，以此度多，待明春環境適宜時，幼水螅卽破殼而出。

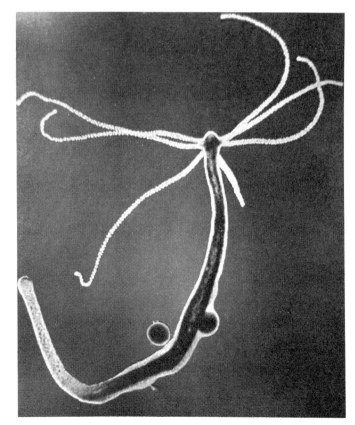

圖15-2-14 雌水螅及二個卵巢，卵巢內各有一個卵。(同圖15-2-2，p. 84-6。)

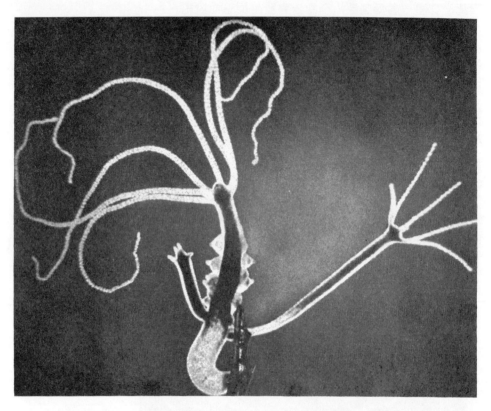

圖 15-2-15　雄水螅，體側有多個睪丸，以及二個芽。(同圖15-2-2, p. 84-5。)

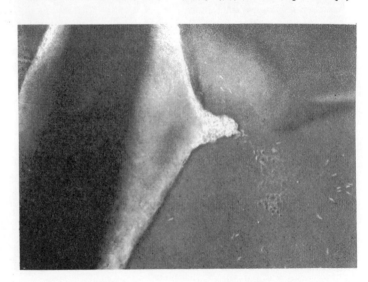

圖 15-2-16　睪丸釋出精子
(同圖15-2-2, p. 84-5。)

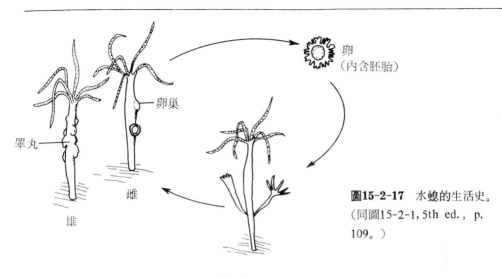

卵
(內含胚胎)

卵巢

睪丸

雌

雌

圖15-2-17　水螅的生活史。
(同圖15-2-1, 5th ed., p. 109。)

乙、實驗設計

目　的

本實驗觀察水螅的外形和刺囊，並將水螅及刺囊製成玻片標本，以供觀察及保存。

器　材

水　螅	2 隻
波氏液 (Bouin's fluid)	酌量
硼砂洋紅 (Borax carmine)	酌量
結晶紫 (crystal violet)	酌量
錶玻皿	1 個
乳頭吸管	1 支
酒　精 (30%, 50%, 70%, 85%, 95%)	酌量
無水酒精	酌量
二甲苯 (xylol)	酌量
加拿大膠 (canada balsam)	酌量
酒精燈	1 個
複式顯微鏡	1 臺

解剖顯微鏡　　　　　　　　　　　　1 臺

標　籤　　　　　　　　　　　　　　2 張

步　驟

（一）觀察水螅外形

1. 用乳頭吸管吸取水螅一隻，置載玻片上，加水一滴，待水螅的身體和觸手展開。

2. 將玻片標本置解剖顯微鏡下，觀察水螅的外部形態。

（二）觀察水螅的刺囊

1. 水螅之外形觀察完畢後，將玻片標本加放蓋玻片，用解剖針的柄或筆桿緊壓觸手上方之蓋玻片，使觸手部分之刺細胞釋出其所含之刺囊。

2. 將玻片標本置顯微鏡下觀察。

3. 是否看到游離的刺囊。

（三）刺囊玻片標本的製作

1. 將觀察到刺囊的玻片標本，以結晶紫（crystal violet）染色約 35 分鐘，如染色過深，可用水或 30%酒精退染。

2. 依次以 30%，50%，70%，85%，95%以及無水酒精脫水。

3. 加二甲苯，使刺囊透明。

4. 加加拿大膠，加蓋玻片。

5. 在載玻片左側加點標籤。

（四）水螅整體包埋玻片標本的製作

1. 用吸管吸取水螅一隻，置錶玻皿內，加水數滴。

2. 待水螅的身體及觸手伸展。

3. 用吸管吸取熱的波氏液（Bouin's fluid）（盡量吸滿），將之迅速注於水螅上，注入時，宜自水螅身體基部向著上端沖，將水螅殺死並固定。

4. 用 70%酒精洗去水螅身體之黃色。

5. 依次以 50%，30%，10%酒精以及蒸餾水處理，每一步驟約

10 分鐘。

6. 滴加硼砂洋紅 (borax carmine)，染色約 24 小時。

7. 用蒸餾水洗 15～20 分鐘。

8. 依次以 30%，50%，70%，85%，95%和無水酒精處理，以脫去水螅體內的水分。

9. 用二甲苯處理 10 分鐘，使水螅身體透明。

10. 加加拿大膠，加放蓋玻片。

11. 在載玻片左方，加貼標籤。

實驗15-3 渦蟲對刺激的反應及再生

甲、前　言

　　渦蟲屬扁形動物門。扁形動物的身體呈兩側對稱，背腹扁平，無體腔，消化管有口無肛門，排泄管為原腎，原腎亦可調節滲透壓，雌雄同體。扁形動物共分三綱，其中渦蟲綱的動物為自由生活，吸蟲綱與條蟲綱的動物皆行寄生。吸蟲與條蟲係由渦蟲綱的動物演化而來。

　　渦蟲綱的動物主為水生，絕大多數生活海水中；本實驗使用的渦蟲為淡水生，生活於池沼、溪流中，為底棲，背光性，常棲於石塊或其他固體物下方，夜間出外覓食。生活濕地的渦蟲有長達 60cm 者（圖 15-3-1），渦蟲綱的動物，目前已定名者約有 3,000 種。

　　渦蟲綱中最原始者是無腸目（Order　Acoela）的動物，體長不及2mm，整個體表具有纖毛，利用纖毛在水中游泳，由名稱可知，無腸目的動物皆無消化管。腹面中央有口，食物為原生動物、小型的甲殼類等。體內有一團營養細胞（nutritive　cell）（圖 15-3-2），這團細胞可自口翻出，將食物裹入；攝入的食物由營養細胞吞噬，在細胞內形成食泡而消化。在體壁與營養細胞間則充滿中實組織（paraenchyma），其空隙中充滿液體，內含變形細胞；這些液體可以運輸氣體、廢物和養分等。無腸類不具排泄器官。

　　渦蟲綱中其他的動物皆為較高等的種類，按照消化管的特徵，渦蟲綱除包括無腸目外，尚有棒腸目（Order Rhabdocoela）、異腸目（Order Alloeocoela）、三歧腸目（Order　Tricladida）和多歧腸目（Order

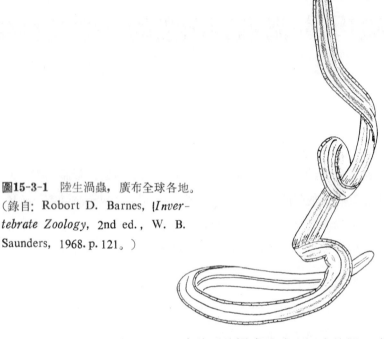

眼

圖**15-3-1** 陸生渦蟲，廣布全球各地。
(錄自: Robort D. Barnes, *[Inver-*
tebrate Zoology, 2nd ed., W. B.
Saunders, 1968. p. 121。)

Polycladida)（圖 15-3-3）。實驗用的渦蟲及陸生渦蟲皆屬三歧腸目，
多歧腸目的動物皆海生。茲將渦蟲的一般特徵簡述於下。

　　（一）**體壁**（body wall）　體壁包括表皮、環肌和縱肌。表皮為
一層細胞（圖 15-3-4），腹面的細胞，表面有纖毛。表皮細胞內有桿
狀體（rhabdite），桿狀體自細胞釋出至水中，即在體表形成膠質鞘以資
保護。表皮下方有環肌和縱肌。扁形動物無體腔，其體壁與腸壁間充滿
中實組織（parenchyma），此為具長突起的細胞，其突起互相連結成之
網狀構造。在中實組織的空隙中有變形細胞（amoeboid cell），此為未
分化之胚胎細胞，與再生、生殖等有關。中實組織亦與運輸養分和排泄
有關。

　　（二）**運動**（locomotion）　渦蟲中小型的種類，利用纖毛在水中
游泳，大型者則利用纖毛及肌肉的收縮，在水底爬行。纖毛擺動時，其
先端插入由桿狀體及其他腺細胞產生之黏液中，因而使身體滑行。

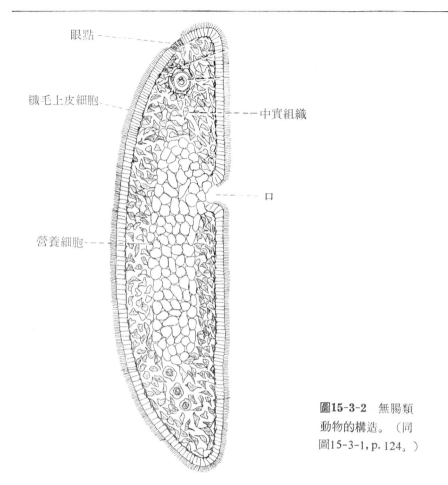

眼點

纖毛上皮細胞

中實組織

口

營養細胞

圖15-3-2　無腸類動物的構造。（同圖15-3-1, p. 124。）

（三）**營養**（nutrition）　渦蟲皆肉食，以輪蟲、線蟲、小型甲殼類等爲食，個體大者如陸生渦蟲，則以蚯蚓、蝸牛等爲食。以化受器（chemoreceptor）及流受器（rheoreceptor）而了解食物的所在，用身體纏住食物，並分泌黏液以助捕食。大多數渦蟲將食物整個吞下，三歧腸的動物，則自口伸出咽，以咽插入食物，並分泌酵素使食物變軟，然後吸入。吸入的作用，會將食物弄碎。食物在腸管內由腸壁腺細胞分泌之酵素分解，未完全消化的食物顆粒再由腸壁腺細胞攝入（圖 15-3-4），在細胞內形成食泡繼續消化。食物的殘渣仍由口排出。淡水中的渦蟲，在實驗室中可以長時間忍受飢餓，這時便分解自身的腸、中實組織以及生殖系統等，以維持代謝活動，體積因而會縮小至僅及原來的 1/300。

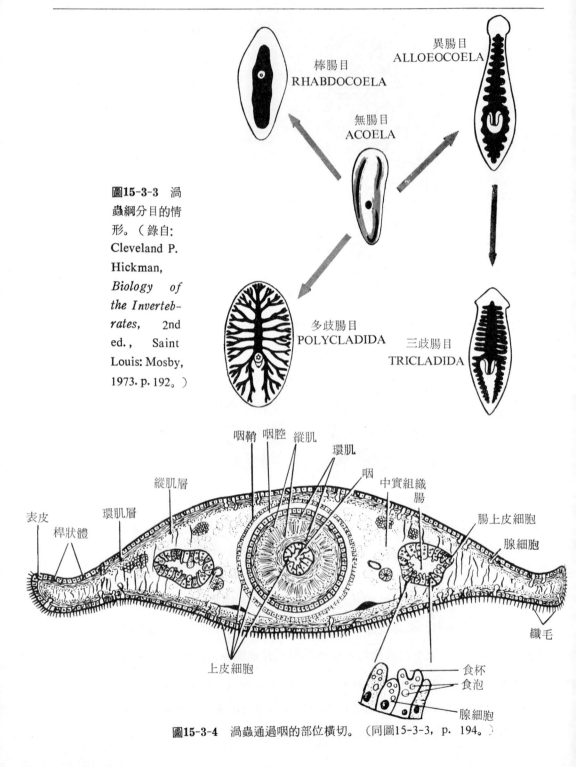

圖15-3-3 渦蟲綱分目的情形。（錄自: Cleveland P. Hickman, *Biology of the Invertebrates*, 2nd ed., Saint Louis: Mosby, 1973. p. 192。）

無腸目 ACOELA

棒腸目 RHABDOCOELA

異腸目 ALLOEOCOELA

多歧腸目 POLYCLADIDA

三歧腸目 TRICLADIDA

咽鞘　咽腔　縱肌　環肌　咽　中實組織　腸

縱肌層

環肌層

表皮

桿狀體

腸上皮細胞

腺細胞

纖毛

上皮細胞

食杯

食泡

腺細胞

圖15-3-4　渦蟲通過咽的部位橫切。（同圖15-3-3, p. 194。）

（四）**排泄**（excretion）　除無腸類外，其他的種類皆有排泄器官，其排泄器官屬原腎（protonephridium），包括二條主要的排泄管（圖 15-3-5 A），分別位於身體兩側。排泄管重複分枝，分枝的末端爲

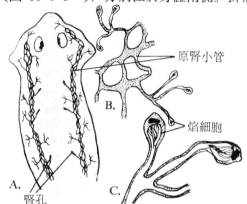

原腎小管

B.

焰細胞

A.

腎孔

C.

圖13-3-5　渦蟲的排泄系統。A．兩條排泄管及其分枝。B．原腎管的一部分放大，示其分枝成網狀的原腎小管及焰細胞。C．焰細胞放大。（同圖15-3-3，p. 199。）

一焰細胞（flame cell）（圖 15-3-5 B，C）。排泄管向外的開口稱爲腎孔（nephridiopore），腎孔的位置及數目隨種類而異。焰細胞是一球狀大型的細胞，具有一細管，管內有一束纖毛，纖毛經常擺動，狀似蠟燭的火焰，故名。中實組織中的廢物經由細管管壁的過濾而進入管內，藉纖毛的擺動使廢物在管內流動。實際上，渦蟲之含氮廢物（氨）由體表排出，原腎主在調節滲透壓。

（五）**神經系統和感覺器官**（nervous system and sense organ）渦蟲具有神經系統（圖 15-3-6），神經細胞在身體前端聚集成腦，自

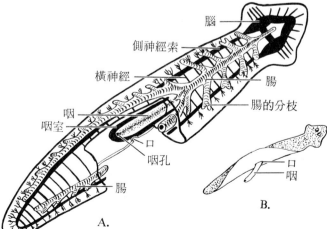

腦

側神經索

橫神經

腸

腸的分枝

咽

咽室

口

咽孔

腸

A.

口

咽

B.

圖15-3-6　渦蟲的構造。A．消化系統和神經系統，右側一部分切去。B．咽自腹面的口伸出。（同圖15-3-3，p. 205。）

腦發出多對神經至身體前端，另一對側神經索 (lateral nerve cord) 沿身體兩側至體後端，左右神經索間有橫的神經相連繫。整個神經系統狀似梯子，故名梯型神經系 (ladder type nervous system)。

　　眼是渦蟲最普遍的感覺器官， 通常一對， 但二對或三對者亦頗常見，陸生渦蟲眼的數目更多。渦蟲的眼其功能是感光，渦蟲為背光性。此外，渦蟲尚有廣布身體各部的受器，尤以觸手、耳及身體兩側數目特多。受器包括觸受器 (tangoreceptor)、 化受器 (chemoreceptor) 和流受器 (rheoreceptor) (圖 15-3-7) 這些受器細胞皆為感覺細胞， 由細

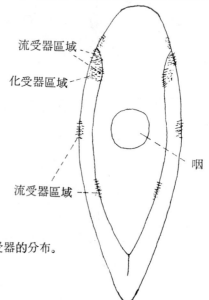

流受器區域

化受器區域

咽

流受器區域

圖15-3-7 棒腸目的一種，示其化受器及流受器的分布。
（同圖15-3-1, p. 132。）

胞發出的突起突出於體表形成一條或多條剛毛（圖 15-3-8）， 剛毛較纖毛為長。流受細胞可以感覺水流。這些受器對渦蟲的覓食很重要。

圖15-3-8 觸覺受器的細胞

（六）生殖 （reproduction）

1. 無性生殖　渦蟲尤其是淡水生的種類，可以行二分法（fission）的無性生殖，其法是在咽的後方身體橫的分裂為前後兩半，然後藉再生而長成兩個個體。小型的種類，分裂後的個體相連一起成為一串（圖15-3-9），待個體充分成熟後，始獨立生活。無性生殖由日長與溫度控制，淡水的渦蟲，幾乎都生活在溫帶地區，夏天時行二分，秋天時，由於溫度低及日短，便行有性生殖。在實驗室中，渦蟲常在夜間行二分，晝間時，腦部產生的某些物質會抑制二分，這種抑制物的產生與光週期有關。

2. 再生　渦蟲有很強的再生力，其再生力自前至後依次遞減。因此，若切取渦蟲身體中間的一段，則近身體前端的一邊再生力較近後端的一邊強，便長出頭，近後端的一邊則再生尾。

3. 有性生殖　渦蟲綱的動物為雌雄同體，生殖系統發達（圖15-3-10）。渦蟲雖為雌雄同體，但行異體受精，故必須交尾（圖15-3-11）。

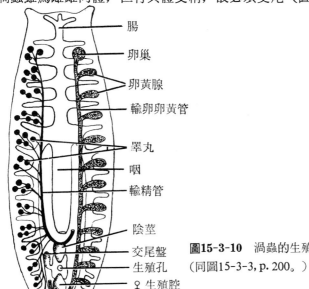

腸
卵巢
卵黃腺
輸卵卵黃管
睪丸
咽
輸精管
陰莖
交尾盤
生殖孔
♀生殖腔

圖15-3-9 示橫裂以後的個體相連成串。（同圖15-3-1, p. 136。）

圖15-3-10 渦蟲的生殖系統。（同圖15-3-3, p. 200。）

卵經過輸卵管時，會包上多數由卵黃腺分泌的卵黃細胞（yolk cell），在卵到達雌性生殖腔時（female genital atrium），一個或數個卵，連

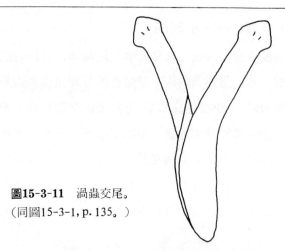

圖15-3-11 渦蟲交尾。
（同圖15-3-1, p. 135。）

同許多卵黃細胞卽包上卵囊（egg capsule）（圖 15-3-12），卵囊經生

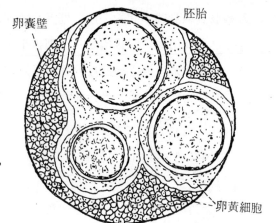

卵囊壁　　　　　　　　　　　胚胎

圖15-3-12 卵囊的切面，內含三個
胚胎及許多卵黃細胞。（同圖15-3-1,
5th ed., p. 186。）

卵黃細胞

殖孔排至外界，卽以柄附於他物。由受精卵發育爲幼蟲，幼蟲游泳數
天，卽至水底而變態爲成體。（圖 15-3-13）。

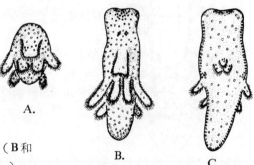

A.

B.

C.

圖15-3-13 渦蟲的幼蟲（A）及變態（B和
C）。（同圖15-3-1, 5th ed., p. 186。）

乙、實驗設計

目　的

　　渦蟲雖是較低等的無脊椎動物，但其構造已達器官系統的階級，因此在行爲方面，遠較腔腸動物複雜。渦蟲的再生力強，再生是胚胎發資訊的重要來源。若是將身體某一部分切去，傷口癒合，並長出芽。芽係一團未分化的細胞；繼而這團細胞分裂、生長並分化成與原先相同的構造。因此這團細胞便如同早期未分化的胚胎細胞。本實驗觀察渦蟲的行爲及了解其再生情形。

器　材

（一）

渦　蟲	2隻（其中一隻經飢餓一週）
解剖顯微鏡	1臺
玻璃棒	1支
培養皿	1個
鋼筆型手電筒	1個
切成細短的猪肝絲	酌量
250ml 燒杯	1個
0.02％醋酸	酌量
載玻片	1片
水彩筆（或毛筆）	1枝

（二）

渦　蟲（先行飢餓一週）	15隻
鋒利的單面刀片	1片
水彩筆（或毛筆）	1枝
培養皿	10個
冰　塊	1小塊

蒸餾水（或放置二天以上的自來水）　　　　　　酌量

載玻片　　　　　　　　　　　　　　　　　　　1 片

步　驟

（一）渦蟲對刺激的反應

1.　對水流的反應　培養皿中置蒸餾水八分滿。用水彩筆自採集瓶中取渦蟲（未經飢餓的）一隻放入培養皿的水中。用玻璃棒每次以相同方向撥水，以造成水流，觀察渦蟲對水流方向的反應。

2.　對光的反應　用鋼筆型手電筒照射渦蟲的身體各部（注意：手電筒的光芒必須細小，若使用較大的手電筒，則要將手電筒的玻璃用鋁箔或黑紙包起，鋁箔上開一小孔，容光線射出），觀察渦蟲對光的反應。當光照射渦蟲的眼點時，反應如何？身體的那一端對光的反應較靈敏？

3.　對食物的反應　將飢餓一週的渦蟲置入培養皿的水中，在渦蟲附近加入切成細短的豬肝絲少許，置解剖顯微鏡下，觀察渦蟲對食物的反應。觀察畢，移去食物，在渦蟲附近加入 0.02%醋酸一、二滴，渦蟲對這種化學物質的反應如何？

4.　對地心引力的反應　10ml 燒杯中置水 8cm 深，將渦蟲放入，身體的那一面先著燒杯底？

5.　觀察渦蟲的口和咽　將渦蟲置載玻片上，腹面向上，加水少許，觀察口的位置，有無看到咽？

（二）渦蟲的再生

1.　用下列不同的方式（圖 15-3-14）將飢餓一週以上的渦蟲作切割，每種切割方式至少要三隻渦蟲（切割的片段有時會死亡）。

a.方式 1　三個培養皿中置蒸餾水約 0.5cm 深，分別標註前、中、後。用水彩筆取渦蟲一隻，置載玻片上，加水少許，待渦蟲身體伸展，用鋒利的刀片參照圖 15-3-14A作切割，先切前段，再切後段，切時咽常會脫落，將咽丟棄。將切割的片段，分別置於已經標註前、中、後的培養皿中。

b.方式 2　用上列相同的方法，將三隻渦蟲參考圖 15-3-14B作

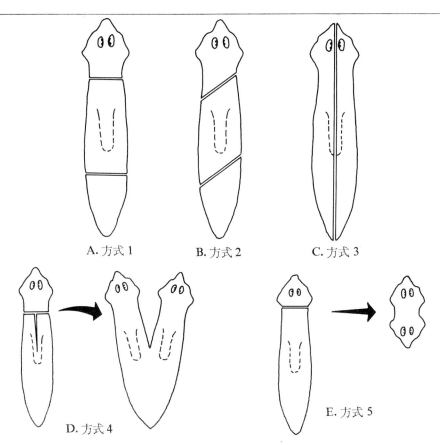

A. 方式 1　　　B. 方式 2　　　C. 方式 3

D. 方式 4　　　　　　　　　　E. 方式 5

圖15-3-14　渦蟲的切割方式。（錄自：Biological Sciences Curriculum Study, *Biological Science, Student Laboratory Guide*, p. 179. and *Teaches's Manual*, p. 272。）

切割。

　　c. 方式 3　　參照圖 15-3-14C作切割。

　　d. 方式 4　　參照圖 15-3-14D作切割，⎫
　　e. 方式 5　　參照圖 15-3-14E作切割，⎭切割後置於冰塊上 5～10

分鐘，以防切口相遇而黏合，再置培養皿中。

　　2. 不論作何種切割，切割後的片段，處理方法皆相同，包括：

　　a. 將切割的片段，置於標註妥當的培養皿中，皿內置水。

　　b. 培養皿加蓋。

　　c. 置於光弱且陰涼處（高溫會致死）。

　　d. 不餵食。

　　e. 每天觀察，若有死亡的片段，立卽移除並換水。

　　f. 每二天換水一次。

　3. 每天觀察時，必須記錄下列情況：

　a. 切割後第幾天開始出現再生芽。

　b. 芽與原來的身體外表有何差異。

　c. 比較前段和後段的再生速度。

　d. 方式 1 與方式 5 切割的前段長度不同，再生結果有何差異？何故？

　4. 連續觀察十天。

實驗16-1 蚯 蚓

甲、前 言

蚯蚓屬環節動物門，環節動物最重要的特徵是身體分節。動物界中身體分節者，除環節動物門外，尚有節肢動物門和脊索動物門。動物的身體分節後，運動便快捷，在逃避敵人及捕捉食物方面都很重要。

環節動物的身體呈兩側對稱，自前至後由許多相同的節串連而成。身體分節並不限於體壁，內部構造亦呈分節現象；因為分節過程涉及中胚層，其體腔在節與節之間有隔膜 (septum)，所有的器官，包括肌肉、血管、神經、排泄器官和生殖腺等皆呈分節現象，即每一節或若干節中都重複具有。

環節動物的身體前端有口前葉 (prostomium)，末端為尾節 (pygidium)，口前葉與尾節都不是體節。口位於第一節的腹面，故第一節稱為圍口節 (peristomium)，肛門位於尾節，消化管自口至肛門直行。排泄器官主為後腎 (metanephridium)；循環系統發達，屬閉鎖循環系；神經系統包含腦和腹神經索，以及由此兩者所發出的神經。

環節動物門包含三綱：多毛綱 (Class Polychaeta)、貧毛綱 (Class Oligochaeta)和蛭綱(Class Hirudinea)。多毛類皆海生，後兩者則生活淡水或濕地。蚯蚓屬貧毛綱。貧毛綱的動物多數生活於不潔的淡水中，因此用以作為水污染的指標。蚯蚓共有十科，皆生活陸地，穴居，分布甚廣，除沙漠外，各地皆有。蚯蚓用體前端鑽泥土，並吞入泥土，排出之廢物及黏液常移至洞外，稱為糞土 (casting)。茲以亞洲產的環毛蚓 (*Pheretima*) 為例，說明其構造及生理。

（一）**外部形態**　蚯蚓的頭部退化，無眼及觸手等構造。身體的最前端有口前葉，口前葉正好覆在口的背面（圖 16-1-1），肛門位於尾

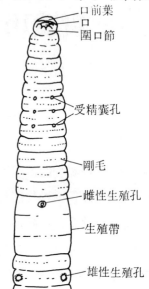

口前葉
口
圍口節

受精囊孔

剛毛

雌性生殖孔

生殖帶

圖16-1-1　環毛蚓身體前端腹面

雄性生殖孔

節腹面。性成熟的個體，第 14, 15, 16 節互相癒合且較膨大，形成生殖帶（clitellum）。生殖帶的壁內富含腺體，腺體分泌之黏液，可助交尾，並形成卵繭（cocoon）。生殖帶的前節卽第 14 節的腹面中央，有一個雌性生殖孔。雄性生殖孔一對，位於第 18 節腹面兩側。第 6/7, 7/8, 8/9 節間各有一對受精囊孔(opening of seminal receptacle)。背中央線約自 12/13 節起直至後端，在節與節之間有背孔（dorsal pore），體腔液可自背孔射出，以保持體表濕潤。除生殖帶、圍口節及最後數節外，每節中央皆有一圈剛毛（seta），剛毛可助運動。

（二）**體壁**（body wall）　蚯蚓的體表，有一層很薄的角皮（cuticle），此乃由體壁外層的表皮細胞（epidermis）所分泌。表皮由一層柱狀細胞構成（圖 16-1-2），表皮下方有肌肉，環肌在外，較薄；縱肌在內，較厚。體壁與腸壁間有很大的空腔，爲其體腔。

（三）**營養**（nutrition）　貧毛類皆以死的有機物尤其是植物爲食，生態學上，屬清除者（scavenger）。蚯蚓攝食地面腐敗的植物；當吞入泥土時，也可以泥土中的有機物爲食，攝食時，藉咽的肌肉收縮而將食

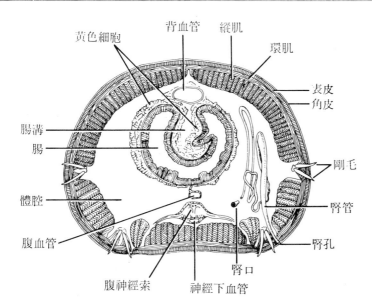

圖16-1-2　蚯蚓身體中央部位橫切。（錄自: Hegner and Engemann, *Invertebrate Zoology*, 2nd ed., New York: Macmillan, 1968. p. 327。）

物吸入。消化管直行，口腔位第 1～3 節，後接富肌肉的咽（pharynx）（4～5 節），咽爲主要的攝食器官，咽腺分泌唾液，內含黏液和酵素。咽通至狹長的食道（oesophagus）（6～8 節），再下有嗉囊（crop）和砂囊（gizzard），嗉囊壁薄用以儲食；砂囊壁厚，用以磨碎食物。消化道中最特殊者，是食道壁的某些部位有沉鈣腺（calciferous gland）（圖16-1-3）。這種腺體，主在調節體內的鈣，當從食物攝入過多的鈣時，卽由此腺將之形成方解石（calcite，成分爲碳酸鈣）而分泌至食道，當通過腸時，可免爲腸所吸收。腸管直行，終於肛門。腸在第 27 節處，兩側有一對向前的指狀突起，叫做盲腸（caecum）（圖 16-1-4），盲腸有盲腸腺（caecal gland），爲主要的消化腺。腸的上皮細胞，也能分泌各種消化酵素。大部分消化作用都在腸中進行。腸的背中央向內凹陷，稱爲腸溝（typhlosole），可以增加腸的消化和吸收面積。腸管外圍有一層黃色細胞（chloragogen cell），是合成並儲藏肝糖和脂肪的中心；此外，氨和尿素亦在此形成，故也與排泄有關。

（四）**循環**（circulation）　蚯蚓具有閉鎖循環系（closed blood

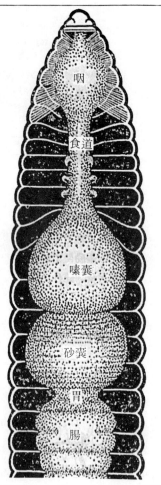

咽

食道

嗉囊

砂囊

胃

腸

圖16-1-3 蚯蚓的消化系，食道旁三對小型之膨大物為沉鈣腺，其功用主為排泄而非消化。

circulation)（圖 16-1-5），包括五條主要縱行的血管，在縱行血管間則有橫的血管將之連接。縱走的血管為:（1）背血管（dorsal blood vessel），位於腸的背面，血液由後向前流動。（2）腹血管（ventral blood vessel），位於腸的腹面，血液由前向後流動。腹血管相當於高等動物的大動脈，在各節有分枝至體壁、隔膜和腸等，將血液分送至這些部位。（3）神經側血管（lateral neural blood vessel），有一對，位於腹神經索兩側。（4）神經下血管（subneural blood vessel），位於腹神經索下方。至於橫的血管則有:（1）動脈弓（aorti arch），連接背血管與腹血管，背血管的血液，經此而流入腹血管。共有四對，分別位於第 7，9，12 和 13 節中，該等血管呈現明顯的搏動，故昔稱心臟。（2）

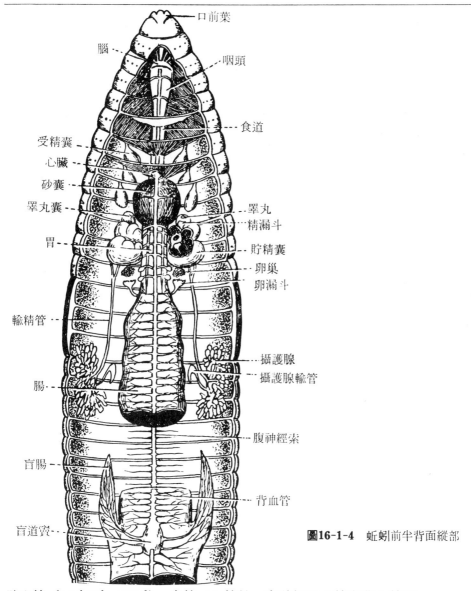

口前葉

腦

咽頭

食道

受精囊

心臟

砂囊

睪丸囊

睪丸

精漏斗

胃

貯精囊

卵巢

卵漏斗

輸精管

攝護腺

攝護腺輸管

腸

盲腸

腹神經索

背血管

盲道賓

圖16-1-4 蚯蚓前半背面縱部

壁血管 (parietal vessel)，自第 15 節始，在神經下血管與背血管間，每節有一對壁血管，血液乃經此而自神經下血管流回背血管。血液乃如是周而復始循環不已。蚯蚓的血液雖呈紅色，但血紅素溶於血漿中，故血球無色。

（五）**呼吸**（respiration）　貧毛類除少數例外，一般皆無特殊的呼吸器官。蚯蚓的表皮下，密佈血管，血液於此與外界交換氣體。為利

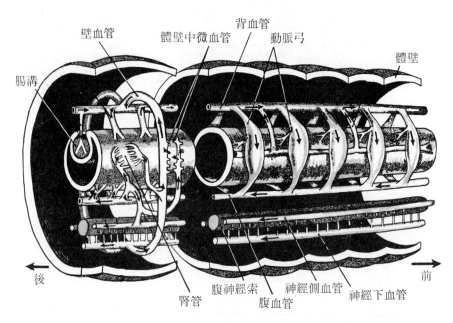

圖**16-1-5** 蚯蚓的循環系統。（錄自：Cleveland P. Hickman, *Biology of the Invertebrate*, 2nd ed., Saint Louis: Mosby, 1973. p. 435。）

於氣體之交換，故皮膚必須經常保持濕潤。

（六）**排泄**（excretion）　貧毛類在每一體節中有一對腎管（nephridium）（圖 16-1-2）（圖 16-1-6），各腎管在體腔中有腎口（nephrostome），向外有腎孔（nephridiopore）。腎口收集體腔中的廢物，廢物經腎孔排至外界。但環毛屬的蚯蚓則不一樣，並無上述之大腎管，而係在體腔內的腹膜和隔膜上，有很多小腎管（每節約一、二百條），若取體壁內側或隔膜上的絨毛狀物，在顯微鏡下觀察，可見各小腎管亦包括腎口及腎管等部，其構造與大腎管極相像。體壁內側的小腎管，各由體壁通出體外。隔膜上的小腎管開口於消化道，廢物乃隨同糞便排出。

（七）**神經系統**（nervous system）　蚯蚓的腦，位於第三節咽的上方。兩側有一對圍咽神經（circumpharyngeal connective）與咽下方的咽下神經節（subpharyngeal ganglion）相連。咽下神經節又與腹神經索相接（圖16-1-7）。自腦及咽下神經節，發出多對神經至口前葉、第一節和第二節等部位。咽下神經節是控制運動和反射的中樞，故當腦

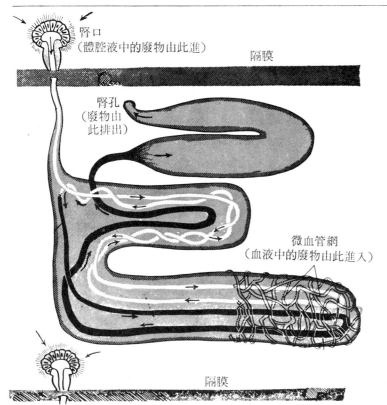

腎口
（體腔液中的廢物由此進）

隔膜

腎孔
（廢物由
此排出）

微血管網
（血液中的廢物由此進入）

圖16-1-6 蚯蚓的腎管。
（同圖16-1-5, p. 434。）

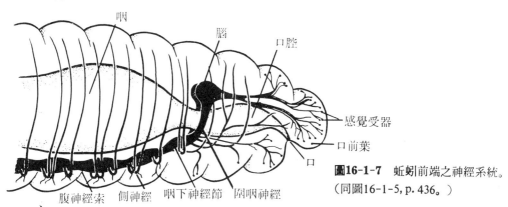

咽

腦

口腔

感覺受器

口前葉

口

腹神經索　側神經　咽下神經節　圍咽神經

圖16-1-7 蚯蚓前端之神經系統。
（同圖16-1-5, p. 436。）

移除後，蚯蚓仍能運動，只是其動作無法與外界環境狀況相配合。腹神
經索在每節都有膨大的神經節，各神經節發出三對神經至各節之體壁及
腸等部位。

（八）**感覺器官**（sense organ）　蚯蚓無特殊的感覺器，但在表皮
中有許多感覺細胞，稱為受器（圖16-1-8），故蚯蚓亦具有各種感覺。

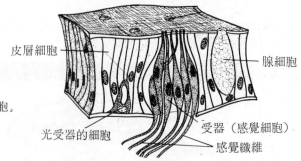

圖16-1-8 皮層中的受器細胞。
(同圖16-1-5, p. 437。)

皮層細胞　腺細胞　光受器的細胞　受器（感覺細胞）　感覺纖維

（1）**觸覺**　對輕微而有利的機械刺激，會起正的反應，如觸地及進穴等動作是。蚯蚓會取各種樹葉入穴，先將樹葉的尖端拖向穴口，可易於進入，故蚯蚓不僅具有觸覺，且有錯誤嘗試的意義。（2）**味覺**　口前葉有化受器，如遇食物便起正的反應，不喜之物，則起負的反應。（3）**聽覺**　蚯蚓對空氣振盪，雖能引起反應，但無聽覺可言。（4）**光覺**　蚯蚓雖無眼，但身體各部除腹面外，表皮中都有感光細胞，口前葉的感光細胞最多，故對光最敏感，遇強光為背光性，對弱光則起正的反應。

（九）**生殖**（reproduction）　蚯蚓為雌雄同體（圖 16-1-9）。雄

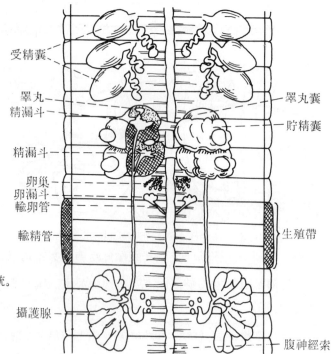

受精囊　睪丸　精漏斗　精漏斗　卵巢　卵漏斗　輸卵管　輸精管　睪丸囊　貯精囊　生殖帶　攝護腺　腹神經索

圖16-1-9　環毛蚓的生殖系統。

性生殖器包括睪丸 (testis) 二對，每個睪丸與精漏斗 (sperm funnel) 同包入睪丸囊 (testis sac) 內。睪丸囊位於第 10 及 11 節，各通入後一節的儲精囊 (seminal vesicle) 內。儲精囊兩對，位於第 11 及 12 節內。輸精管自精漏斗起，向後與攝護腺 (prostate gland，位 18～21 節) 會合後，開口於第 18 節腹面兩側之雄性生殖孔。雌性生殖器有卵巢 (ovary) 一對，位於第 13 節，卵漏斗 (oviduct funnel) 在 13/14 節間之隔膜前面，下連輸卵管 (oviduct)。輸卵管極短，左右輸卵管在第 14 節會合，由雌性生殖孔通出。受精囊 (seminal receptacle) 三對，位於第 7，8，9 節內，為交尾後接受對方精子之處。

蚯蚓雖為雌雄同體，但必須異體受精，始可達生殖目的。交配當時，並不排卵，僅是彼此交換精子而已。交配多在晚間進行，此時兩蚯蚓互以體軀前半頭尾倒抱合，分別以雄性生殖孔與對方的受精囊孔相對 (圖 16-1-10)。由生殖帶分泌之黏液使兩者緊密抱合。精子由雄性生

雄性生殖孔與受精囊孔相對

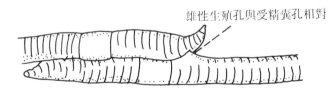

圖16-1-10 環毛蚓交配。(錄自：Robert D. Barnes, *Invertebrate Zoology*, 5th ed., Saunders College Publishing, 1987, p. 323。)

殖孔排出，進入對方的受精囊儲存。交配後，兩蚯蚓即分離；數日後，卵成熟，生殖帶分泌幾丁質形成卵繭 (cocoon)，卵即產於卵繭中。當蚯蚓身體向後移時，卵繭連同其內之卵即向前移，待至受精囊孔處，受精囊中對方的精子便排出，精子與卵在卵繭中結合，完成受精作用。卵繭繼續向前移動，終至從前端脫落 (圖 16-1-11)，兩端封口，遺留土中。卵繭呈黃色，內含個 1～20個卵 (數日隨種類而異)，待孵化為小蚯蚓，始破繭而出。

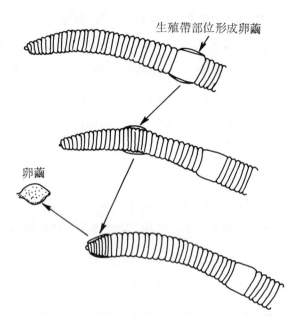

生殖帶部位形成卵繭

卵繭

圖16-1-11　卵繭形成後自前端脫落。
（同圖16-1-10, p. 323。）

乙、實驗設計

目　的

本實驗在了解蚯蚓的習性及其形態構造。

蚯蚓的採集與固定　在庭院或郊外陰濕的地方，選擇有蚯蚓糞土之處，用鏟子挖掘。身體大型的種類棲於較深的泥土中，小型者棲於近地表處。雨天蚯蚓會走出洞外，可隨時採集之。採得之蚯蚓，置入10％酒精中數分鐘，使之麻醉。麻醉後取出，以10％福馬林自身體後部開始逐段向前作皮下注射，至身體肥滿伸直爲止，經固定後，可以保存於10％福馬林中，供實驗時取用。

器　材

（一）

活的蚯蚓	1條
紙　巾	1張

鋼筆型手電筒	1 支
棉花棒	1 支
醋　酸	酌量
燒杯中盛潮濕疏鬆的泥土	1 杯

（二）

| 活的蚯蚓 | 1 條 |
| 解剖顯微鏡 | 1 臺 |

（三）

保存的蚯蚓	1 條
解剖盤	1 個
小剪刀或鋒利刀片	1 把
大頭針	酌量
解剖顯微鏡	1 臺
顯微鏡	1 架
載玻片	1 片
蓋玻片	1 片

步　驟

（一）蚯蚓的反應

1. 將活蚯蚓置於濕的紙巾上，觀察其運動。能否根據運動判斷其前後端？

2. 以手電筒的光刺激蚯蚓的前端、後端和中部，反應如何？何處對光最敏感？

3. 用鉛筆尖刺激蚯蚓的前端、後端和中部，反應如何？何處對接觸的刺激最敏感？

4. 用棉花棒蘸醋酸，放在近蚯蚓前端、後端和中部的地方，有何反應？何處的反應最強烈？

5. 將蚯蚓置於燒杯中潮濕疏鬆的泥土上方，觀察蚯蚓如何鑽入泥土？

（二）外部形態

1. 用手指輕摸各環節（除生殖帶、圍口節和最後數節外）的中央，有何感覺？肉眼可以看到該處有白色小點，此即剛毛。

2. 第 14，15 及 16 三節癒合成生殖帶，腹面前節中央有一雌性生殖孔。

3. 將蚯蚓置於解剖盤中的濕紙上，在解剖顯微鏡下，觀察其口、肛門、雌性生殖孔、雄性生殖孔以及受精囊孔等。

4. 觀察背中央的背血管，有無看到血管收縮？每分鐘收縮多少次？背血管中血液的流動方向如何？

（三）內部構造

1. 取保存的蚯蚓一條，用自來水冲洗，以除去福馬林的氣味。

2. 將蚯蚓置解剖盤中，背面向上，兩端用大頭針固定在盤底的蠟上。

3. 用小剪刀或鋒利的刀片，在生殖帶背中央線略偏左側處（避免割到背血管）輕輕作一切割，再由此切口分別向前端和後端將體壁剖開，注意不要切割太深。體壁打開後，用大頭針將兩邊固定於解剖盤底（圖 16-1-12），前後距離約 1cm。盤中置水，將蚯蚓淹沒，以避免

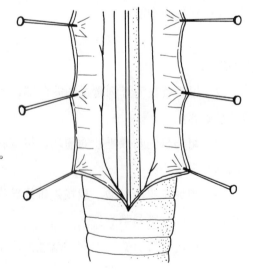

圖16-1-12　解剖蚯蚓用大頭針固定在解剖盤底。
（錄自：James H. Otto et al., *Biology Investigations*, Teacher's Edition, New York: Molt, Rinehart and Wineton, 1981. p. 179。）

乾燥且方便觀察。

　　4. 觀察消化管，口腔位於第 1～3 節，咽位於 4～5 節，壁厚。食道細長。有無看到嗉囊、砂囊及盲腸？

　　5. 參考「前言」中所敍述之生殖系統，找出儲精囊、輸精管、攝護腺、受精囊以及卵巢等。

　　6. 觀察位於食道兩側的動脈弓，以及消化管下方的腹血管。

　　7. 用鑷子挾取體壁內側或隔膜上的絨毛狀物，置載玻片上，加水一滴，加蓋玻片。於顯微鏡下觀察，有無看到小腎管？

實驗16-2　蛤的觀察

甲、前　言

蛤 (Clam) 廣指軟體動物門雙殼綱 (Class Bivalvia) 的動物，約有 12,000 種，其中約 500 種生活於淡水，餘皆海產。棲於泥底，用足挿入泥沙緩慢移動。日常食用的文蛤，淡水中的河蚌、文蛤等皆屬本綱。

雙殼綱亦稱斧足綱（Class Pelecypoda）或瓣鰓綱（Class Lamellibranchia）。屬於本綱的動物，身體側扁，具有二片殼，分別位於身體左右兩側。殼自背面向腹面懸垂，兩殼的內面各有一片幾乎與殼等大的套膜 (mantle)，套膜與身體之間的空腔，叫做套腔 (mantle cavity)。整個身體藏於殼中，僅腹面的足在運動時自殼縫中伸出。身體的背面有內臟團 (visceral mass)，前端有口，但無眼或其他感覺器官，故頭部甚不發達，因而有無頭綱 (Class Acephala) 之稱。

（一）**殼、套膜及足**　典型的雙殼綱動物具有兩片等大同形的殼，兩殼在背面有鉸合靱帶 (hinge ligament) 相連（圖 16-2-1），該靱帶

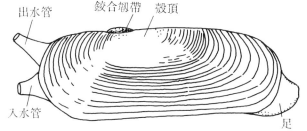

出水管　鉸合靱帶　殼頂

入水管

足

圖16-2-1　蛤的外形。（錄自: Cleveland P. Hickman, *Biology of the Invertebrates*, 2nd ed., Saint Louis: Mosby, 1973. p. 379。）

由蛋白質構成，具有彈性。在靱帶下方，左右兩殼尙有齒狀突起，彼此互相嵌合，以固定殼的位置。靱帶以及身體上的閉殼肌 (adductor) 可

以控制殼的開閉。閉殼肌前後各一，少數種類如海扇、蠔僅有一個，爲柱狀的肌肉，橫向穿過身體，兩端分別附於左右殼的內面。靭帶與閉殼肌行拮抗作用，而使殼開閉。當閉殼肌收縮時，靭帶伸長，兩殼便緊閉（圖16-2-2A）；反之，當閉殼肌舒張時，靭帶便藉彈性恢復原狀，殼便張開（圖16-2-2B）。

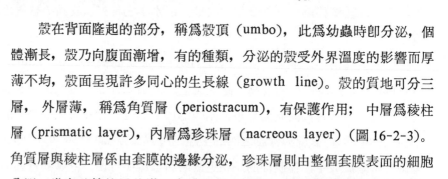

圖16-2-2　蛤的橫切，示閉殼肌與絞合靭帶之拮抗作用，以司殼的開閉。A．殼閉。B．殼張開。（同圖16-2-1，p. 379。）

　　殼在背面隆起的部分，稱爲殼頂（umbo），此爲幼蟲時卽分泌，個體漸長，殼乃向腹面漸增，有的種類，分泌的殼受外界溫度的影響而厚薄不均，殼面呈現許多同心的生長線（growth line）。殼的質地可分三層，外層薄，稱爲角質層（periostracum），有保護作用；中層爲稜柱層（prismatic layer），內層爲珍珠層（nacreous layer）（圖16-2-3）。角質層與稜柱層係由套膜的邊緣分泌，珍珠層則由整個套膜表面的細胞分泌。當有砂粒等異物進入套膜與殼之間時，便刺激套膜分泌珍珠質，

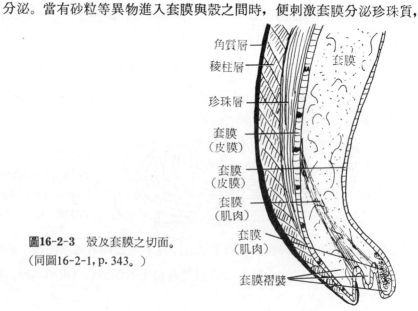

角質層

稜柱層

珍珠層

套膜
（皮膜）

套膜
（皮膜）

套膜
（肌肉）

套膜
（肌肉）

套膜褶襞

圖16-2-3　殼及套膜之切面。
（同圖16-2-1，p. 343。）

套膜

珍珠質裏在砂粒外面，乃形成珍珠。發育中的珍珠通常附於殼上或埋於殼中。

　　雙殼綱動物的套膜亦爲兩片，位於殼的內面。其邊緣形成三個褶襞（fold）（圖 16-2-3），外層的褶襞，與殼的分泌有關；中間的褶襞有感覺作用（有些種類形成觸手和眼點）（圖 16-2-4）。套膜的腹面邊

圖16-2-4　殼張開，套膜邊緣伸出觸手。（同圖16-2-1, p. 377。）

緣附於殼的內面，稱爲套膜線（pallial line）（圖 16-2-5）。左右的套

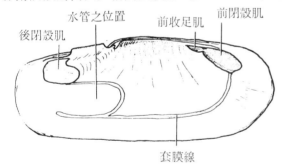

後閉殼肌　水管之位置　前收足肌　前閉殼肌

套膜線

圖16-2-5　左殼之內面，示肌肉之痕跡。（同圖16-2-1, p. 379。）

膜，在後端某幾個點的位置相癒合，形成兩個孔，或是延長形成兩條管子，背面者爲出水管（exhalant siphon），腹面者爲入水管（inhalant siphon）（圖 16-2-1），分別容水出入其套腔。

　　足側扁呈斧狀，適於插入泥底行走。足受伸足肌（protractor）和縮足肌（retractor）的控制，可以伸出殼外，或縮入殼內。江珧蛤和貽貝（俗稱淡菜），利用足絲（byssus）附於他物（圖 16-2-6），移動身體時，卽棄足絲而去，再由足基部的腺體另行分泌。海扇蛤的兩殼，可以迅速開閉，在水中作噴射式的快速游泳。蠔則利用左殼附於他物，身體固定，不能移動。

圖16-2-6 蛤以足絲附於他物。A. 殼菜蛤（淡菜）。B. 江珧蛤。（A. 同圖
16-2-1，p. 382。B. 錄自: Barnes, *Invertebrate Zoology*, 5th ed., p. 425。）

（二）水的循流與呼吸 (water circulation and respiration) 　雙
殼綱的動物皆水棲，用鰓呼吸。鰓一對、大型，位於套腔中（圖16-2-
7）。外界的水自入水管進入套腔，沿腹面向前流，通過鰓，再自背面
向後流，由出水管排至外界。

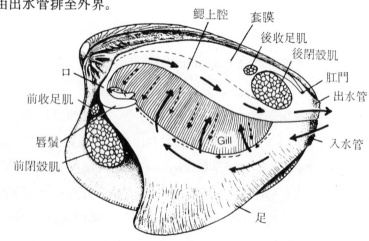

圖16-2-7 示水流出入
套腔之途徑。（錄自:
Barnes，前揭書，p.
435。）

　　鰓由許多鰓絲（gill　filament）並列構成，鰓絲表面有纖毛，鰓絲間的組織上有小孔（圖 16-2-8）。在演化過程中（圖 16-2-9），鰓絲

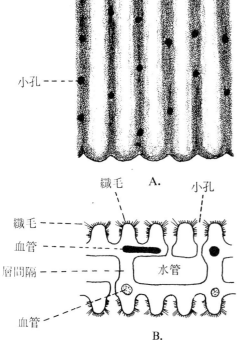

圖16-2-8　鰓。A. 五個鰓絲並列，彼此間的組織上有小孔。B. 自前至後縱切，示鰓的內部構造（錄自: Barnes, *Invertebrate Zoology*, 2nd ed., p. 333。）

向下垂，先端再向上彎而成 V 字形，於是一個鰓便形成雙重的兩片。在鰓絲轉折處有一凹陷（圖中箭頭所指），所有鰓絲的凹陷相連，乃形成食物溝（food groove），故鰓除呼吸作用外，尚可助攝食。

　　自入水管進入套腔的水，可經鰓絲間組織的小孔，進入鰓中，鰓內的空腔稱水管（ water tube ），水在水管內便可與分布於鰓的血管間交換氣體，含有 CO_2 的水，便至鰓絲上方的鰓上腔（suprabranchial cavity）而回至套腔，再經出水管排至外界。

　　（三）**營養**（nutrition）　雙殼綱的動物皆為濾食，食物為水中的小生物及有機碎片，這些食物隨水流進入套腔（圖 16-2-10），由鰓表面的黏液將之連成食物串，然後由鰓腹面食物溝中的纖毛，向前運送至唇鬚（labial palp），再進入口。

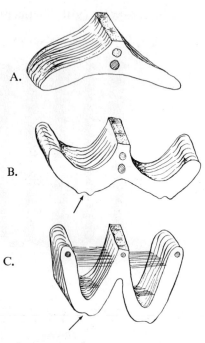

圖16-2-9 鰓的演化。A. 原始雙殼綱動物的鰓。B. 演化中途,鰓絲向上彎曲,轉折處形成食物溝(箭頭所指)。C. 一個鰓形二片(兩個V字形)。(同圖16-2-1, p. 383。)

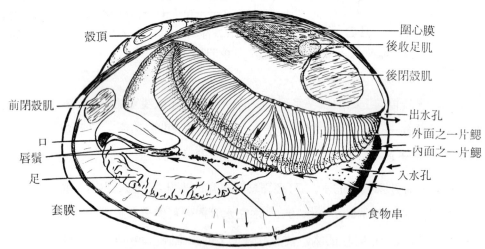

殼頂　　　　　　　　　　　　　　　圍心膜
　　　　　　　　　　　　　　　　　後收足肌
　　　　　　　　　　　　　　　　　後閉殼肌

前閉殼肌　　　　　　　　　　　　　出水孔
口　　　　　　　　　　　　　　　　外面之一片鰓
唇鬚　　　　　　　　　　　　　　　內面之一片鰓
足　　　　　　　　　　　　　　　　入水孔
套膜　　　　　　　　　　　　　　　食物串

圖16-2-10 蚌的攝食機制。(同圖16-2-1, p. 387。)

　　　食物串自口經食道而至胃(圖 16-2-11),胃的周圍有消化腺。消化作用主在胃及消化腺中進行, 胃內背側有一幾丁質的胃盾(gastric shield),腹面有桿囊(style sac)(圖 16-2-12)。桿囊分泌黏液, 內含酵素,形成固體之晶桿(crystalline style)。晶桿的一端與胃盾接觸,

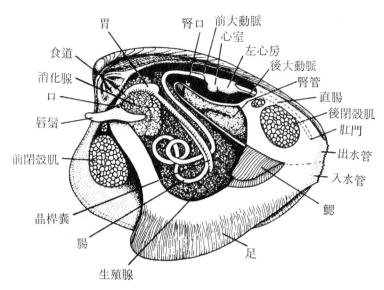

胃　腎口　前大動脈
心室
左心房
後大動脈
腎管
直腸
後閉殼肌
肛門
出水管
入水管
鰓
食道
消化腺
口
唇鬚
前閉殼肌
晶桿囊
腸
生殖腺
足

圖16-2-11　蛤的解剖。（錄自: Barnes, *Invertebrate Zoology*, 5th ed., p. 435。）

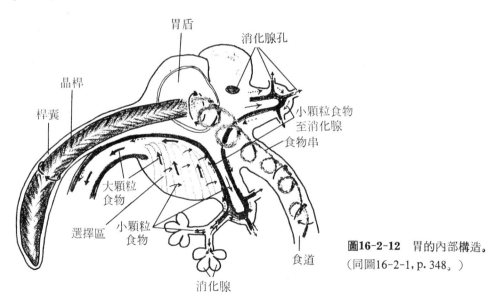

胃盾
消化腺孔
晶桿
桿囊
小顆粒食物
至消化腺
食物串
大顆粒
食物
選擇區
小顆粒
食物
食道
消化腺

圖16-2-12　胃的內部構造。（同圖16-2-1, p. 348。）

　　當晶桿轉動時，先端卽爲之磨損而落下，另一端則由桿囊繼續分泌而補
充之。食物在胃內消化後，小型者便進入消化腺，消化腺的細胞有吞噬
作用，將食物攝入，行胞內消化，並吸收養分。大型食物則由胃至腸，
腸在足的基部略作盤廻，卽上升至背部。腸本身無消化作用，其功用主

在形成糞便。腸在背部穿過心臟，末端的肛門，開口於套腔中後閉殼肌附近。

（四）循環（circulation）　本綱動物具有開放循環系，循環系統包括心臟、動脈與血竇（sinus）等。心臟搏動慢，河蚌心搏每分鐘約20次。心臟有一心室、二心耳，心室包裹著腸，心室前方有前大動脈（anterior aorta）（圖 16-2-13），前大動脈分爲二枝：套膜動脈

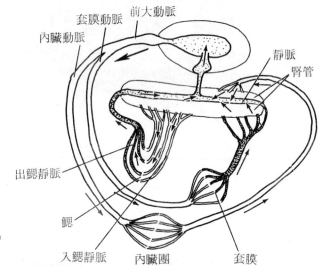

套膜動脈　前大動脈

內臟動脈

靜脈

腎管

出鰓靜脈

圖16-2-13 循環系統。
（同圖16-2-1, p. 389。）

鰓

入鰓靜脈　內臟團　套膜

（pallial artery）和內臟動脈（visceral artery），前者分布於套膜，後者至腸、足及其他部分的組織，在組織中形成血竇。套膜及內臟各部的血液再由血管收集後輸送至腎管以排除廢物，部分血液由腎管至鰓交換氣體後，再流返心耳。少數種類如河蚌，除前大動脈外，心室後方尙有後大動脈，血液自前大動脈至各內臟，由後大動脈至套膜。

（五）排泄　腎管一對，位圍心腔下方，管的一端爲腎口（nephrostome），位於圍心腔中，另一端爲腎孔（nephridiopore），開口於套腔中。

（六）生殖　大多數種類的蛤爲雌雄異體，生殖腺一對。位於足基部腸的周圍。生殖管短，開口於套腔中。多數行體外受精，若干種類如河蚌，卵在雌體的鰓內受精並發育。發育過程中，有擔輪幼蟲（trochophore），由擔輪幼蟲發育爲緣膜幼蟲（veliger）（圖 16-2-14），兩者

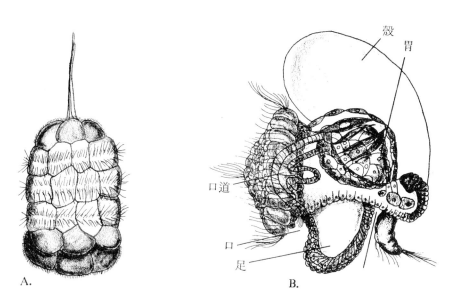

A.

B.

圖16-2-14 雙殼綱動物之幼蟲。 A．擔輪幼蟲。 B．緣膜幼蟲。
（同圖16-2-1， p. 352。）

皆有纖毛， 可在水中游泳 。 河蚌的受精卵在鰓內發育爲瓣鈎幼蟲（圖
16-2-15）。 然後才離開母體， 於水中附著於魚的鰓或體表，行寄生生
活， 約 10～30 天， 始掉落至水底， 發育爲成體。

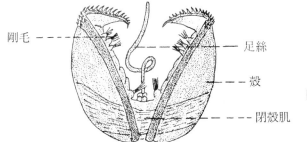

圖16-2-15 蚌的瓣鈎幼蟲。
（同圖16-2-8, p. 345。）

乙、實驗設計

目　的

本實驗在了解蛤的習性及構造。

器　材

（一）

蛤蜊的殼	1 片
鑷 子	1 支
放大鏡	1 個

（二）

文蛤或河蚌（文蛤市上有售，材料易得，河 　蚌體大易於觀察，但不易取得）	1 個
解剖盤	1 個
解剖小剪刀	1 把
螺絲刀（screwdriver）	1 把
解剖刀	1 把

步　驟

（一）殼的觀察

1. 取蛤蜊的殼，觀察其殼頂。自殼頂向腹面有許多同心線，此爲生長線。蛤蜊生活淡水中，此與生長線的形成有何關連？

2. 用鑷子折取殼一小片，用放大鏡觀察殼的斷面，能否區別角質層、稜柱層及珍珠層？

（二）文蛤的外形及解剖

1. 觀察靜置於水中的文蛤，有無看到出水管（孔）、入水管（孔）以及足？能否區別左殼和右殼？

2. 取出文蛤，置解剖盤中觀察，有無看到兩殼間在背面的鉸合靱帶？

3. 用螺絲刀（或解剖刀）小心將兩殼自腹面打開，再用解剖刀將左側或右側的閉殼肌切斷，如此則除下一片殼。

4. 將除下的一片殼，反轉置於解剖盤中，殼的內面，有前閉殼肌和後閉殼肌附著的痕跡，腹面邊緣有套膜腺，殼的背面、鉸合靱帶下方有齒狀突起，試觀察之。

5. 觀察身體上的閉殼肌，以了解其與殼相連的情形，以及如何與

鉸合靱帶相互作用而司殼的開閉。

6. 用小剪刀，除去一邊的套膜，觀察套腔內的鰓和唇鬚，鰓和唇鬚每邊各有幾片？

7. 足位於何處？

8. 參照圖 16-2-11，除去鰓，將內臟團的膜剖開，觀察其胃、胃周圍的消化腺，腸自胃向腹面延伸，在足的基部盤廻，然後向背面上升。內臟團背面近殼頂處有圍心腔，內有心臟，腸在背面穿過圍心腔及心臟，末端開口於套腔，仔細觀察腸穿過心臟的情形。

實驗16-3　昆蟲的探集

　　昆蟲是動物界中種類最多的一類，約佔所有動物的四分之三。昆蟲不但種類多，而且分布廣，空中、陸地、水中，甚至動植物體表、動物的屍體或腐葉上，都有其踪跡。由於昆蟲的生活習性及生態環境各異，因此探集方法亦不盡相同。

　　(一) 探集昆蟲用具

　　1. 捕蟲網　捕蟲網是採集昆蟲不可或缺的工具，由網框、網及柄三部分構成。網框通常用八號鐵絲做成，直徑可大可小，自30～36公分均有（圖16-3-1），網深必須達網框的兩倍，以便在昆蟲入網後，可以

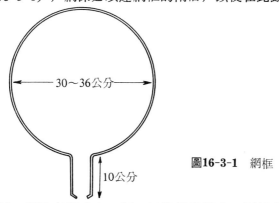

30～36公分

10公分

圖16-3-1　網框

將網框扭轉，網的底部垂在一側，以防昆蟲飛走。柄用木或竹製成，其長度以不超過本人的身高為宜。在柄的一端刻一條長10公分、深$\frac{1}{2}$公分的縱溝，在相對的一邊，刻同樣的一條溝，再自溝的一端鑽一孔（直徑以網框的鐵絲恰好穿過為宜），穿過柄而到對側的溝（圖16-3-2）。將剪好的網布（圖16-3-3）對摺，用棉線縫好，再將網口縫在網框上，將網框的柄部嵌在柄的溝和孔內，再用銅絲將之緊緊綁住（圖16-3-4），便製成捕蟲網（圖16-3-5）。

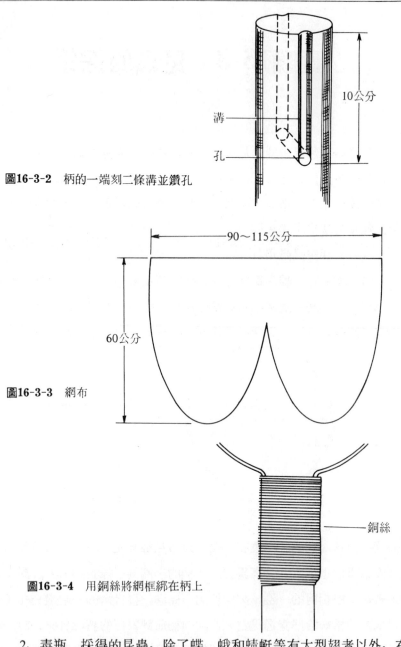

圖**16-3-2** 柄的一端刻二條溝並鑽孔

圖**16-3-3** 網布

圖**16-3-4** 用銅絲將網框綁在柄上

2. 毒瓶 採得的昆蟲，除了蝶、蛾和蜻蜓等有大型翅者以外，在進網以後，要盡速取出，將之放入毒瓶中。較安全的毒瓶是瓶內放入四氯化碳。注意勿吸入四氯化碳的氣味，因為四氯化碳有毒。毒瓶可用有蓋的玻璃瓶（約 250ml）製成，瓶底均勻舖放剪碎的橡皮筋，加入四

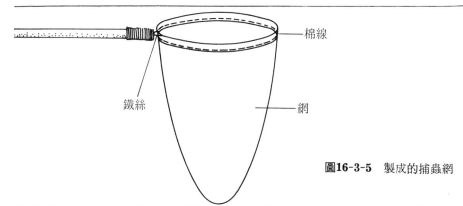

棉線

鐵絲

網

圖16-3-5 製成的捕蟲網

氯化碳，將橡皮筋浸濕，並將瓶蓋蓋緊。待橡皮筋將液態的四氯化碳吸收完後，打開瓶蓋，將棉花舖在橡皮筋上面，再剪三塊硬紙，大小恰好能放入瓶中的棉花上（圖16-3-6A），硬紙上鑿幾個小孔，以便四氯化碳的氣味能向上發散，瓶外圍用膠帶紙綑住（16-3-6B），萬一玻璃瓶

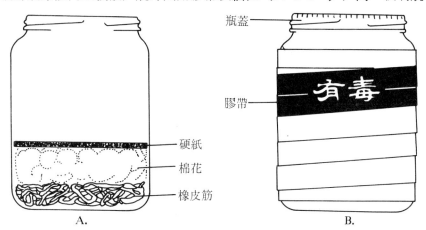

瓶蓋

膠帶

有毒

硬紙

棉花

橡皮筋

A.

B.

圖16-3-6 毒瓶。A．毒瓶內所裝之物。B．毒瓶之外觀。

打碎，瓶內的東西不致散落出來，瓶上再註明「有毒」。不用時，瓶蓋要旋緊，用時視情形另加四氯化碳，四氯化碳的有效期約一個月。

　　昆蟲在毒瓶中存活時間的長短，視蟲體的大小和種類而定。通常飛翔的昆蟲在毒瓶中很快就死亡，大而爬行者可能要經數分鐘才死亡。四氯化碳很快使昆蟲變硬，所以當昆蟲在毒瓶內死亡後，要立刻將之移到小塑膠袋內，並立刻製成標本。

　　3. 小塑膠袋用以裝蜂、蟬、甲蟲等。

4. 三角紙 三角紙用以包裝具有大型翅的昆蟲, 如蝶、 蛾、 蜻蜓等。 紙張用蠟質半透明紙（裝郵票用紙）, 大小爲 18cm×13cm 和 22cm×17cm, 將蠟紙依照圖 16-3-7 的步驟摺成三角紙。

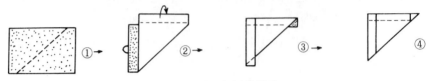

圖16-3-7 三角紙的摺法

5. 三角箱 三角箱爲採集蝴蝶及蜻蜓等之必備用具(圖16-3-8), 內裝大小不同的三角紙。三角箱通常爲金屬或塑膠製成, 亦可用厚紙自製, 將厚紙剪成如圖16-3-9A, 摺成三角盒形, 再用黏膠黏緊接合處, 即成三角箱（16-3-9B）。

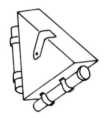

圖16-3-8 三角箱

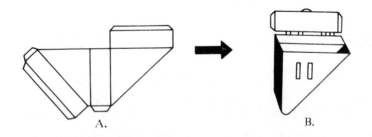

A.   B.

圖16-3-9 自製三角箱

（二）採集方法

1. 飛翔的昆蟲停留 在地面時, 可用網口將 網垂直 罩下而捕 捉之（圖16-3-10）。

2. 植物的花上, 常有昆蟲停留, 此時可用捕蟲網以橫掃的方式將

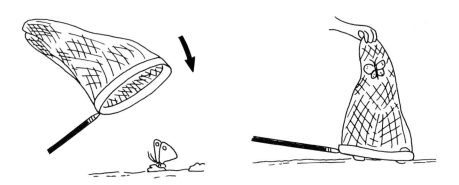

圖16-3-10　捕捉停留地面上會飛的昆蟲

昆蟲掃入網內（圖 16-3-11）。

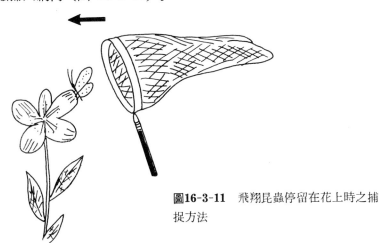

圖16-3-11　飛翔昆蟲停留在花上時之捕
捉方法

3. 正在飛行的昆蟲，可將網口向著昆蟲，使掃網方向與昆蟲飛行
方向剛好相反，即可橫掃而捕獲（圖 16-3-12）。

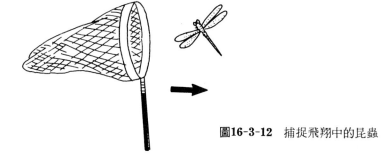

圖16-3-12　捕捉飛翔中的昆蟲

4. 停留在樹幹的飛翔昆蟲，捕捉時，網口向上，慢慢沿樹幹提高接近昆蟲（圖 16-3-13），當昆蟲驚覺而欲飛離時，即順勢網住。

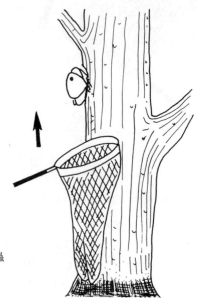

圖16-3-13　捕捉停留在樹幹上的昆蟲

5. 有些生活在樹葉或樹枝上的爬行昆蟲，受驚時，會縮起足成假死狀，可將捕蟲網置於樹枝下方，套住樹枝，輕輕搖動樹葉或樹枝（圖16-3-14），假死的昆蟲便掉入網內。

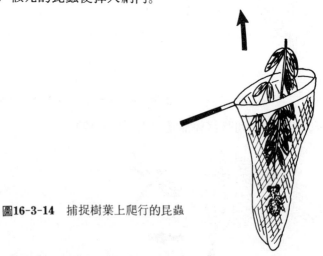

圖16-3-14　捕捉樹葉上爬行的昆蟲

6. 許多生活於草叢內的昆蟲，肉眼不易發現，這時，可用捕蟲網在草叢上來回橫掃數次（圖 16-3-15），即可採到不少昆蟲。

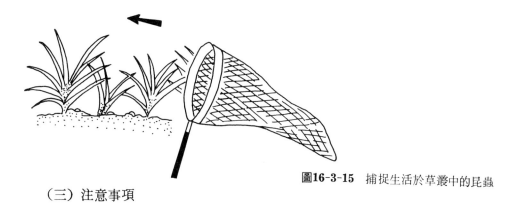

圖16-3-15 捕捉生活於草叢中的昆蟲

（三）注意事項

1. 會飛翔的昆蟲，每次以捕蟲網捕獲後，必須立刻將網框向一邊扭轉（圖 16-3-16），使網底垂在另一邊，以防網內昆蟲飛走。

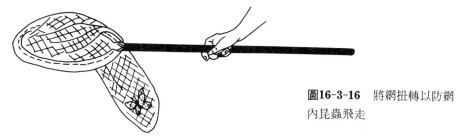

圖16-3-16 將網扭轉以防網
內昆蟲飛走

2. 採得的昆蟲若是蝶、蛾或蜻蜓等，可用手指輕輕壓其胸部，使之昏迷，然後用三角紙包好，放入三角箱內，以保護這些昆蟲的翅。

3. 如果採到的是蜂之類會叮咬人的昆蟲，則用捕蟲網網住後，宜用鑷子從網外將之挾住，以免被該昆蟲叮咬；另一手則將毒瓶伸入網內，使昆蟲直接進入毒瓶內。

4. 若是採到的昆蟲不會叮咬人，則可用手或鑷子從網中將之捉入毒瓶內。

5. 毒瓶內的昆蟲殺死後，應盡速用鑷子挾入小塑膠袋內。

6. 每次將昆蟲放入三角紙或小塑膠袋內時,均需記錄採集之時間、地點、日期以及生活環境，一併放入三角紙或塑膠袋內。

實驗17-1　蛙

甲、前　言

蛙屬脊椎動物亞門、兩生綱。脊椎動物的種類雖然遠不及無脊椎動物多，但是，不同種類的脊椎動物，能分別適應不同的環境，因此，分布亦很廣。其主要特徵如下。

（一）**對稱及分節**（symmetry and metamerism）　脊椎動物的身體呈兩側對稱，兩側對稱的動物，前端特化為頭部。動物界中，身體分節者，有環節動物、節肢動物及脊索動物三大門。脊椎動物的分節情形，僅見於脊椎骨和脊神經等內部構造，體表並無分節的痕跡。但在發生過程中，當中胚層形成後，胚胎兩側有明顯的分節現象，由中胚層衍生的骨原節（sclerotome）、皮原節（dermatome）、肌原節（myotome）與腎原節（nephrotome）等均為分節的構造。

（二）**體軀分部**（tagma）　脊椎動物的身體，分頭部、軀幹部及尾部。頭部發達，其腦的進步與感覺器官之分化，實無其他動物可與之比擬，此在脊椎動物的演化史上，為很重要之一環。軀幹部在比較高等的種類，尚可分頸部、胸部和腹部。頸部為鰓區之遺跡，故魚類無頸部。陸生脊椎動物又回到水中生活者如鯨，頸亦短而不顯。陸生脊椎動物有發達之頸部，使頭部可充分自由活動，感覺器官乃能盡量發揮其功效。肛門之後為尾部，尾部除平衡身體外，無其他作用。

（三）**運動器官**　脊椎動物以奇肢（unpaired appendage）或偶肢（paired appendage）為運動器官。水棲種類如魚、有尾兩生類和鯨等的運動器官為奇肢，亦即奇鰭；陸生脊椎動物概以偶腳為運動器官。魚

類的偶鰭主在保持體軀之平衡，對游泳則遠不及奇鰭來得重要。偶腳係由偶鰭演化而來，故較低等的種類如蠑螈、蜥蜴等，其四肢均由體軀側面突出；同時，四肢之主軸與體軀位在同一水平位上，故其體軀腹面仍緊貼地面，行動遲緩。在演化過程中，偶腳的位置從水平位演變爲垂直位，於是體軀架搭在四肢上端，離地面便較遠，行動就較便捷。飛行的動物，必須有一飛翔面，蝙蝠與鳥都有細長的指骨，張膜成翅，或有特殊的羽毛列生前肢，用以飛翔。

（四）**皮膚**　脊椎動物的皮膚由表皮與眞皮構成，表皮是皮膜組織，眞皮是結締組織。魚類的表皮層皆爲活細胞，有許多黏液腺夾雜其中；其鱗片爲眞皮層的變形物（如骨鱗）。動物自水生演化爲陸生後，必須防止體內水分之散失，其表皮層的細胞乃演變爲無生命的角皮層。爬蟲類以上的動物，因生活在較乾燥的環境中，均有極厚的角皮層，如爬蟲類的角質鱗（龜甲、骨板則爲眞皮性）、鳥類的羽毛、以及哺乳類之毛髮，皆爲表皮層的變形物。

（五）**骨骼**　脊椎動物概具內骨骼，由中軸骨骼與附肢骨骼構成。中軸骨骼以脊柱爲主，前方有頭骨，用以保護腦，並容納感覺器如眼、耳、鼻等；並另有肋骨、胸骨以保護心臟及肺臟。附肢骨骼在水生種類有奇鰭及偶鰭，陸生種類則有偶腳。

（六）**消化**　消化管延長而完全，有兩大消化腺：肝臟與胰臟，其消化液注入胃與腸的交界處。多數魚類爲濾食性，其開口於咽頭兩側之鰓裂，兼營攝食與呼吸兩種功能，這種情形，與文昌魚、海鞘等相同。其他魚類及陸棲脊椎動物，消化管僅擔負消化作用，其齒的形狀、胃的大小、腸的長短等，均視食性而不同。鳥類無齒，其胃壁適於磨碎食物。腸除了消化以外，並爲主要吸收養分的器官。鳥類和哺乳類，間或具有盲腸，哺乳類之小腸內襯有絨毛，均有增加消化和吸收之功效。

（七）**呼吸**　呼吸器官爲鰓或肺，兩者皆爲消化管先端之衍生物。鰓爲瓣狀構造，兩鰓之間，與外界相通之孔，稱爲鰓裂 (gill slit，如圓口類、板鰓類)，或鰓覆有鰓蓋而僅有一鰓蓋孔外開(如硬骨魚類)。

兩生類之蝌蚪、或成長後仍以鰓呼吸的種類，其鰓概露出頸側，故稱外鰓。

內鼻魚類及四足類均以肺呼吸。魚類登陸成功後，最重大的變化就是呼吸器官的改革。兩生類中的無尾類雖然有肺，但肺呈囊狀、面積不大，故皮膚擔負了大部分呼吸作用。為了保持皮膚濕潤以利呼吸，故兩生類不能生活於遠離水邊的乾燥地帶。真正陸生的脊椎動物，皮膚面必須有堅硬的構造，呼吸器（肺）乃深藏體內。肺最先出現於內鼻類，為原腸先端的突出物。魚類從沼澤地帶（內鼻類的原產地）進入大河大海，肺臟便變為魚鰾，以司浮沉；魚類登陸成功，肺的構造便趨複雜。

（八）**循環**　循環系統為閉鎖性。心臟位於消化管腹面，有二、三或四室，並有淋巴系統以補助血液循環之不足。魚類的心臟，僅有一心耳一心室，故血液自心室經腹大動脈（ventral aorta）入鰓，交換氣體後，滙集於背大動脈（dorsal aorta），而後分布全身（圖17-1-1）。內

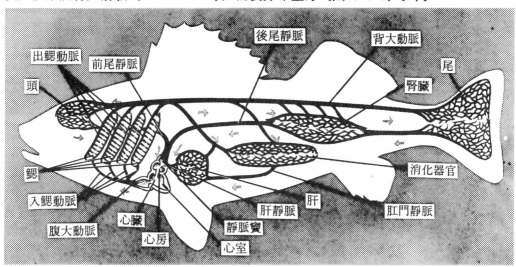

圖17-1-1　魚的循環系統。（錄自：Otto, Towle, and Bradley, *Modern Biology*, Teacher's Edition, Holt, Rinehart and Winston, 1981. p. 440。）

鼻類與四足類中的變溫動物改以肺呼吸後，體循環以外，尚有肺循環。此時心耳雖已分隔為二，但心室依然如舊，故從右心耳接受體循環的缺氧血，從左心耳接受肺循環的充氧血；缺氧血與充氧血混合後，便無法

自心室分別將缺氧血送入肺、充氧血送至全體。兩生類與爬蟲類的行動遲緩、日趨式微，可能與此有關。

高等的爬蟲（如鱷），其心室已分隔爲二，但仍留有空隙，缺氧血與充氧血尚不能完全分隔。至鳥類和哺乳類，心室分隔完全，左心室從左心耳接受由肺靜脈運來的充氧血，然後送往大動脈，循流全身。右心室自右心耳接受上、下大靜脈送來的缺氧血而送往肺動脈，再至肺中交換氣體。充氧血與缺氧血不相混雜，是鳥類與哺乳類活躍空中或地面的基本條件。

（九）**神經及內分泌**　脊椎動物之神經系統起源於胚胎時期之神經管，至成體時，神經管形成脊髓，先端膨大成爲腦。脊椎動物一切生理作用之協調與統一，皆以腦爲樞紐，其生活方式之進展，與腦的分化程度密切相關。

內分泌腺分泌之激素，以緩慢而持久的方法，對脊椎動物的代謝、生長或生殖等，加以協調與統一。

（十）**生殖**　脊椎動物爲雌雄異體，生殖行爲有體貼入微的兩親愛，以確保受精卵之孵化與幼體之成長。其生殖過程之演進有三種方式：（1）以體內受精代替體外受精，（2）以胎生替代卵生，（3）親體愛護子體種種行爲的發展。

乙、實驗設計

目　的
本實驗觀察蛙的構造，以了解蛙如何適應水中和陸上生活。

器　材

活　蛙	1 隻
水族箱（全班合用）	1 個
解剖針	1 支
小剪刀	1 把

解剖刀	1 把
解剖盤	1 個
解剖顯微鏡	1 臺
麥管或玻璃管	1 支
大頭針	酌量

步　驟

（一）蛙的習性和外形

1. 將蛙置於水族箱（或水槽）中，箱中盛足够的水，使蛙能在水中游泳。注意：蛙在水中游動時，鼻和眼是否在水面上？游泳主要是用前肢還是後肢？

2. 蛙的眼除有上下眼瞼外，下眼瞼尚有瞬膜（nictating membrane），瞬膜又名第三眼瞼。自水箱中取出蛙，試用一物體在蛙眼附近晃動，觀察其瞬膜自下向上移動的情形。瞬膜可以保護眼，在陸地時，尚可保持眼睛濕潤。

3. 觀察蛙眼後方的鼓膜（tympanic membrane），蛙沒有外耳，鼓膜的功用是接受聲波。鼓膜內側是中耳，中耳有耳咽管（Eustachian tube）與口腔相通，以維持鼓膜內外空氣的壓力相等。

4. 觀察前後肢之趾，各有幾趾？有無蹼？用解剖顯微鏡觀察蹼上的微血管，有無看到其內血液之流動？

（二）穿刺蛙

1. 用穿刺法（pithing method）將蛙殺死，以便解剖。

2. 參照圖 17-1-2 進行穿刺：

（a）左手握住蛙，將頭部置於食指和中指間，拇指壓於蛙背，使頭部向下彎，與軀幹部呈直角。用右手大拇指的指甲找出蛙腦底部與脊髓相接處之凹陷，如圖 17-1-2 A。

（b）用解剖針自腦底部之凹陷插入脊髓，如圖 17-1-2 B。

（c）將針向前伸入腦腔，如圖 17-1-2 C，然後將針左右擺動以毀壞蛙腦。此時輕輕接觸其眼角膜，若下眼瞼無反應，表示腦已毀壞。

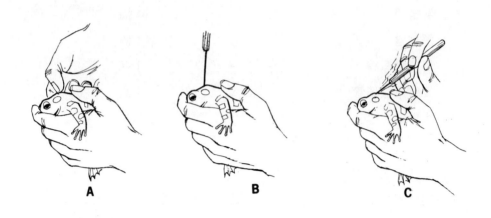

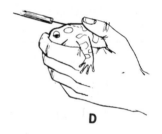

圖17-1-2 蛙的穿刺法。
  A. 找出腦的底部與脊髓相接處的凹陷。
  B. 將針自腦的底部刺入脊髓。
  C. 將針向前伸至腦部並向左右擺動以搗毀腦。
  D. 將針向後穿入脊髓並將髓脊搗毀。
（錄自: Biological Sciences Curriculum Study, *Biological Science, Teacher's Manual,* 2nd ed., Harcourt, brace & world, Inc., 1969. p. 218。）

  (d) 將針慢慢自前方抽出，至針頭仍留於腦底部，再將針向後伸入脊髓，如圖 17-1-2D，以毀壞脊髓。此時蛙的後腿會伸直。

  （三）蛙的解剖

  1. 將經穿刺的蛙，用剪刀將頜關節處略為剪開，使口可以張大些，以便檢視口腔中的構造。

  2. 按照圖 17-1-3，觀察口腔中的:

  (a) 若為雄蛙,在下頜兩側近頜關節處,有鳴囊的開口 (vocal sac opening)。雄蛙鳴叫時，空氣自口腔進入鳴囊，囊便鼓起，鳴聲便大。

  (b) 聲門 (glottis)，口腔後方正中央有裂縫狀的聲門。

  (c) 食道 (gullet)的開口，此開口寬大，可容整個食物吞下。

  (d) 上頜近頜關節處有耳咽管開口(Eustachian tube opening)，

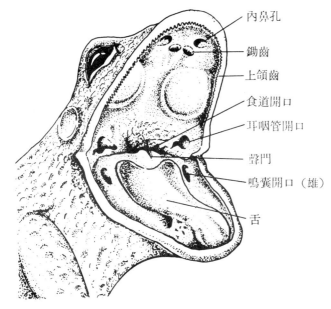

內鼻孔

鋤齒

上頜齒

食道開口

耳咽管開口

聲門

鳴囊開口（雄）

舌

圖17-1-3　蛙口腔中的構造。
（錄自：James H. Otto et al., *Biology Investigations*, Teacher's Edition, New York: Holt, Rinehart and Winston, 1981. p. 218, ）

耳咽管通至中耳。

　　(e) 內鼻孔 (internal nostril opening) 位於上頜前方。

　　(f) 鋤齒 (vomerine teeth)，位於內鼻孔附近，爲兩個齒狀突起，助攝食。

　　(g) 上頜齒 (maxillary teeth)，爲上頜邊緣的一列齒，助攝食。

　　3. 口腔觀察完畢，即將蛙置解剖盤中，腹面向上，四肢張開，用大頭針將之固定在解剖盤底部。

　　4. 依照圖 17-1-4，用剪刀在肛門上方將皮膚剪一切口，然後再依箭頭及數字順序將皮膚剪開。

　　5. 用大頭針將切開的皮膚兩側固定。

　　6. 腹面中央線在肌肉下方有一大血管，此爲腹靜脈 (abdominal vein)，腹靜脈來自肝臟。

　　7. 用鑷子將腹部肌肉略爲提起，照前述剪開皮膚的方式，剖開肌肉。此時切線要略偏一側，以免傷及腹靜脈，同時也要注意不傷及其他內臟。切至胸部時，將胸骨切除 1.5cm，用大頭針將切開的肌肉固定在解剖盤底。

圖17-1-4 蛙的解剖，剪開皮膚的順序。
（同圖17-1-3, p. 215。）

8. **心臟** 觀察心臟，將心臟外面的薄膜剪除，區別左心耳、右心
耳和心室。 由腹面觀之（圖 17-1-5A），可見自心室通出之血管，此

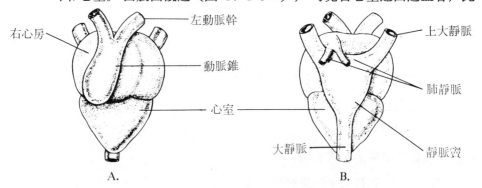

圖17-1-5 蛙的心臟。A. 腹面觀。B. 背面觀。 （同圖17-1-3, p. 220。）

爲動脈錐 (conus arteriosis)，其左右分枝爲左動脈幹 (left truncus
arteriosis) 和右動脈幹 (right truncus arteriosis)。將心臟翻起，自背
面觀，可見靜脈寶 (sinus venosus)、二條前大靜脈 (anterior vena
cava) 和一條後大靜脈 (posterior vena cava) 滙集於靜脈寶（圖 17-
1-5 B）。

9. **肺**　用玻璃管（或麥管）自聲門插入，緩緩吹氣，肺便脹大。

10. **消化系統**　心臟下方有大型肝臟（圖　17-1-6），肝臟共分五

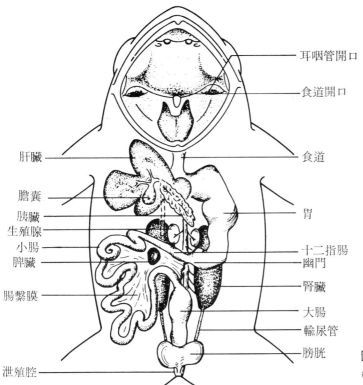

耳咽管開口

食道開口

食道

肝臟

膽囊

胰臟

生殖腺

小腸

脾臟

腸繫膜

胃

十二指腸

幽門

腎臟

大腸

輸尿管

膀胱

泄殖腔

圖17-1-6　蛙的解剖。
（同圖17-1-3, p. 219）。

葉，找出綠色的膽囊。肝臟下方有白色的胃，胃下連十二指腸。胃與十二指腸間有橫臥的胰臟。胰臟為扁平、狹長、粉紅色的腺體。十二指腸短，下方的廻腸則長而盤曲。將一部分小腸拉直，觀察腸間膜。腸間膜可固定消化管及其他器官的位置。在大腸前方之腸間膜上，有小型紅色如豌豆的脾臟。大腸末端，開口於泄殖腔（cloaca）。泄殖腔是消化、排泄和生殖器等開口的會合處。

切取一小段小腸，將之剖開，置載玻片上，用解剖顯微鏡觀察小腸的內襯，是否有突起，該等突起卽是絨毛。

11. **泌尿生殖系統**　其功能為生殖及排除廢物。在雌蛙（圖 17-1-7），可先找出乳白色的輸卵管，輸卵管起自體腔前方黃色脂肪體的附

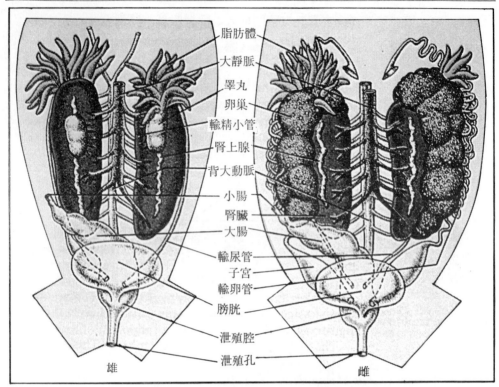

脂肪體
大靜脈
睪丸
卵巢
輸精小管
腎上腺
背大動脈
小腸
腎臟
大腸
輸尿管
子宮
輸卵管
膀胱
泄殖腔
泄殖孔

雄　　　　　　　　　雌

圖17-1-7 蛙的泌尿生殖器。（同圖17-1-1，p. 459。）

近，先端爲喇叭口，後端膨大爲子宮，開口於泄殖腔。輸卵管附近，有暗紅色的腎臟，腎臟位於背面脊椎兩側。腎臟外側的細管爲輸尿管，輸尿管通至膀胱，膀胱開口於泄殖腔。腎臟附近有卵巢，成熟雌蛙在生殖季節，卵巢佔體腔的大部。雄蛙的睪丸，位於與卵巢相同的位置，睪丸有多條輸精小管（vasa efferentia）通至腎臟，精子由睪丸經此等小管至腎臟，再由輸尿管排出。故雄蛙的輸尿管兼有輸精管之功用。

實驗18-1 葉的構造與功能

甲、前　　言

葉的主要功能是收集輻射能，並將之轉變為植物可以利用的形式。葉行光合作用時，將水和二氧化碳合成糖，並釋出氧；在此過程中，輻射能則轉變為化學能。

（一）**葉的主要組織**　葉片扁平，可以有效收集輻射能。葉片本身包含數種不同的組織（圖18-1-1），這些組織的排列組建，恰好可以配

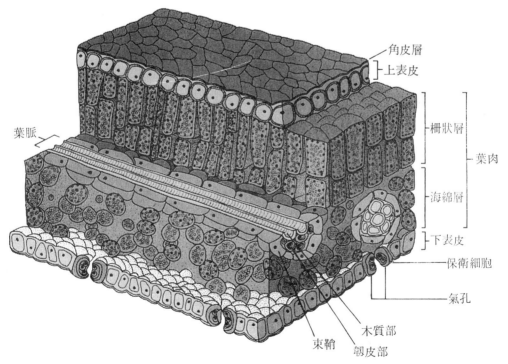

圖18-1-1　葉的微細構造。（錄自：Claude A. Villee et al., *Biology*, 2nd ed., Holt, Rinehart and Winston, Inc., 1989. p. 773。）

合葉的主要功能——光合作用。 葉的上、下兩面, 分別有上表皮 (up-
per epidermis) 和下表皮 (lower epidermis), 表皮細胞爲薄壁細胞,
透明, 不含葉綠體。表皮細胞一項有趣的特點是向外一邊的細胞壁較向
內一邊者厚, 因此, 能予植物額外的保護, 並防水分散失。

　　由於葉露於大氣中的面積大, 水分由葉面蒸散消失, 自難避免。不
過表皮細胞分泌的蠟質——角皮層 (cuticle), 可以減少水分的散失。
角皮層位於表皮細胞表面, 其厚度隨植物種類而異, 通常上表皮的角皮
層較下表皮爲厚。大多數葉的表面有各種毛狀突起 (圖18-1-2), 這些

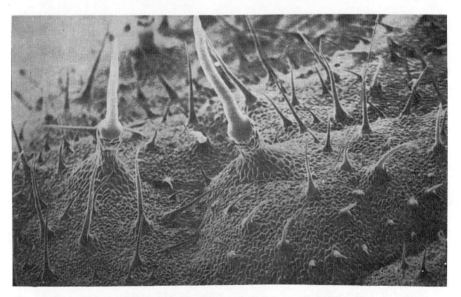

圖18-1-2　掃描顯微鏡下所見表皮上的毛狀突起。 (同圖18-1-1, p. 774。)

突起, 可以使葉面保存一層濕空氣, 以減少水分的散失。表皮中有由保
衛細胞形成的氣孔, 保衛細胞是表皮中僅有的含葉綠體之細胞。下表皮
的氣孔特多, 上表皮則缺如, 如此亦可減少水分的散失。

　　葉內行光合作用的組織是葉肉 (mesophyll), 葉肉位於上、下表皮
中間, 其細胞爲薄壁細胞, 含葉綠體。近下表皮的葉肉組織, 細胞排列
疏鬆且較不規則, 稱爲海綿層 (spongy layer), 近上表皮的細胞排列
較緊密, 稱柵狀層 (pallial layer)。 葉肉中有許多葉脈(vein)的分枝,

各葉脈由木質部和韌皮部構成，木質部位於葉脈近上表皮的一半，韌皮部則位於葉脈近下表皮的一半。葉脈周圍，有一層或多層非維管束的細胞，稱爲束鞘 (bundle sheath)。

（二）**構造與功能的關係** 葉的表皮透明，可容光線穿透至葉中央的光合組織。二氧化碳自氣孔擴散而入，水則由根自土壤吸收後經木質部上升至葉。葉肉的組織中排列疏鬆之細胞，表面濕潤，空隙中有氣體，可容水和二氧化碳進入細胞而至葉綠體。光合作用產生的氧，亦可迅速自葉肉細胞經氣孔擴散而出。二氧化碳與氧進出葉時，都必須先溶於細胞表面的水液中。葉脈將水分輸送至光合組織（經木質部），並將光合作用形成的糖携至植物體的其他部位（經韌皮部）。束鞘則可予葉片額外的支持。

乙、實驗設計

目 的

了解葉的構造與功能之關係。葉是植物製造有機養分的部位，其構造有利於吸光線和氣體，及合成葡萄糖。

器 材

葉的橫切永久玻片	1 片
顯微鏡	1 臺

步 驟

1. 將葉的橫切永久玻片，置顯微鏡下觀察。
2. 何種組織的細胞內含有葉綠體? 有無看到葉脈? 位於何處?
3. 表皮細胞內有無葉綠體?
4. 看到氣孔否? 位於何處? 氣孔通至葉肉中的那一部位?
5. 將圖 18-1-3 葉的橫切各部位標註名稱。

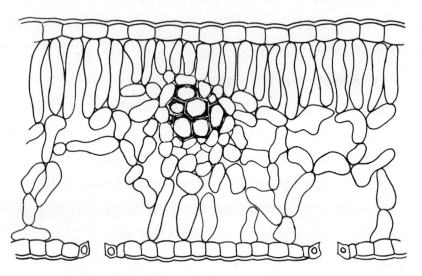

圖18-1-3 葉橫切面的模式圖。（錄自: Biological Sciences Curriculum Study, *Biological Science, Studenty Laboratory Guide*, 2nd ed., Harcourt, Brace & World, Inc., 1968. p. 98。）

實驗18-2　植物的蒸散作用

甲、前　言

　　植物莖和葉的表面，都有一層由表皮細胞所分泌的角皮（cuticle），用以防止體內水分的散失。雖然如此，植物自土壤吸收的水分，有99%仍然自莖和葉散失。植物的水分形成水蒸氣而散失的情形，叫做蒸散（transpiration）。

　　角皮可以有效防止體內水分的散失，據估計，植物直接由角皮散失的水分僅 1～3%，大部分的水分係經由氣孔散失。氣孔雖是光合作用交換氣體的部位，但也是水分由此逸出之處。同時，葉肉細胞排列疏鬆，內含大量空氣，亦有利於水分的蒸散。

　　許多環境因素可以影響蒸散的速率，例如高溫時，便有多量的水分散失。風力亦可增加蒸散率。濕度高，則會降低蒸散率，因為此時空氣中的水分已經或近乎飽和。光量可增加蒸散率，部分是因為光可促使氣孔張開。

　　蒸散作用看似浪費，但大量水分藉蒸散而消失亦有其利。第一，蒸散作用猶如人體的發汗，有降溫的效用。水分由液態變為氣態時要吸收大量的熱，當水分離開植物體時，體內的熱亦隨之散出。蒸散作用這種冷卻效用，當植物在陽光直射時尤為重要。其次，蒸散作用的有利處，是可供應礦物質予植物體，因為根從土壤中吸收的水分，其內溶有礦物質，這些礦物質多數為植物生長所必需，蒸散作用可以使植物隨水攝入足量的礦物質。

　　不過毫無疑問的，在某些情況下，蒸散作用對植物也會造成傷害。

在炎熱的夏日，植物由蒸散作用失去的水分，超過自土壤中吸收的水量，植物細胞乃失去膨壓而枯萎，如果不能及時補充水分，便會導致死亡。

植物體內水分的散失，除了上述由水蒸氣狀態散失以外，某些植物如草莓、水稻、蕃茄等，有時會直接排出液態的水，這種情形，叫做點泌 (guttation)（圖 18-2-1）。點泌常發生於夜晚，此時氣孔關閉，但

圖18-2-1 葉緣的水滴係由點泌作用排出。（錄自：Claude A. Villee et al., *Biology*, 2nd ed., Holt, Rinehart and Winston, Inc., 1989. p. 776。）

水分繼續由根藉滲透作用而進入，於是便經葉緣或葉尖的排水組織流出水滴。人們常誤將清晨看到由點泌排出的水，以為是露，露則是由空氣中的水分凝結而成。

乙、實驗設計

目　的
本實驗觀察植物體內水分的蒸散，以及環境因素對蒸散速率的影響。

器　材

蒸散計	1 個
100ml 燒杯	1 個
小電扇	1 臺
檯燈	1 臺

大小適宜、具多數葉片的植物枝條	1 枝
橡皮塞	1 個
穿孔器（各組共用）	1 組

步　驟　（本實驗分四組進行）

1. 四組必須選用同一種植物，且各莖枝上葉片的數目和大小盡量相當。

2. 將蒸散計前井的橡皮塞鑽孔，使適合莖枝穿入。莖枝在穿入橡皮塞以前，先在水中將莖枝下端剪除一小段。

3. 先打開儲水器下方的活塞，用手指塞住毛細管末端的開口，再注水於儲水器，當水充滿儲水器時，將插有莖枝的橡皮塞固定於前井，如圖 18-2-2，避免留有氣泡（必要時可於橡皮塞邊緣塗凡士林），最後關閉活塞。若是水會從細管末端滴出，則表示漏氣，必須重新裝置。

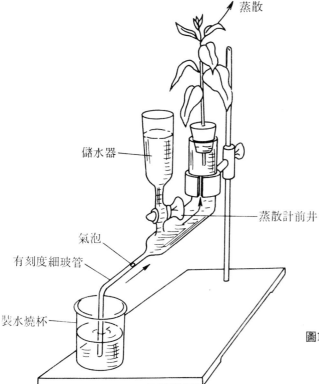

蒸散

儲水器

蒸散計前井

氣泡

有刻度細玻管

裝水燒杯

圖18-2-2　蒸散作用的基本裝置

4. 待細玻管的末端出現氣泡後（也可用吸水紙在管端吸水，使其產生氣泡），立刻將細玻管末端浸入盛水的燒杯中。細玻管內的氣泡不可太少，至少須能隔斷水柱。

5. 第一組為對照組，先用顏色筆在氣泡位置作記號，然後開始計時，並觀察氣泡移動。如果氣泡移動慢，便隔 20 分鐘或 30 分鐘測其移動距離。若移動快，便隔 5 分鐘或 10 分鐘測其移動距離。最後計算氣泡每分鐘移動的距離。

6. 第二組，於標記氣泡位置後，在 1 公尺距離外，用電扇吹蒸散計上的植物枝葉，用步驟 5 的方法，測計氣泡每分鐘平均移動的距離。

7. 第三組，於標計氣泡位置後，用檯燈在距枝葉約 10 公分處照光。用步驟 5 的方法測計氣泡每分鐘平均移動的距離。

8. 第四組，在開始實驗時，先將枝條上的葉摘除至僅剩一或兩片，其餘則與第一組的處理方式相同，測計每分鐘平均移動的距離。

9. 試述蒸散計內氣泡移動的原理。四組實驗結果的蒸散速率為何有快慢？

實驗19-1 種子的萌發和生長

甲、前　言

植物的生命雖然是由種子開始，但是，種子在脫離母株以前，內部卽已具有植物體的雛形。若是將市上購得的種子浸水剝開，卽可發現種子內的胚已具有胚胎時的根、莖和葉等構造。

（一）種子的構造　開花植物種子內的胚，包括一莖狀的軸和一枚或二枚子葉。子葉（cotyledon）可稱最早的葉或似葉的構造。雙子葉植物的胚，具有兩枚子葉，單子葉植物的胚，具有一枚子葉。

種子的胚，其軸的兩端均具有頂端分生組織（apical　meristem）。軸位於子葉著生點以上的部位者，稱上胚軸（epicotyl）。有的胚其上胚軸僅包括頂端分生組織（圖 19-1-1 B）（圖 19-1-2 B），但也有的尚包括一或二片葉狀構造（圖19-1-1 A）（圖 19-1-2 A）。上胚軸與此葉狀構造，合稱胚芽（plumule），不過上胚軸與胚芽的名稱可以互用。

子葉著生點以下的軸，稱下胚軸（hypocotyl）。有些植物，其下胚軸的先端有明顯之根的特徵，稱爲胚根（radicle）（圖 19-1-2 A），但多數植物，軸的下端僅較分生組織略長而已。

大多數雙子葉植物的胚，具有很大的子葉，有的種類如菜豆（*Phaseolus*, garden bean）、豌豆（*Pisum sativum*, pea）的種子，甚至無胚乳而僅有子葉。雙子葉植物具有大型胚乳者，其子葉卽薄而呈膜狀（圖 19-1-1 B），這種子葉的功能爲自胚乳吸收養分，故不是儲藏養分的構造。膜狀子葉埋於胚乳中，藉酵素的活動分解胚乳中的養分，然後將養分傳遞至胚。玉米的胚，爲單子葉植物中高度分化者（圖 19-1-

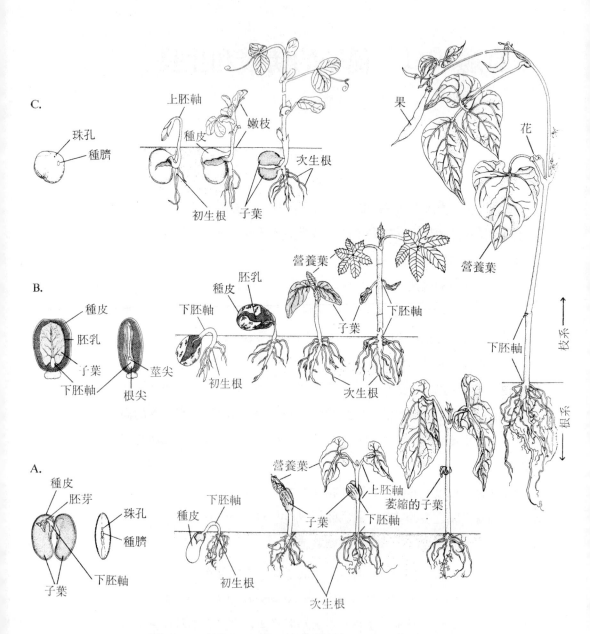

圖19-1-1 數種常見雙子葉植物的種子及萌芽時期。**A**. 菜豆 (*Phaseolus vulgaris*)種子剝開，以及外表自邊緣觀。**B**. 蓖麻 (*Ricinus communis*)，種子剝開以及自側面觀其胚。**C**. 豌豆 (*Pisum sativum*)，種子外形。
（錄自：Peter H. Raven et al., *Biology of Plants*, 2nd ed., New York: Worth, 1976. p. 394。）

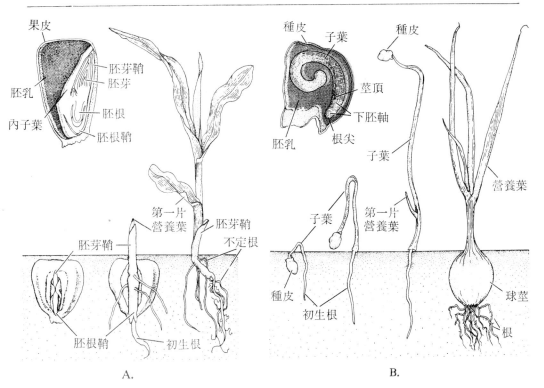

圖19-1-2　數種單子葉植物的種子及萌發時期。A. 玉米。B. 洋葱。（同圖19-1-1, p. 395。）

2A），具有塊狀的子葉，稱爲內子葉（scutellum）。內子葉緊鄰胚乳，其功能亦爲吸收胚乳中的養分；此外，在胚芽和胚根表面又分別有胚芽鞘（coleoptile）和胚根鞘（coleorhiza），以司保護。

　　所有種子的表面，皆有種皮（seed coat）。種皮不透水，其上有一個肉眼可以察見的小孔，叫做珠孔（micropyle）。珠孔常與種臍（hilum）靠近（圖19-1-1A）（圖19-1-1C），種臍是種子脫離母體珠柄（funiculus）後所遺留的痕跡。

　　（二）種子的萌發　種子萌發（亦卽胚的生長），與體內和外界的許多因素有關。外界的因素最重要者是水、氧和溫度，其中尤以水最爲必須。

　　大多數成熟的種子，都十分乾燥，所含水分僅及整個種子重量的5～20％。因此，種子若不吸入水分以供代謝活動，便不會萌發。

種子萌發初期，呼吸作用可能純爲無氧呼吸；一旦種皮破裂，種子便轉變爲有氧呼吸，這時就需要有氧的供應。假如土壤內充滿水，便不適於有氧呼吸，種子便不會萌發。

雖然許多種子萌發時的溫度範圍很廣，但高於或低於此一溫度範圍，種子便不萌發。許多種類的植物其種子萌發的最低溫是 0～5°C，最高溫是 45～48°C，最適溫是 25～30°C，在兩極端溫度下，種子萌發的百分比都很低。

有些植物其種子雖已成熟，外界的環境也適宜，但仍不萌發，這種情形，叫做休眠 (dormancy)。休眠的主要原因是：(1) 種皮不透水，有時種皮不透氣。(2) 種子雖成熟，但尚未發育熟。未成熟的胚，要經過一連串複雜的酵素和生化作用方始萌發。在溫帶地區，多天的低溫可以引發後熟 (after ripening)，以防止種子在多天不適於生存的季節中萌發。

休眠對植物的生存很重要。例如後熟可以保證種子萌芽後，幼苗有適宜的環境生存。有的種子需通過鳥類或哺乳動物的腸始會萌發，如此可以擴散植物的分布。有些沙漠植物的種子，只有在種皮表面的抑制物 (抑制種子萌發的物質) 爲雨水所冲刷洗淨後始萌發，如此可以保證種子在此雨水充裕之際生長成熟。

(三) **自胚至成體**　種子一旦萌發，先破種皮而出的是胚根。這一情況可以說明種子萌發需要水，以及幼苗生長需先固著於土壤。最早生長的根稱初生根 (primary root)，然後發生支根或次生根 (secondary root)，並再依次發生分枝。

種子萌芽時，莖軸穿出之方式因種類而不同。例如菜豆，其下胚軸延長並彎曲似鈎 (圖 19-1-1A)，因此柔弱的莖尖並未穿出土壤，而可免受機械傷害。當此彎曲部分伸直時，子葉和胚芽便隨之露出地面。在幼苗發育的過程中，子葉中儲存的養分被分解並傳遞至胚的其他部分，子葉漸漸變小，最後脫落。此時，幼苗就不能再依賴儲存的養分生活，而必須行光合作用而自製養分。

蓖麻（*Ricinus communis*）的種子萌芽與荣豆頗為相似（圖19-1-1B），只是蓖麻的養分儲於胚乳中，其彎曲之下胚軸伸直時，胚乳與種皮便隨同胚芽和子葉而伸出地面。此時，胚乳中的養分分解後，為子葉吸收並傳遞至幼苗。荣豆與蓖麻的子葉曝光後，即變為綠色，不過並不擔負主要的光合作用功能。

豌豆（*Pisum sativum*）的種子萌芽時，則由其上胚軸延長並彎曲成鈎。當上胚軸伸直時，胚芽即伸出地面，子葉和種皮則遺留於土壤中（圖19-1-1C），最後分解消失。

大多數單子葉植物的種子，其養分儲於胚乳中。構造簡單者如洋葱（*Allium cepa*）的種子，其管狀的子葉自種子伸出彎曲如鈎（圖19-1-2B），當子葉伸直時，種皮及胚乳亦隨之伸直。在此時期以及往後一段時期，胚經由子葉自胚乳獲得養分。洋葱種子綠色的子葉有光合作用的功能，故對發育中的幼苗仍是主要的養分供應者，其包於子葉中的胚芽很快便延長並伸出。

玉米（*Zea mays*）的胚十分特化，胚根和胚芽都包於鞘中。胚根鞘最先突出（圖19-1-2A），然後是胚根（初生根），胚根快速生長並穿出胚根鞘。胚根伸出後，胚芽鞘亦伸出，待胚芽鞘的基部到達地面上，其先端便散開，於是胚芽的第一片葉便伸出。除初生根外，自子葉節長出的不定根（adventitious root）亦伸出，並向下生長。

不論胚芽伸出的方式如何，由於胚芽頂端分生組織之活動，而依次形成葉、節及節間，在葉腋部位的頂端分生組織，產生腋生枝（axillary shoot），腋生枝又可再產生腋生枝。

根系（root system）及枝系（shoot system）這種生長方式，叫做營養生長（vegetative growth）。最後，一個或多個莖枝的頂端分生組織變為生殖頂端分生組織（reproductive apical meristem），此分生組織發育為花，待花生成，植物即準備重複其生活史。

乙、實驗設計

目　的

了解種子的構造及其萌發過程。

器　材

（本實驗使用的種子，要在實驗前適當的時間分別浸泡或使之萌發）

（一）與（二）

浸水 12 小時的蠶豆種子	1 顆
萌發 1 天、2 天、3 天及 10 天的蠶豆幼苗	各 1 株
解剖顯微鏡	1 臺
碘　液	少許
刀　片	1 片
培養皿	1 個

（三）

培養皿（內置澱粉瓊脂培養基）	1 個
FAA 液	酌量
培養皿（內置瓊脂培養基）	1 個
碘　液	酌量
刀　片	1 片

步　驟

（一）種子的構造

1. 沿種皮的邊緣觀察，有無看到橢圓形的構造？此為種臍。

2. 剝去種皮，可以看到兩片肥厚的子葉。切取子葉少許，置培養皿中，以碘液試驗，有無澱粉存在的反應？推測子葉中可能含有何種養分？

3. 找出附於子葉上的幼小植物，這是胚的其他部分。用解剖顯微鏡觀察之。有無看到二個小小的葉、上胚軸和下胚軸、以及下胚軸先端

的胚根。

4.　繪圖示種子內部的構造。

（二）幼　苗

1.　蠶豆的種子，萌發迅速，因此觀察萌發 1 天、 2 天、 3 天及 10 天的幼苗，可以了解種子萌發的過程。

2.　觀察並比較 1 天、 2 天及 3 天的幼苗，根據觀察結果，推測蠶豆的幼苗那一部分最先突破種皮？幼苗如何穿出土壤？胚的那一部分形成根？那一部分產生葉？

3.　比較萌發 3 天和 10 天的幼苗，說明子葉的變化情形，種臍的命運如何？那一（或那些）部位形成莖？

（三）種子萌發與能量

1.　取萌發的玉米種子，用刀片將之縱切，在切面處滴加碘液，有何反應？推測種子中含有何種養分？

2.　取萌發的種子二粒，將之縱切，置於澱粉瓊脂培養基上，切面向下。放置二天後，移去玉米，將碘液注入培養基上，三分鐘後倒去碘液，觀察結果。

3.　另取萌發的種子二粒，將之浸泡於 FAA 中 24 小時以殺死種子，然後取出縱切，置於澱粉瓊脂培養基上，切面向下。二天後，移去玉米，注入碘液，三分鐘後倒去碘液，觀察結果。

4.　比較步驟 2 和 3 的結果，有何差異？何故？

實驗20-1 植物對環境的反應

甲、前　　言

　　植物雖然不似動物般具有神經系統，但是也會接受環境的刺激、傳導刺激，並發生反應。有些環境因素的刺激，是植物生長發育過程中所必需。例如被子植物葉綠體的發育和葉綠素的合成，都必須有光的刺激來引發。

　　植物利用根以固定植物體並吸收水分和礦物質，所以不可能有自發性的整體運動。不過某些環境因素可以刺激植物而導致局部的運動，假如這種局部運動與刺激的方向有關時，則此運動稱為向性（tropism）。向性通常是由於植物受刺激後，組織的生長不平均而引起。

　　（一）向地性（geotropism）　　植物的根能感受地心引力的作用而產生向性，稱為向地性。如果將幼苗水平置放，經過一段時間，莖乃背地屈曲生長，而根則屈向地面生長。根的向地性，一方面是因為地心引力的刺激，使植物細胞內發生某種改變，導致生長素（auxin）向靠地的一側輸送，於是靠地的一側，生長素的含量便高。生長素為小分子物質，不易感受地心引力的作用，因此，生長素的分布不均，不是直接受地心引力的作用而沉積，可能是地心引力促使組織內部發生變動，影響生長素的輸送所致。另一方面植物體的不同組織對生長素濃度的反應不同；生長素濃度高，會促進莖的生長，於是莖靠地的一側生長便較快；與此相對的一側，生長素含量較低，生長便緩慢，於是莖便背地屈長。反之，較高濃度的生長素，會抑制根的生長，所以水平置放的根，靠地的一側生長素濃度高，生長便遲緩；相對的一側，生長素含量低，會促

進根的生長，於是根便向地屈長。

（二）**向光性**（phototropism） 植物的莖能感受光的刺激而產生向性，稱爲向光性。當植物的一側受光刺激後，會導致生長素向背光的一側運輸；於是，背光面的組織，其生長素含量便較向光面的組織高，其細胞增長較快，莖便向光屈長（圖 20-1-1）。

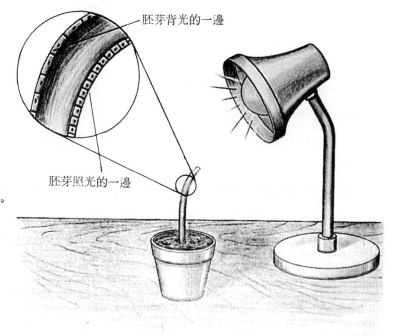

胚芽背光的一邊

圖20-1-1 向光性是由於兩側生長素分布不均。
（錄自： Claude A. Villee et al., *Biology*, 2nd ed., Holt, Rinehart and Winston, Inc., 1989. p. 843。）

胚芽照光的一邊

（三）**向濕性**（hydropism） 植物的根在土壤中有向含水量高的地方生長之傾向，此稱向濕性。向濕性的原因，目前尚無明確證據。不過，很可能是根之向水及背水兩側之吸水量有差異，於是，造成兩側的細胞生長不等。也可能與向地性、向光性一樣，水的刺激，引起生長素的分布不均，造成生長不等而向水屈曲。

（四）**觸發運動**（thigmonasty） 觸發運動是由於細胞內的膨壓改變而造成。例如含羞草，其葉柄基部、小葉與葉柄連接處，都具有由薄壁細胞形成的特殊組織，平時，這些薄壁細胞含水量高而膨脹，細胞的膨壓乃使葉柄直立，小葉張開。當受刺激時，會導致這些薄壁細胞內的水分向外輸送，於是細胞失水，膨壓消失，葉柄便下垂，小葉閉合。捕

蠅草的捕蟲運動、菜豆葉片的睡眠運動，也都是相關部位細胞內的膨壓改變所致。

乙、實驗設計

目　的
觀察植物對光及地心引力所產生的反應。

器　材
（一）

大型培養皿（150mm×20mm）	1 個
玉米種子（浸泡 24 小時）	4 粒
吸水紙或濾紙（與培養皿大小相若）	1 張
棉　花	酌量
防水簽字筆	1 枝
透明膠帶	酌量
黏　土	酌量

（二）

小花盆（直徑約 10cm）	4 個
紙盒（必須密不透光，大小能置入小花盆）	4 個
紅、藍色玻璃紙	各 1 小張
蘿蔔種子	酌量
檯　燈	4 臺

步　驟
（一）向地性

1. 選取四粒浸水後脹滿的玉米種子，置於培養皿中，四等分排列，種子的尖端向中央，如圖 20-1-2。

2. 剪取吸水紙或濾紙，與培養皿同大，置於玉米種子上，再在吸水紙上方填以棉花，使塞滿培養皿，當加放培養皿蓋後，將培養皿豎立

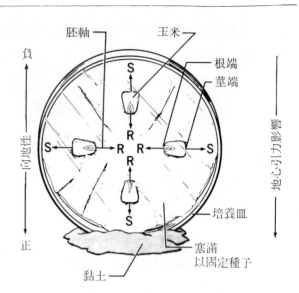

圖**20-1-2** 發芽的玉米種子，其胚莖和胚根皆萌芽而出。（錄自：Biological Sciences Curriculum Study, *Biological Science, Student Laboratory Guide*, 2nd ed., Harcourt, Brace & World, Inc., 1968. p. 119。）

時，種子不會移動。

3. 當確定種子不會移動後，即揭開培養皿蓋，加水，使濾紙變濕，然後加蓋，用透明膠帶，將培養皿蓋和底黏住。

4. 將培養皿豎立，放在黏土上固定其位置。用簽字筆在培養皿上做記號，在向上的一方寫「上」字。

5. 如此放置三天後，觀察種子的萌芽情形。根與莖各向那一方向生長？四粒位置不同的種子，他們的根生長方向是否相同？莖又如何？這一反應，是受何種環境刺激而發生？

（二）向光性

1. 花盆四個，各盛泥土，並撒播蘿蔔種子，澆水。

2. 將四個紙盒的內面塗黑。

3. 將三個紙盒的一側較花盆略高處，挖一方洞，以容光線進入。一個敞開，一個糊紅色玻璃紙，一個糊藍色玻璃紙。

4. 將四盆蘿蔔種子分別置於紙盒中，作以下處理：

第1盒 將未挖洞的紙盒封閉使不透光。

第2盒 方洞敞開，其他部分密不透光，方洞處用電燈照光。

第3盒 方洞糊紅色玻璃紙，其他部分不透光，洞口照光。

第4盒　方洞糊藍色玻璃紙，其他部分不透光，洞口照光。

5. 如此處理，連續五天。然後觀察幼苗的生長情形，觀察時不要移動紙盒，亦不要取出花盆。

6. 比較三盆照光的幼苗，與密閉盒內的幼苗，生長方向有無差別？

7. 三盆照光的幼苗，那一盆向光生長的反應最明顯？

8. 對藍光與對紅光的反應有無差別？

實驗21-1 動物組織

甲、前　　言

組織是由數種密切關連的細胞集合而成，具有特殊的機能，動物的組織可分皮膜組織、結締組織、肌肉組織及神經組織等四大類，各種組織的細胞都有一定的形狀、大小以及排列的方式。

（一）**皮膜組織**（epithelial tissue）　皮膜組織的細胞排列緊密，形成一片，位於體表或構成體內各空腔之內襯。細胞基部位於基膜（basement membrane）上，基膜由皮膜細胞產生，含有纖維及多糖，除了體表皮膚的表皮外，消化管、呼吸道、及腎小管等的內襯，皆爲皮膜組織。皮膜組織的功能爲保護、吸收、分泌及感覺。任何進出身體的物質，都要經過皮膜組織。食物自口吞入消化管，並非眞正進入體內，而是在食物的養分由消化管的皮膜細胞吸收入血液後，才是進入體內。許多皮膜組織的細胞，常會耗損，當上層細胞脫落後，必須由下層新生的細胞予以補充；因此，這些組織的細胞常快速分裂，以產生新細胞。

皮膜組織通常根據其細胞的形狀可分三類：扁平皮膜（squamous epithelium），細胞扁平。立方皮膜（cuboidal epithelium），細胞短而呈柱狀，由側面觀呈立方形。柱狀皮膜（columnar epithelium），由側面觀，細胞呈柱狀。有的柱狀皮膜，其細胞的游離面有纖毛，所有這些細胞的纖毛向同一方向擺動。氣管的內襯便是纖毛柱狀皮膜，其纖毛的擺動，可將吸入氣管的塵埃等異物推送至喉門外，以免進入肺。

皮膜組織有的是單層細胞，有的則有二層或更多層細胞，前者稱單層皮膜，後者稱複層皮膜。單層皮膜位於體內物質必須擴散通過的部

位， 或是分泌、 排泄、 吸收的部位。 複層皮膜見於主行保護功能的部
位， 例如皮膚（表皮）、 口腔和食道等的內襯。另一種皮膜組織稱擬複
層皮膜（pseudostratified epithelium），其細胞看似多層，實則僅一層，
所有細胞皆位於基膜上， 但細胞高低不一， 有的細胞比較低， 故未達該
組織的游離面， 某些呼吸道的內襯， 便是這種皮膜。

表 21-1-1 簡述主要皮膜組織的功能，以及在體內的分布部位。

表 21-1-1 皮膜組織

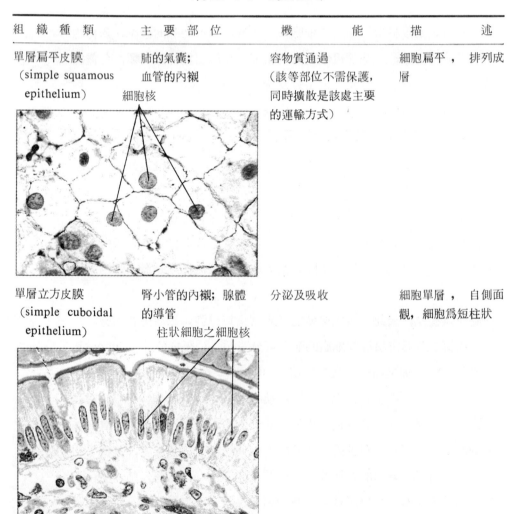

組 織 種 類	主 要 部 位	機 能 描 述	
單層扁平皮膜 （simple squamous epithelium）	肺的氣囊； 血管的內襯 細胞核	容物質通過 （該等部位不需保護， 同時擴散是該處主要 的運輸方式）	細胞扁平， 排列成 層
單層立方皮膜 （simple cuboidal epithelium）	腎小管的內襯；腺體 的導管 柱狀細胞之細胞核	分泌及吸收	細胞單層， 自側面 觀，細胞爲短柱狀

單層柱狀皮膜
(simple columnar
epithelium)

大部分消化管的內襯；呼吸道上部

分泌（主為黏液），吸收，保護

單層之柱狀細胞，核位於細胞基部，游離面有時有纖毛

立方皮膜細胞之細胞核　　　管腔

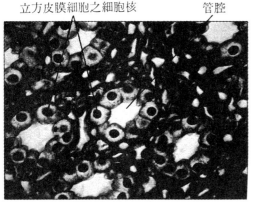

複層扁平皮膜
(stratified squamous
epithelium)

皮膚；口腔和陰道的內襯

保護，表層常剝落，由下層的細胞分裂後予以補充

數層細胞，僅下層者呈柱狀，代謝旺盛，下層的細胞分裂後將細胞向上推至表面

擬複層上皮 (pseudostratified epithelium)	某些呼吸道；多數腺體之導管；有時具有纖毛	分泌，保護，黏液之移動	與柱狀皮膜相似，僅細胞高低不同，細胞皆位於基膜上，因此外表似複層，具有纖毛，分泌黏液

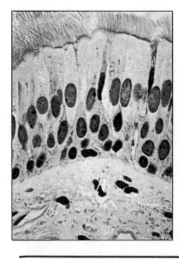

（以上圖錄自: Claude A. Villee et al., *Biology*, 2nd ed., Holt, Rinehart and Winston, Inc., 1989. pp. 858-859。）

（二）**結締組織** (connective tissue) 結締組織的主要功能，是連繫體內其他組織，亦有支持身體和保護器官的功用。結締組織有很多種，主要者如：(1) 疏鬆和緻密結締組織，(2) 彈性結締組織，(3) 網狀結締組織，(4) 脂肪組織，(5) 軟骨，(6) 硬骨和 (7) 血液。這些組織的構造和機能，彼此有很大差異（表 21-1-2）。

結締組織的細胞數目少，這些細胞埋於細胞間質中。間質包含基質 (matrix) 和散布其間的纖維，基質由細胞所分泌。不同的結締組織，其細胞之形狀、構造以及分泌之基質都不一樣。結締組織的性質及功能，部分是由其所分泌之基質所決定；因此，結締組織的細胞，是透過基質間接執行連繫和支持的功能。

結締組織的纖維有膠原纖維 (collagen fiber)、彈性纖維 (elastic fiber) 和網狀纖維 (reticular fiber)。膠原纖維柔順易曲，但僅能略為延長，遇強力會斷裂。彈性纖維分枝，且癒合成網狀，遇外力可以延長，力量移除後，便又恢復原狀。網狀纖維小而分枝，要用銀染色後始能觀察到。膠原纖維與彈性纖維都含有稱為膠原 (collagen) 的蛋白質

（富甘胺酸 glycine、脯胺酸　proline 和羥脯胺酸 hydroxyproline 等胺基酸）。膠原是很堅靭的物質，肉類之堅靭，即因含膠原之故。

　　結締組織含有數種細胞。纖維原細胞 (fibroblast)，分泌蛋白質及醣類以構成基質，亦產生纖維。這種細胞釋出之蛋白質，排列成特定之纖維。纖維原細胞在發育的組織以及癒合中的傷口最為活動，待組織成熟，這種細胞數目便減少，活動亦減退。周細胞 (pericyte) 位於微血管的外圍，需要時可以發育為其他細胞。例如受傷時，周細胞便增多，成為纖維原細胞，以產生癒合傷口所需要之成分。大噬細胞 (macrophage) 為體內的清除者，在結締組織中吞食細胞之碎片或外來之細菌等異物。此外，尚有肥大細胞 (mast cell)，在過敏反應時，釋出組織胺、脂肪細胞、以及產生抗體之漿細胞。

表 21-1-2

組　織　種　類	主 要 分 布 部 位	機　　　能　　　描　　　述		
疏鬆結締組織	身體各部；與脂肪組織結合而形成皮下組織；構成許多器官之架構；填充體內之空間	支持，儲藏液體及鹽類		由纖維母細胞產生纖維，細胞埋於半液體之基質中

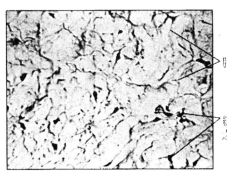

膠原纖維

纖維母細胞之細胞核

緻密結締組織　　肌腱；皮膚之眞皮　　　支持；傳遞機械力量　　成束之膠原纖維平行
　　　　　　　　　　　　　　　　　　　　　　　　　　　　　　　　　　　　　排列或不規則

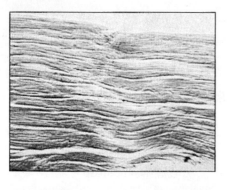

彈性結締組織　　肺、大動脈、靱帶等必　　與彈性有關　　　　　分枝的彈性纖維中散
　　　　　　　　　須脹大並恢復原來大小　　　　　　　　　　　　布纖維母細胞
　　　　　　　　　之構造

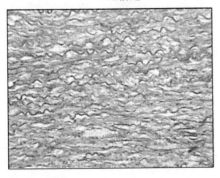

網狀結締組織　　淋巴結、脾臟、肝臟等　　支持　　　　　　　　含有交錯之網狀纖維
　　　　　　　　　之架構

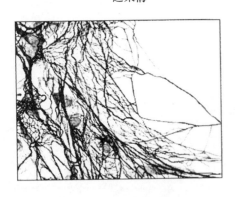

脂肪組織	皮下層；填塞於某些內臟周圍	儲藏養分，絕緣，支持某些器官（如乳房、腎臟）	脂肪細胞初呈星形，內儲之油滴直至細胞呈球狀

軟　骨	鯊和鱝之支持骨骼；在其他動物形成硬骨之末端；氣管之管壁；鼻尖；外耳	易屈性的支持；減少硬骨接觸面之摩擦力	細胞散布於基質中

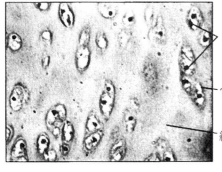

軟骨細胞

骨穴

細胞間質

硬　骨	大多數脊椎動物之骨骼	支持，保護內部器官，儲存鈣，骨骼肌附於硬骨	骨母細胞位於骨穴中，骨穴圍繞哈維氏管排列成同心層

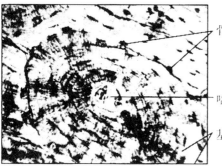

骨穴

哈維氏管

基質

血液	心臟及血管中	運輸 O_2、養分、廢物及其他	細胞分散於液態之細胞間質中

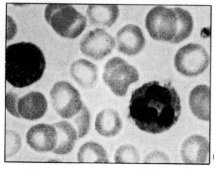

（以上圖錄自: Villee，前揭書，pp. 862-863。）

疏鬆結締組織 (loose connective tissue)　疏鬆結締組織為體內分布最廣的結締組織。神經、血管及肌肉等皆包於此種組織中；疏鬆結締組織與脂肪組織一起乃構成皮下層 (subcutaneous layer，位皮膚下方)，皮下層使皮膚連於肌肉及其下方之其他構造，其易屈性使其所連接的部分可以活動。疏鬆結締組織亦填充於身體各部，充作液體和鹽類的儲蓄庫。

緻密結締組織 (dense connective tissue)　屈曲性較疏鬆結締組織差，但卻頗堅固，將肌肉連於骨骼的肌腱便是此種組織。

彈性結締組織 (elastic connective tissue)　彈性結締組織主含成束平行的彈性纖維，見於靱帶中。

網狀結締組織 (reticular connective tissue)　網狀結締組織主含交織成網狀的纖維，為多種器官如肝、脾及淋巴結之支持物。

脂肪組織 (adipose tissue)　脂肪組織富含脂肪細胞，在身體需要時，細胞內儲藏的脂肪便可釋出，以供利用，見於皮下層。未成熟的脂肪細胞呈星形，待細胞內積儲脂肪小滴後細胞呈圓形。脂肪小滴最後合併成一大脂肪滴後，細胞質及細胞核便被推送至細胞邊緣。

軟骨和硬骨 (cartilage and bone)　軟骨與硬骨的功用皆為支持。所有脊椎動物在胚胎時期都只有軟骨，待至成體時，大部分軟骨即為硬骨所替代 (除鯊及魟等軟骨魚外)。人體的鼻尖、外耳及氣管壁，皆為

主含軟骨之構造。軟骨堅固，但是有彈性；軟骨細胞 (chondrocyte) 分泌堅硬之基質，細胞便二個或四個一羣，位於基質中的骨穴 (lacuna) 內。軟骨中無神經、血管，養分全由基質擴散至軟骨細胞。

硬骨的構造與軟骨相似，大部分爲基質。骨細胞 (osteocyte) 位於基質中之骨穴內，但硬骨中有血管，以供骨細胞養分；因爲硬骨的基質中，尚含有一種磷酸鈣的複合物，叫做磷灰石 (apatite)，養分要藉擴散作用通過這種物質，將很緩慢；因此骨細胞彼此以位於小管 (canaliculi) 中之突起相連，互相靠近且圍繞中央的哈維氏管 (Haversian canal) 成層排列 (圖 21-1-1)，微血管和神經皆通過此管。

硬骨中並有大而多核的破骨細胞 (osteoclast)，這種細胞可以溶解並除去骨質。大多數硬骨的中央有髓腔，內含黃骨髓或紅骨髓；黃骨髓大部分是脂肪，紅骨髓可製造紅血球及某些白血球。

血　液　哺乳動物的血液包括血球及血漿兩部。血漿爲液體，可以運輸多種物質至身體各部。有些物質是單純的溶於血漿中，有些則與血漿中的蛋白質結合。多數生物學家將血液列爲結締組織。

紅血球中含有血紅素，血紅素易與氧結合，氧乃藉血紅素輸送至身體各部。大多數哺乳動物的紅血球呈雙凹盤狀、無細胞核。有的則呈卵圓形、有細胞核。在無脊椎動物，携氧的色素常溶於血漿中。

人類的血液中，有五種白血球。白血球不含色素，具有細胞核。有些種類能作變形運動而穿過血管壁，至身體其他部位吞噬細菌或其他異物。血小板並不是完整的細胞，只是骨髓中某種細胞的碎片而已。血小板與血液凝固有關。

(三) 肌肉組織 (muscle tissue)　動物的運動，是肌肉細胞收縮的結果。肌肉細胞呈柱狀或紡錘形，因細胞延長，故通常稱之爲肌纖維。細胞內有平行排列的肌原纖維 (myofibril)，肌原纖維的成分主爲肌動蛋白 (actin) 和肌凝蛋白 (myosin)。肌肉組織共有三種：心肌構成心臟，平滑肌見於血管、消化管及子宮壁中，骨骼肌附於骨上。骨骼肌的細胞含有許多核，這些核位於細胞邊緣，此與一般細胞只有一個

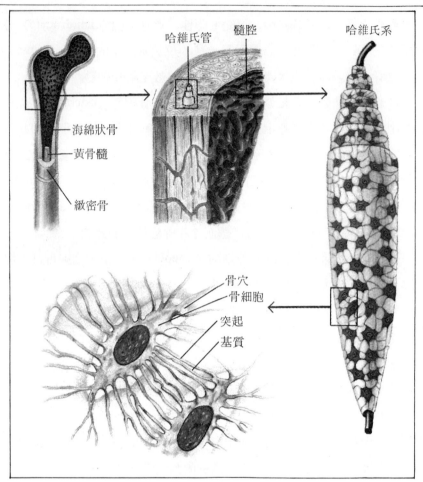

哈維氏管　　髓腔　　　　　哈維氏系

海綿狀骨
黃骨髓

緻密骨

骨穴
骨細胞
突起
基質

圖21-1-1　緻密骨由稱謂哈維氏系的單位構成，在各單位中央有哈維氏管，血管、神經皆位於此管中，骨細胞位於骨穴中，彼此有突起相接，這些突起位於小管中。（錄自：Villee，前揭書，p. 866。）

核，位於細胞中央的情形不一樣；如此，細胞中央全為肌原纖維所佔，細胞收縮時，效果較佳。骨骼肌與心肌皆有由明帶與暗帶形成的橫紋，肌肉收縮時，明帶變短，暗帶則不變。骨骼肌的收縮受意志控制，心肌與平滑肌則否。表 21-1-3 說明三種肌肉的特點。

表 21-1-3　肌肉的種類

	骨　骼　肌	平　滑　肌	心　　肌
	A. 骨骼肌	B. 平滑肌	C. 心肌
分布部位	附於骨上	胃壁、腸壁等	心　臟
控制方式	隨　意	不隨意	不隨意
細胞形狀	延長呈柱狀，兩端鈍	延長呈紡錘狀，兩端尖	延長呈柱狀，分枝並癒合
橫　紋	有	無	有
核的數目	很多個	1　個	1 或 2 個
核的位置	邊　緣	中　央	中　央
收縮速度	極　快	極　慢	中　度
保持收縮的能力	極　差	極　強	中　度

(錄自: Villee，前揭書，p. 869。)

　　(四) 神經組織 (nervous tissue)　神經組織包含神經元 (neuron) 和神經膠細胞 (glial cell) (圖 21-1-2)。神經元專營神經衝動之傳導，神經膠細胞則可支持並供營養予神經元。神經元有多種形狀和大

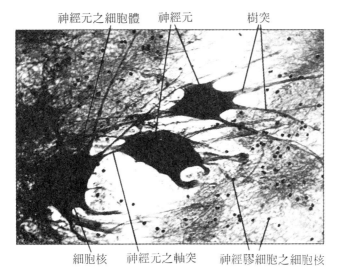

圖21-1-2　神經組織包括神經元及神經膠細胞。(同上，p. 870。)

小，典型者有一大型的細胞體，內含細胞核，細胞體上有突起。樹突（dendrite）自環境或其他細胞接受衝動，軸突（axon）則將衝動自細胞體傳出。軸突與另一神經元之樹突相連處並不直接接觸，其間的小空隙，叫做突觸（synapse）。許多神經元之突起由結締組織連在一起，乃形成神經（nerve）。

乙、實驗設計

目 的

本實驗在了解各種組織在體內的分布，以及組織本身的構造。

器 材

購置下列各項之永久玻片標本：

甲狀腺	1 片
腸（橫切）	1 片
皮 膚	1 片
乳 腺	1 片
靱帶（縱切）	1 片
氣 管	1 片
硬骨（磨片，ground section）	1 片
牛骨髓塗片	1 片

步 驟

1. 立方皮膜：取甲狀腺切片，觀察其濾泡。
2. 柱狀皮膜：取腸的橫切玻片，觀察其內襯。
3. 複層扁平皮膜：取皮膚切片，觀察眞皮。
4. 脂肪組織：觀察乳腺切片。
5. 緻密結締組織：觀察靱帶切片。
6. 軟骨：觀察氣管切片。
7. 硬骨磨片：觀察骨組織。
8. 牛脊髓塗片：觀察神經原及神經膠細胞。

實驗22-1 蛋白質的消化

甲、前 言

蛋白質是所有營養品中價格最昂貴和供應量最少的物質，因此，蛋白質的消耗量，常用來作爲某一國家或個人其經濟狀況的指標。大多數蛋白質中含有 20 種胺基酸，大部分胺基酸，人體可以自行合成（將胺基酸轉移至相同的酮酸），但是有八種胺基酸（兒童十種），體內細胞無法合成，而必須自食物中攝取，這幾種胺基酸稱爲必須胺基酸（essential amino acid）。（注意：必須胺基酸是指在飲食中爲必須，而在代謝方面，其重要性則與其他胺基酸一樣。）

（一）**蛋白質的重要性** 不同的蛋白質所含之胺基酸種類和數目都不一樣。完全蛋白質（complete protein）含有足够量的必須胺基酸，供兒童生長和合成蛋白質。這些蛋白質包括酪蛋白（casein, 乳汁中之主要蛋白質），蛋類、猪肉、牛肉、鷄肉及魚肉中之蛋白質。部分不完全蛋白質（partially incomplete protein），如豆類、穀類和堅果（胡桃、栗等）中之蛋白質，這類蛋白質含有足够的胺基酸，以維持蛋白質之代謝，但無法供應身體生長所需之胺基酸。不完全蛋白質（totally incomplete protein），如玉米、明膠等所含之蛋白質，缺少必須胺基酸，供正常之蛋白質代謝或生長所需。大多數植物蛋白質缺少一種或多種必須胺基酸，這些胺基酸通常爲離胺酸（lysine）、甲硫胺酸（methionine）、蘇胺酸（threonine）和色胺酸（tryptophan）。

人們每天應攝取蛋白質的量，據估計，體重 70 公斤者，約爲56g，換言之，即每公斤體重，每天約需 0.8g。先進國家的人，每天攝

食的蛋白質均超過需要，他們主要自肉類獲得蛋白質。相反的，在經濟
落後的國家，平均每人每年僅食肉 1 公斤。世界上尤其是開發中國家有
成千上萬的人患蛋白質缺乏症 (protein deficiency)。兒童的飲食中，
若缺乏適當的胺基酸，即無法合成蛋白質，身體中缺少適當的蛋白質，
身體發育和心智發展皆受阻，亦無法產生抗體以抵禦疾病，抵抗力便降
低。兒童常見的疾病，如痲疹、水痘和百日咳等，對營養不良的兒童常
會致命。

　　當攝食的蛋白質不足時，肝臟便不能製造血漿蛋白，以維持血液與
組織液的平衡，於是液體便自血液至組織而堆積在組織中，形成水腫
(edema)，營養嚴重不良的兒童，常導致腹脹（圖 22-1-1）。

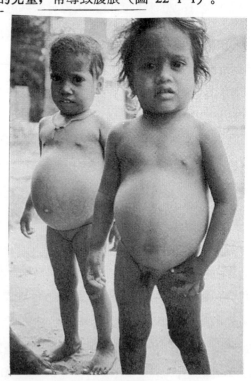

圖22-1-1　兒童由於嚴重缺乏蛋白質，導致
體內液體不平衡而腹脹。（錄自： Claude
A. Villee et al., *Biology*, 2nd ed.,
Holt, Rinehart and Winston, Inc., 1989.
p. 935。）

　　（二）**蛋白質的消化**　消化道中含有數種分解蛋白質的 酵 素 （表
22-1），這些酵素分別作用於多肽鏈中某一特定部位之肽鍵（peptide
bond）。蛋白質酵素包含三大類：外肽酶（exopeptidase）、內肽酶（
endopeptidase) 和二肽酶 (dipeptidase)。外肽酶切斷肽鏈一端將胺基酸

連於肽鏈的肽鍵，例如羧肽酶（carboxypeptidase）切斷胺基酸與肽鏈一端羧基相接之肽鍵，胺肽酶（aminopeptidase）切斷胺基酸與肽鏈一端胺基相連之鍵。

內肽酶僅能切斷肽鏈內部的肽鍵。胃蛋白酶（pepsin）、胰蛋白酶（trypsin）和胰凝乳酶（chymotrypsin）皆爲內肽酶。這些酵素分別切斷某些特定胺基酸之間的鍵（圖 22-1-2），因而使肽鏈斷裂成小段，

$$\text{H}_2\text{N—gly—ala—leu—tyr—ala—asp—lys—val—glu—gly—COOH}$$

$$\text{AP} \qquad \text{C} \quad \text{Corp} \qquad\qquad \text{T} \qquad \text{CP}$$

圖22-1-2 肽鏈之肽鍵爲不同酵素所斷裂（P）胃蛋白酶，（T）胰蛋白酶，（C）胰凝乳酶，（AP）胺肽酶，（CP）羧肽酶。（同圖22-1-1，p. 920。）

於是供外肽酶作進一步切割。內肽酶與外肽酶共同作用的結果，乃使蛋白質分解爲二肽（dipeptide），二肽酶再將二肽分解爲單個之胺基酸。胺基酸、部分二肽和三肽（tripeptide），皆可爲絨毛皮膜細胞吸收入血液。

表 22-1-1 蛋白質之消化

部　　位	酵素來源	消　化　過　程
胃	胃　腺	胃蛋白酶 蛋白質————→多肽鏈
小腸內	胰　臟	胰蛋白酶 胰凝乳酶 多肽鏈————→　　三肽 ＋ 二肽 A—A—A—A—A　A—A—A　A—A | A—A—A—A—A 羧肽酶 二　肽————→胺基酸 A—A
刷毛緣（brush border, 絨毛之上皮細胞）	小　腸	肽酶 三肽＋二肽————→胺基酸

乙、實驗設計

目　的

蛋白質、醣類和脂質，皆可為動物所分解。三者消化的原理皆相同，但彼此所需的酵素、酵素的 pH 範圍和其他涉及的因素則各異。本實驗乃在了解胃蛋白酶活動時之 pH、高溫對酵素的作用、以及胃蛋白酶如何影響蛋白質的消化等。

器　材

0.5% 胃蛋白酶（pepsin）溶液（水溶液）	酌量
0.1M HCl（鹽酸 hydrochloric acid）	酌量
0.1M NaOH（氫氧化鈉 sodium hydroxide）	酌量
生鷄蛋	1 個
試　管	8 支
培養皿	1 個
100ml 量筒	1 個
100ml 燒杯	2 個
酒精燈	1 個
三角架	1 個
甲　苯（toluene）	酌量
試管架	1 個
刀	1 把
紙　巾	酌量
尺	1 支
低溫定溫箱（全班合用）	1 臺
乳頭吸管	2 支

步　驟

　1. 設法將蛋殼鑿開 1 個小孔，將蛋白自小孔流入燒杯中，注意勿使蛋黃混入。

　2. 將蛋白倒於培養皿中，深約 1mm。

　3. 將培養皿加熱至蛋白呈現白色並凝成固體，注意勿將蛋白燒焦。若蛋白周圍有水，則用紙巾吸去水分。

　4. 將蛋白切成 5mm 見方之小塊，共 8 塊。

　5. 8 支試管置試管架上，分別置入下列各物：

　（1）15ml 水，凝固的蛋白

　（2）15ml 水，10 滴 0.1M HCl，凝固的蛋白

　（3）15ml 水，10 滴 0.1M NaOH，凝固的蛋白

　（4）15ml 胃蛋白酶，凝固的蛋白

　（5）15ml 胃蛋白酶，10 滴 0.1M HCl，凝固的蛋白

　（6）15ml 胃蛋白酶，10 滴 0.1M NaOH，凝固的蛋白

　（7）15ml 胃蛋白酶（先煮沸 5 分鐘），10 滴 0.1M HCl，凝固的蛋白

　（8）15ml 胃蛋白酶（先煮沸 5 分鐘），10 滴 0.1M NaOH，凝固的蛋白

　　注意：試管（7）及（8）所使用之胃蛋白酶溶液，在加入試管以前，要先置於燒杯中，煮沸五分鐘。

　6. 各試管中加入一、二滴甲苯（toluene），以防細菌滋生。

　7. 記錄所觀察到之各試管情況。

　8. 將試管置於 37°C 之溫箱中。

　9. 24 小時後，觀察並記錄各試管之情形。

　10. 需要時，再隔 24 小時，繼續觀察。

　11. 根據實驗結果，推測胃蛋白酶活動時 pH 是酸性、鹼性或中性。高溫對胃蛋白酶有何影響？

　12. 試管（7）及（8）的對照組分別是第幾支試管？

13. 試管（5）及（6）的對照組分別是第幾支試管？

14. 試管（4）的對照組是第幾支試管？

實驗23-1　血型的鑑定

甲、前　　言

人類的血型有十多種，其中一般大眾較為熟稔者，是 ABO 血型與 Rh 血型。這兩種血型在生理學以及遺傳學上都很重要。

（一）**ABO 血型**　ABO 血型有A型、B型、AB型和O型。A型者其紅血球表面有某種特定的糖蛋白 (glycoprotein)，叫做A抗原；B型者則有另一種糖蛋白，叫做B抗原；AB 型者其紅血球表面兼有A抗原和B抗原；O型者則兩種抗原都付闕如。ABO 血型可以遺傳，其對偶基因有 I^A，I^B 和 i，故屬複對偶基因(multiple allele)。A抗原是基因 I^A 的產物，B抗原則是基因 I^B 的產物，基因 i 不會產生抗原。I^A 和 I^B 對 i 皆為顯性，而 I^A 與 I^B 則為共顯性 (codominance)，基因型為 I^AI^B 者，兩種抗原皆能產生，血型為 AB 型。基因型為 I^AI^A 或 I^Ai 者，血型為A型；基因型為 I^BI^B 或 I^Bi 者，血型為B型；ii 者則為O型。

ABO 血型，除紅血球表面有抗原外，血漿中尚有抗體。A型者有抗-B抗體，B型者有抗-A抗體，O型者兩種抗體皆具有，AB 型者兩種抗體皆付之闕如。A抗原與抗-A抗體相遇時，紅血球便會凝集；B抗原與抗-B抗體相遇時，紅血球也會凝集，因此，輸血時，供血者與受血者都必須先鑑定血型。根據這種抗原的種別性，便可利用含有抗體的血清來鑑定血型。

鑑定血型，有時可用來解決某些親子關係的紛爭，不過 ABO 血型並不能肯定的證明親子關係，而僅能斷定某對夫婦可能是某孩子 的 父

母，例如O型的孩子，父母可能皆爲A型。除 ABO 血型外，鑑定其他血型，或可助單以 ABO 血型確定親子關係之不足。

　　(二) **Rh 血型**　Rh 血型的名稱，是由恒河猴的屬名 *Rhesus* 而來，因爲這種血型的抗原，最初是從恒河猴的血液中發現。Rh 血型的抗原至少有八種，通常稱之爲 Rh 因子 (Rh factor)，其中最重要者是D抗原。具有抗原者稱 Rh⁺（陽性），不具抗原者爲 Rh⁻（陰性）。與 ABO 血型不同者，是 Rh 血型在血清中沒有抗體。但是，Rh⁺ 的血液，會使 Rh⁻ 者產生抗體。

　　Rh 血型有時會引起母體—胎兒不相合的情形（圖23-1-1）。在遺

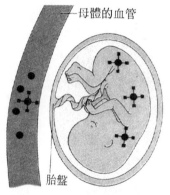
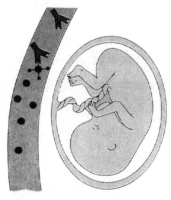
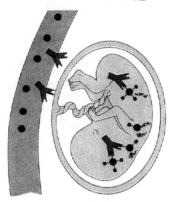

A. 少數 Rh⁺RBC 自胎兒經胎盤滲漏至母體

B. 母體對 Rh⁺RBC 表面之抗原產生抗-Rh 抗體

C. 抗-Rh 抗體經胎盤進入胎兒血液，Rh⁺ 血液乃發生溶血，胎兒可能發生胎性母紅球病

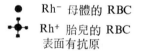

Rh⁻ 母體的 RBC

Rh⁺ 胎兒的 RBC 表面有抗原

抗-Rh 抗體以對抗 Rh⁺RBC

Rh⁺RBC溶血

圖23-1-1　Rh⁺ 父親與 Rh⁻ 母親所產生之後代可能爲 Rh⁺，在此情況下會導致 Rh 不相合的嚴重問題。（錄自: Claude A. Villee et al., *Biology*, 2nd ed., Holt, Rinehart and Winston, Inc., 1989, p. 288。）

傳上，Rh⁺ 爲顯性，Rh⁻ 爲隱性，設若母親爲 Rh⁻，父親爲 Rh⁺，胎兒有可能自父方遺傳到 Rh⁺ 的基因而爲 Rh⁺。通常孕婦與胎兒的血液不會混雜，不過在懷孕後期或是分娩過程中，會有少量血液經由胎盤滲漏至母體，胎兒紅血球表面的D抗原，便會刺激母體的白血球產生抗體。當該婦女以後再懷孕時，這些抗體便會經由胎盤而進入胎兒的血

液，並與胎兒紅血球表面的抗原結合而使紅血球凝集、破裂，嚴重時會導致胎兒死亡。類似的情形，在輸血時也可能發生。當 Rh⁺ 血液輸入 Rh⁻ 者的體內，後者便產生抗體，若此人以後又受血，而供血者也是 Rh⁺，則此次輸入的血液，其抗原與第一次輸血時產生的抗體相遇，紅血球便會產生凝集現象。

當發現胎兒有 Rh 不相合的情形時，可以在胎兒出生前換血，不過這是很冒險的做法。Rh⁻ 的婦女，在 Rh⁺ 的孩子出生後，可以用一種稱為 Rho-Gam 的抗 Rh 抗體處理，這種抗體能迅速將母體內胎兒的紅血球清除，使母體之白血球受刺激的機會降至最小，當該婦女再次懷孕時，卽不會由於血液中含有抗原而傷害胎兒。

乙、實驗設計

目　的

利用 A 型和 B 型人的血清，可以鑑定 ABO 血型。本實驗在了解血型的基本原理並學習檢查血型的技術。

器　材

消毒的刺針	1支
消毒棉球	1個
抗-A血清（全班合用）	少許
抗-B血清（全班合用）	少許
70％酒精	少許
載玻片	1片
顯微鏡	1臺
牙　籤	2根

步 驟

1. 用筆在載玻片中央劃一條線， 將之分隔爲左右兩半． 左方寫抗-A，右方寫抗-B。

2. 在載玻片左方置一滴抗-A血清，右方置一滴抗-B血清。（圖23-1-2）

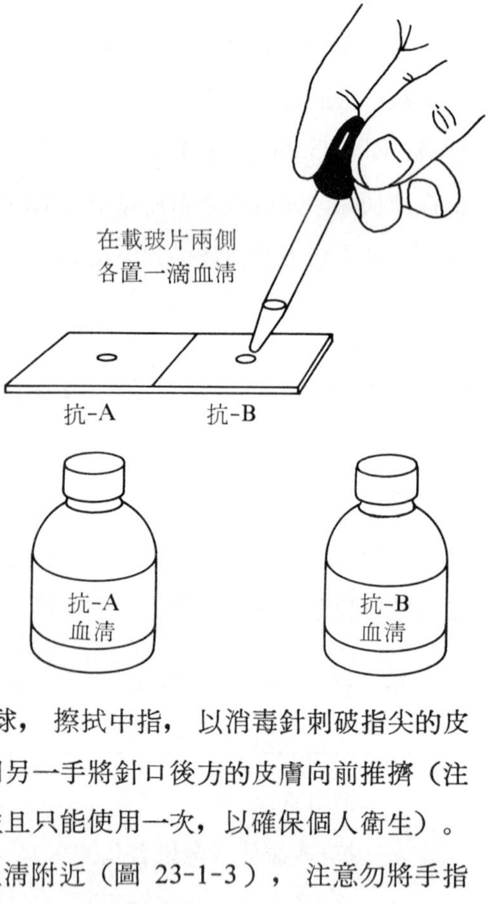

在載玻片兩側
各置一滴血清

抗-A　　抗-B

抗-A
血清

抗-B
血清

圖23-1-2 在載玻片兩側分別置一滴抗 -A 和一滴抗-B 血清 。（錄自: James H. Otto et al., *Biology Investigations*, Teacher's Edition, New York :Holt, Rinehart and Winston, 1981. p. 258。）

3. 用浸濕 70%酒精的棉球， 擦拭中指， 以消毒針刺破指尖的皮膚， 若沒有血液流出， 不妨用另一手將針口後方的皮膚向前推擠（注意: 刺血針只能使用一個人，並且只能使用一次，以確保個人衛生）。

4. 滴一滴血在載玻片上血清附近（圖 23-1-3）， 注意勿將手指觸及血清，同時動作要快，以免血液凝固。

5. 迅速用牙籤將血液與抗-A血清混和， 再用另一根清潔牙籤將右邊的血液與抗-B血清混和。

6. 一分鐘後， 在顯微鏡下檢查，血球有無凝集現象。未發生凝集者紅血球分布均勻。將實驗結果，與圖 23-1-4 比較，以確定自己的血型。

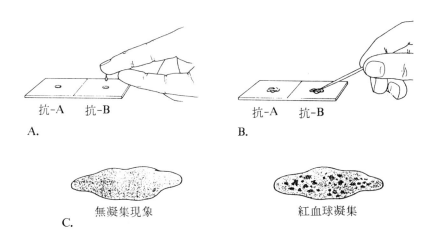

抗-A　抗-B

A.

抗-A　抗-B

B.

無凝集現象　　　　　　　紅血球凝集

C.

圖23-1-3　檢查血型的過程。A．在載玻片兩側的血清附近滴加血液。
B．用牙籤將血清與血液混和。C．結果有凝集或不凝集的情形。
（同圖23-1-2，p. 258。）

假設:	抗-A	抗-B	血型
僅抗-A中凝集	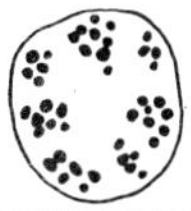	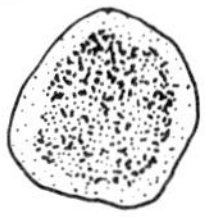	A
僅抗-B中凝集	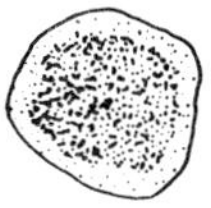	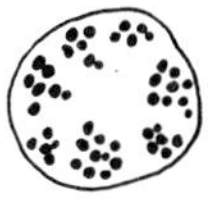	B
兩者均凝集	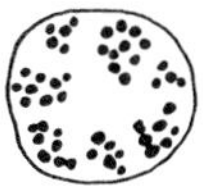		AB
無凝集現象		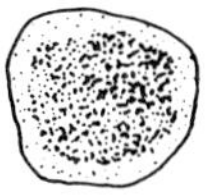	O

圖23-1-4　根據檢查結果斷定血型。（同圖23-1-2, p. 260。）

實驗25-1　魚的呼吸

甲、前　言

魚生活水中，用鰓呼吸。鰓上佈滿血管，血管中的血液，可以與流經鰓表面之水交換氣體。

（一）**鰓**　魚類在咽兩側的壁上，各有一列鰓裂（gill slit），鰓裂邊緣形成鰓。硬骨魚有四對鰓，鰓的外面尚有鰓蓋(gill operculum)（圖25-1-1A），以資保護。水自口進入咽，通過鰓的表面經鰓裂流出（圖25-1-1B）。吸氣時（圖25-1-1C），咽腔擴大，其內的壓力降低（－），外界的水乃自口進入。呼氣時（圖 25-1-1D），口閉起，唇後方的口瓣（oral valve）亦緊閉，同時口腔壁的肌肉收縮，咽腔中的壓力增加（＋＋＋），乃迫使水自鰓裂流出。鰓包括鰓弓（gill arch）以及附於鰓弓上兩個由鰓絲（gill filament）構成排列如梳的鰓瓣（gill lamella）（圖 25-1-1E），鰓絲中有血管。各鰓絲表面，又有許多更小的褶狀突起，叫做次級鰓瓣（secondary lamella）（圖 25-1-1F），以增加鰓的面積。次級鰓瓣內含有微血管，可以接受體內的缺氧血，血液至微血管中，便可與流經鰓表面的水交換氣體而自水中獲得氧。

（二）**呼吸運動**　魚用鰓呼吸時，水自口進入咽，再自鰓裂流出。此水流的動力，來自口腔壁以及鰓蓋的運動。一般魚類有兩種顯著的呼吸運動，一為鰓蓋運動（opercular movement），另一為洗滌運動（cleaning movement）。鰓蓋運動使水自外界進入口，經鰓裂流出，這是順流，洗滌運動則引起逆流，使口內的水向外吐出。鰓蓋運動是間隙性的，經數次或數十次鰓蓋運動後，便有一次洗滌運動；故順流是間斷

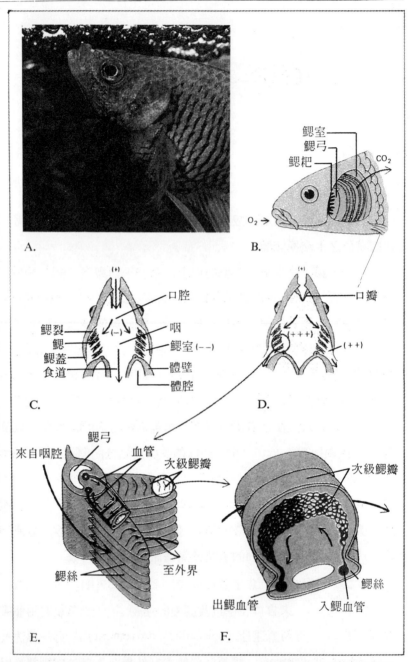

圖25-1-1 魚鰓的功能。A．鰓位於鰓蓋下方。B．除去鰓蓋，可見鰓位於鰓室中，構成咽側面的壁。C．水自口啣入，流經鰓弓表面。吸氣時，咽腔擴大，咽腔中的壓力爲－，水乃自口進入。D．當魚呼氣時，口及唇後方之口瓣均閉起，由於肌肉的收縮，咽腔中之壓力增高（＋＋＋），迫使水自鰓裂流出。E．各鰓包括鰓弓以及連於鰓弓的兩排鰓絲，當水通過鰓絲時，鰓絲上的血管中也有血液循流。F．各鰓絲有許多更小的突起，稱爲次級鰓瓣，可使鰓絲的面積加大。（錄自：Claude A. Villee et al., *Biology*, 2nd ed., Holt, Rinehart and Winston, Inc., 1989. p. 1014。）

的，經過一定時間後，必有一次逆流。不過，鰓部的水流則決不間斷，因爲不論順流或逆流，都有水經過鰓的表面。洗滌運動在除去鰓部的異物，以保持鰓的清潔。

呼吸運動可用記錄器描繪出其曲線，鰓蓋運動是單峯曲線，洗滌運動是雙峯曲線（圖 25-1-2）。 控制呼吸率的因素為水溫、 水中之含氧

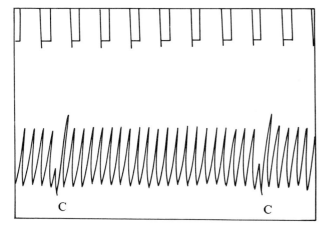

圖25-1-2 用記錄鼓描繪之鰓蓋運動曲線。 （上方之刻度約為 2 秒之間隔，C為洗鰓運動曲線。）

量和含二氧化碳量等。水溫上升，呼吸運動便加快，降低則變慢。水中之氧量減少，或二氧化碳量增加，皆促使呼吸運動加快。魚在靜止時，行靜止呼吸， 這時， 有部分的鰓可以休患， 例如鰻， 僅用一側的鰓呼吸。

（三）其他呼吸器 魚的呼吸器，以鰓為主。除鰓以外， 皮膚、鰾及腸等， 亦可兼營呼吸。

1. 皮膚呼吸 魚鱗發達者，皮膚呼吸少；鱗片退化者，皮膚呼吸顯著。鰻吸入的氧，其中五分之三係由皮膚吸入。魚類在水中，以鰓呼吸， 如欲遷移他處而須經過濕地時，皮膚呼吸即有效補助之。

2. 腸呼吸 腸為消化器官，但有部分魚類，腸可兼充呼吸器官，泥鰍即是一例。泥鰍的腸黏膜上密佈血管，可與吞入腸內的空氣交換氣體。泥鰍會將頭探出水面，用口吞嚥空氣，在腸中交換氣體後，再自肛門排出。泥鰍在較高的水溫中，因溫度高，含氧量便少，泥鰍出水吞嚥空氣的次數便增加。若將泥鰍飼養於含氧充足的水中，泥鰍可以數小時不吞嚥空氣。反之，若置於經煮沸再冷卻的水中（除去水中之氧），則每小時吞嚥空氣便達二、三十次之多。

3. 肺呼吸 肺魚以肺呼吸，鰓反為附屬器官。肺魚的肺係由鰾演

化而來，爲兩個囊狀之構造，開口於食道，內部有許多肺泡狀構造，富含微血管，可與吸入之空氣交換氣體。

4. 僞鰓呼吸 多數魚類具有僞鰓，僞鰓易於滲透氣體，可爲補助呼吸器。僞鰓中充滿嗜酸性細胞，對於 $H_2CO_3 \longrightarrow CO_2 + H_2O$ 的反應，有極強之催化力，故易於排出二氧化碳，在呼吸生理上有積極作用。

5. 迷囊呼吸 鰓腔中有迷囊 (labyrinth sac)，內面有許多皺褶，其表皮下方有多數微血管。囊口可以開閉，囊內之空氣乃得以自由出入。

乙、實驗設計

目 的

本實驗在觀察魚的呼吸運動，以及溫度對呼吸運動的影響。此外，本實驗目的也在了解腸呼吸對泥鰍的重要性。

器 材

（一）

鯉 魚	1 條
記錄鼓（或多用途記錄器）	1 臺
T 形固定板（用二塊木板黏成）	1 個
冰 塊	酌量
玻璃缸（或面盆）	1 個

（二）

泥 鰍	2 條
有蓋的瓶（約 250ml）	2 個

步 驟

（一）鯉魚的呼吸運動

1. 將鯉魚置於 T 形板上方橫的木板上，用紗布（繃帶布）綁在木板上。

2. 常溫：玻璃缸內置水，先測水溫，再將魚放入，在 T 形板下方直行的木板上加置重物，或用手壓住，使 T 形板及魚固定於水底。

3. 用線穿在魚鈎上，魚鈎鈎住鰓蓋，線的一端繫於記錄鼓的配件——支架上，如圖 25-1-3。

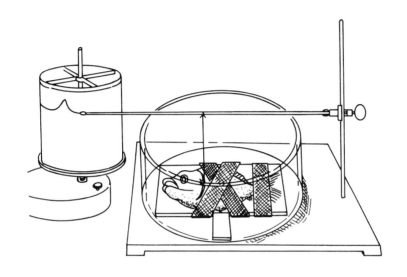

圖25-1-3　用記錄鼓記錄時之裝置

4. 在記錄鼓上記錄其呼吸運動的曲線。

5. 計算每分鐘呼吸的次數。

6. 呼吸運動曲線，能否區分鰓蓋運動與洗滌運動?

7. 低溫：將玻璃缸的水更換爲 10°C 的水。

8. 重複步驟 3 ～ 6 。

9. 高溫：更換爲 30°C 的水。

10. 重複步驟 3 ～ 6 。

11. 三種溫度下，呼吸運動的曲線有何差異?

（二）泥鰍的腸呼吸

1. 取煮沸後冷卻的水（除去水中的氧），裝滿二個瓶。

2. 瓶內各置入泥鰍一條。

3. A 瓶加蓋，使不透氣；B 瓶則敞開。

4. 計算兩瓶中泥鰍每分鐘穿出水面（或企圖穿出）的次數。

5. 兩者有何差異？何故？

實驗26-1 草履蟲的伸縮泡

甲、前　言

　　細胞經代謝作用產生的廢物，有 CO_2、水和含氮物質。將廢物由細胞或身體排除的過程，叫做排泄 (excretion)。

　　（一）**動物的排泄作用**　原生動物如草履蟲和變形蟲，細胞內的 CO_2 和氨，藉擴散作用由細胞膜排出；多餘的水分則由伸縮泡排出，這時需要利用能量。同樣的，水螅體內的 CO_2 和含氮廢物，亦由細胞擴散而出，水分的排除，也需消耗能量。在渦蟲，CO_2、含氮廢物及水，皆由腎管排出。蝗蟲的排泄器官爲馬氏小管，廢物由馬氏小管經消化管隨糞便排除。

　　含氮廢物是氨、尿素或是尿酸，與水分的供應有關。氨是很毒的物質，因此，僅生活水中（水分供應充裕）的動物排出氨。尿素的毒性較小，但仍需要水分加以稀釋，人類的含氮廢物主爲尿素。尿酸的毒性最小，昆蟲與鳥類皆排出尿酸，人類及哺乳動物亦排除部分尿酸。

　　人類的含氮廢物及水分，主由泌尿器官排出。血液中的廢物經腎臟的過濾和再吸收等作用，乃形成尿液排出。腎臟的排尿，尚可維持體內環境的恒定。恒定性的維持，亦爲泌尿器的重要功能。恒定性亦涉及消化、呼吸及皮膚發汗等作用。

　　（二）**伸縮泡 (contractile vacuole) 的功能**　所有生活於淡水中的原生動物、以及少數生活於海水和寄生的種類，體內具有伸縮泡。伸縮泡呈節律性的脹縮，泡內有透明的液體，當液體增多時，泡就脹大，當擴張至一定大小，即行收縮消失，將內容物直接或由胞咽排出。

脹縮的時間，每次自數秒至數分鐘不等，其速度隨種類而異，也與溫度等環境因素有關。在肉足類中身體裸露（不具殼）的種類如變形蟲，伸縮泡沒有固定位置，在細胞內隨細胞質循流。但其他原生動物，伸縮泡則有固定的位置。有的纖毛蟲，伸縮泡周圍有數條輻射管（圖 26-1-1），體內的液體，自輻射管的一端進入，然後釋出至伸縮泡。伸縮泡

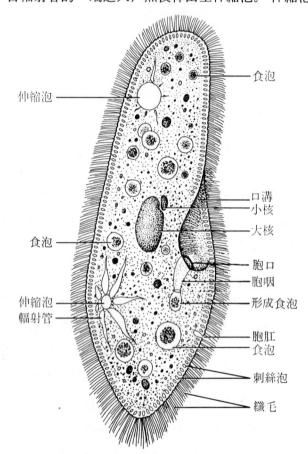

食泡

伸縮泡

口溝
小核
大核

食泡

胞口
胞咽

伸縮泡
輻射管

形成食泡

胞肛
食泡

刺絲泡

纖毛

圖26-1-1 草履蟲的構造。
（錄自: Hegner and En-
gemann, *Invertebrate
Zoology*, 2nd ed., New
York: Macmillan, 1968.
p. 71。）

的數目，自一個至數個不等。大多數原生動物的伸縮泡並非永久構造，在每次收縮後即行消失，然後又另行產生新的液泡，由小液泡癒合而成一新的伸縮泡。具有輻射管的伸縮泡，向外有一永久性的開口，有些種類，伸縮泡尚有一小管通至體表，向外開口。

草履蟲有二個伸縮泡，一個在前，一個在後。也有的種類有三個或更多。其伸縮泡不但有固定的位置，向外的開口也是永久性的。伸縮泡

收縮時，孔即張開，容其內的液體排出。圖 26-1-2 示草履蟲的液泡與

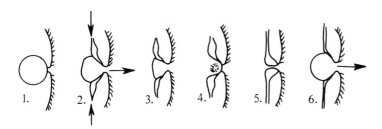

圖26-1-2 草履蟲伸縮泡與輻射管的脹縮。1 伸縮泡脹滿，孔關閉；2 及 3 孔張開，伸縮泡收縮，輻射管漸充滿水；4 孔關閉；5 及 6 小泡癒合成伸縮泡。

（錄自：Cleveland P. Hickman, *Biology of the Invertebrates*, 2nd ed., Saint Louis: Mosby, 1973. p. 43。）

輻射管的脹縮情形，其中 1 示伸縮泡脹滿（孔關閉）；2 和 3 的孔張開，伸縮泡收縮，水自孔排出，輻射管則充滿水；4 的伸縮泡消失不見，孔關閉；5 和 6 的輻射管漸消失，小型液泡癒合成大的伸縮泡。

　　伸縮泡中的液體，主為水分，雖然含有氨或尿素等含氮廢物，但含量極微，故伸縮泡的主要功能，實為排除體內多餘的水分，以維持體內環境的恒定。水分由體表擴散而入，也可隨食物形成的食泡進入；某些海產原生動物亦具有伸縮泡，其水分即主隨食泡進入。雖然原生動物的伸縮泡，主要功用是排除體內多餘的水分，但必須強調的是，調節體內的水分，是排泄器官的重要機能之一。由是觀之，原生動物的伸縮泡，當可視為是一種很原始的排泄胞器。

乙、實驗設計

目　的

　　動物體內的環境，必須維持恒定。原生動物的伸縮泡，即具有此種功能。本實驗觀察草履蟲的伸縮泡，並推測其功能。

器　材

草履蟲培養液	酌量
顯微鏡	1臺
載玻片	1片

蓋玻片	1 片
甲基纖維液	少許
乳頭吸管	1 支

步　驟

1. 取清潔的載玻片，用甲基纖維液在載玻片中央塗一約鉛筆粗細的圓圈。

2. 滴一滴草履蟲培養液在圓圈中，加蓋玻片。

3. 將載玻片置顯微鏡下觀察，先用低倍，再換高倍。

4. 觀察草履蟲的伸縮泡。伸縮泡位於何處? 有幾個? 周圍有無輻射管?

5. 計算每分鐘伸縮泡脹縮的次數。

6. 根據下列已知資料，推測伸縮泡的功能。

資料 1（1929年報導）　伸縮泡中含有極微量的尿素。

問題: 伸縮泡是否為一種排泄胞器，主在排泄體內的含氮廢物。

資料 2（1938年報導）　淡水中的原生動物，若伸縮泡失去功能，體即膨大。

資料 3（1924年報導）　將蒸餾水注射至伸縮泡中，伸縮泡的收縮便加快。

問題: 根據資料 2 及 3，推測伸縮泡的功能。

實驗28-1 人體的感覺

甲、前 言

　　動物的感覺器官（sense organ）， 專司接受來自體內或體外的刺激， 產生神經衝動， 由感覺神經傳入中樞， 乃引起反射或同時產生感覺。感覺器官接受的各種理化刺激，必須要轉變成電能（動作電位 action potential）， 始成爲可沿神經纖維傳遞的神經衝動。負責將刺激轉變成電能者，即是感覺器官的受器（receptor）。

　　（一）視覺 人的眼位於眼窩中，自眼窩內側有六對肌肉連至眼球表面（圖 28-1-1）；這些肌肉，專司眼球的轉動。

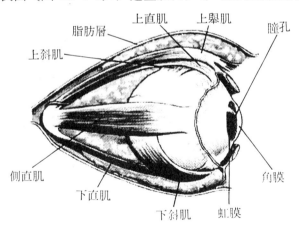

圖28-1-1 眼窩連至眼球表面的肌肉」
（錄自: Otto, Towle, and Bradley, *Modern Biology*, Teacher's Edition, Holt, Rinehart and Winston, 1981. p. 600。）

　　1. 眼球的構造與影像的形成 圖 28-1-2 示眼球的構造。眼內感光的部位是網膜（retina）， 網膜位於脈絡膜（choroid） 內側， 佔眼球後方的三分之二。眼球的角膜（cornea）、水狀液（aqueous humor）、晶體（leus）和透明液（vitreous humor）等共同形成一完整的光學系統；外界物體的光線射入眼球後，經此系統的屈折作用而到達網膜，在

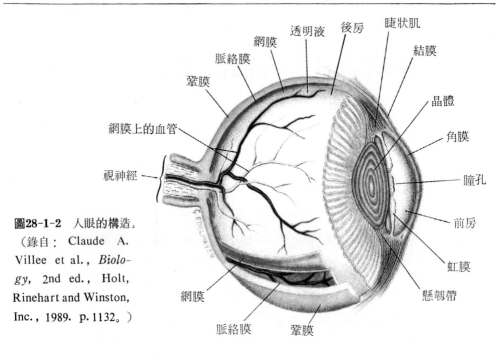

圖**28-1-2** 人眼的構造。
（錄自： Claude A.
Villee et al., *Biology*, 2nd ed., Holt,
Rinehart and Winston,
Inc., 1989. p.1132。）

圖**28-1-3** 物體（釘子）在網
膜上呈現倒立的影像。（錄
自： James H. Otto et al.,
Biology Investigations, Te-
acher's Edition, New York:
Holt, Rinehart and Winst-
on, 1981. p.258。）

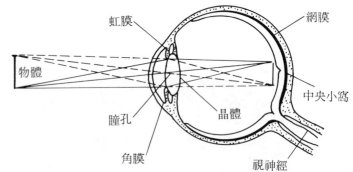

網膜上形成一倒立的影像（圖 28-1-3）。 網膜上形成的物體影像雖然
是倒立的，但給予人們主觀上的感覺仍然是正的。推測原因，可能是由
於嬰孩時期，在視覺的發育過程中，已習慣於將外界的實物與眼中倒立
的影像連繫起來，而在主觀上不覺得像是倒立的。反之，如果設法使外
物在網膜上形成非倒立的影像，而在主觀上，反而會覺得是倒立的像。

　　2. 網膜的構造　網膜是眼球內惟一能發生感光作用的神經組織，
含有大量受器細胞——錐細胞（cone）和桿細胞（rod）。此外，網膜尚
含有其他許多感覺神經元、聯絡神經元及其軸突等。 由圖 28-1-4， 可

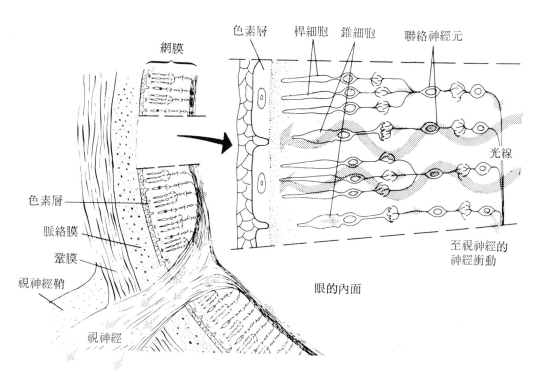

色素層　桿細胞　錐細胞　聯絡神經元

網膜

光線

色素層
脈絡膜
鞏膜
視神經鞘

視神經

眼的內面

至視神經的
神經衝動

圖28-1-4　眼球後方的構造及網膜的放大圖。（同圖28-1-1，p. 601）。

知感光細胞（錐細胞和桿細胞）位於眼球後方，進入眼的光線，欲到達
這些細胞，必須通過多層的神經元。

許多神經元的軸突，在眼球後方集合而成視神經（optic　nerve）。
視神經穿過眼球壁，穿過之處，網膜上沒有錐細胞，亦無桿細胞，該部
位稱爲盲點（blind spot），形成之影像，若落於盲點，卽不能察見。

在網膜中央，與角膜、晶體等之中央成一直線處，有一小凹陷，該
處的視覺最爲敏銳，叫做中央小窩（fovea）。此處的錐細胞集中（但無
桿細胞），負責明亮視覺和顏色視覺。桿細胞則在網膜的邊緣較多，其
功能恰與錐細胞相反，是對弱光發生作用，對顏色則無感受力，主在分
辨光亮，故不適於作細微的觀察，亦不能辨別顏色。

3. 視覺的化學基礎　錐細胞和桿細胞中，都含有對光線敏感的化
學物質，此爲一種色素與蛋白質的化合物。兩種細胞中所含的感光物

質，其色素部分完全相同，僅蛋白質的構造略有差異。當光線射至網膜而爲這種感光物質吸收時，遂引發神經衝動。實際上，光線本身並不刺激神經，而是由感光物質吸收光線而進行分解（即光化作用），釋出的能量，乃刺激感覺神經元而產生神經衝動。

　　桿細胞中所含的感光物質，叫做視紫 (rhodopsin)，視紫係由視紫蛋白 (scotopsin，一種蛋白質) 與視黃醛 (retinene，一種色素) 結合而成。當視紫受光線刺激時，視紫蛋白與視黃醛之間的鍵便斷裂，視紫乃分解爲視紫蛋白與視黃醛；在黑暗中，這兩種物質又重新結合而成視紫，故爲可逆反應。

　　（二）**平衡覺**　耳除了司聽覺外，尚司平衡覺。許多脊椎動物沒有外耳和中耳，但都具有內耳。內耳的迷路 (labyrinth)（圖 28-1-5），

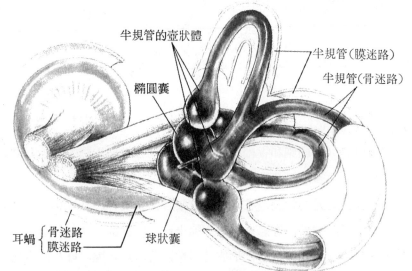

半規管的壺狀體

橢圓囊

半規管（膜迷路）

半規管（骨迷路）

圖28-1-5　人的內耳，示迷路。（同圖 28-1-2, p. 1119。）

耳蝸 { 骨迷路 膜迷路

球狀囊

除含有耳蝸以司聽覺外，尚有球狀囊 (saccule)、橢圓囊 (utricle) 和三個半規管 (semicircular canal)，這三者統稱爲前庭器 (vestibular organ)，其功能與頭部位置的感覺與身體的平衡覺有關。

　　球狀囊與橢圓囊內含有耳石（圖 28-1-6），地心引力會使耳石壓迫某些毛細胞 (hair cell)，毛細胞是這些構造的受器，接受刺激後，產生的衝動傳至腦，便會有身體位置的感覺。當頭部位置改變，或身體作直線升降時，耳石也改變位置，因而壓迫另一些毛細胞，引起另外的

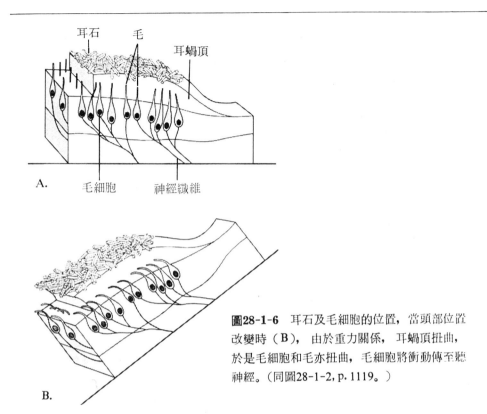

圖28-1-6 耳石及毛細胞的位置，當頭部位跫改變時（B），由於重力關係，耳蝸頂扭曲，於是毛細胞和毛亦扭曲，毛細胞將衝動傳至聽神經。（同圖28-1-2, p. 1119。）

神經衝動，於是便會有頭部位置改變或身體升降等的感覺。

　　至於內耳的三個半規管，係位於三個不同的平面上，當頭部作任何方向之移動時，都會影響到其中一個半規管，使管內的液體流動。對半規管的有效刺激，乃是各種身體之旋轉。當身體旋轉時，半規管內的液體便刺激管內的毛細胞，而產生身體旋轉的感覺。在刺激過劇時，會引起噁心、嘔吐、眩暈等症狀。

　　（三）皮膚的感覺　皮膚的感覺有冷覺、熱覺、觸覺、壓覺和痛覺五種，前三種僅見於皮膚及消化管兩端（口及肛門）的黏膜，而為其他任何內臟所無。壓覺僅當皮膚承受較大力量的壓迫，致使皮下組織深層之壓覺受器受到刺激時，才會引起壓覺；此外，肌肉、肌腱、腸間膜和腹膜等受到壓迫時，也能產生壓覺。

　　主管皮膚感覺的受器，除少數一、二種（如痛覺的游離神經末梢）可分布於表皮細胞之間外，其餘多深藏於真皮中。就構造而言，有些只

是少數細胞，其下連接特殊的感覺神經末梢。另有一些在神經末梢周圍，尚包有結締組織性之囊。這些受器在皮膚內成點狀分布（圖 28-1-7），分別稱為冷點、熱點、觸點和痛點。至於皮膚內的壓覺受器，多埋藏在皮下組織的深層，甚至深入肌腱、關節等處。

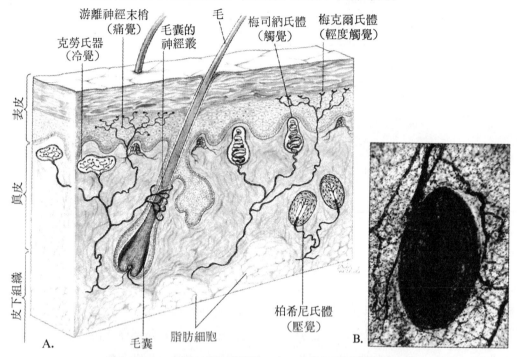

圖28-1-7　人體皮膚的感覺器。A. 皮膚切面示各感覺器的分布。B. 柏希尼氏體的放大。（同圖28-1-2, p. 1114。）

乙、實驗設計

目 的

人們藉感覺作用，可以了解周圍環境的情況，本實驗測定並了解數種人體的感覺。

器 材

白　紙	3 張
大頭針	2 支
軟木塞	1 個

顔色筆（紅、黃、藍、黑）　　　　　　　　各 1

尺　　　　　　　　　　　　　　　　　　　1 支

步　驟

（一）視　覺

A. 盲點（兩人一組）

1. 取白紙一張，依照圖 28-1-8 之大小畫在紙上。

圖**28-1-8**　試驗盲點的圖

2. 主試者提起白紙，置於離受試者 13 公分處。

3. 受試者閉起左眼（或右眼），用右眼（或左眼）注視紙上的 ×，主試者將紙漸漸遠離受試者，直至受試者看不到○的圖形。這時○ 的影像落在網膜的盲點上，因而影像便消失不見。

B. 後像（after image）——盲點的試驗是受試者視而不見，後像 則恰好相反，受試者是無物而視，即看到不存在的東西。後像是由於網 膜的慣性而產生，當刺激消失後，網膜上仍保留著物體的影像，故此現 象亦稱視覺暫留。後像有正、負兩種，正後像在網膜上停留的時間很 短，所看到影像的色彩與原物一樣，觀看電影、黑暗中轉動火球看起來 似一連續的圖形等皆爲正後像。負後像爲時較正後像久，看到的物像顏 色，是原物顏色的補色。因爲對原來顏色已感疲勞，故在白紙上看到的 是原色的補色，或爲黑與白相反的情形。（紅與綠、藍與黃互爲補色， 黑與白爲亮度對比。）

1. 將圖 28-1-9 右方的蝴蝶按照左方的標註塗上顏色。

 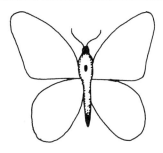

圖**28-1-9**　測驗後像的圖。（錄自: James H. Otto et al., *Laboratory Investigations in Biology*, Holt, Rinehart and Winston, 1981. p. 188。）

2.　在另一張白紙上畫一黑點，將紙置桌上。

3.　眼睛凝視蝴蝶身體中央的黑點約三十秒（眼睛不眨），然後迅速將視線移到另一張白紙上所畫的黑點，凝視黑點約十秒鐘。這時看到蝴蝶的影像否？其顏色如何？

（二）壓覺（兩人一組）

1.　將兩支大頭針插入軟木塞中，如圖 28-1-10，兩針相距約 2 公分。

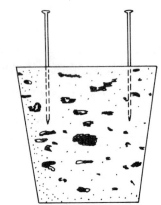

圖28-1-10　軟木塞插上大頭針。（錄自：Norman Abraham et al., *Interaction of Man & the Biosphere*, Teacher's Edition, Chicago: IMB, 1971. p.115。）

2.　受試者閉起眼，主試者手持軟木塞，用針的鈍端刺激受試者的前臂內側（掌面），問受試者感到有幾個針？繼續試驗前臂內側的其他部位。如受試者感到有一個針，便將兩針離遠些；如感到有二個針，便將針移近。每次移動針時，都必須測量兩針間的距離（公分）。感到有兩個針的最短距離是多少？

3.　用同樣方法試驗前臂外側（臂背），感到有兩個針的最短距離是多少？

（三）平衡覺（兩人一組）

1.　在地上用粉筆畫 15～20 尺長的直線一條。

2.　受試者閉起眼，兩腳併攏，站立五秒鐘，觀察其站立時身體的平衡狀況。

3.　受試者睜開眼，沿直線行走，觀察其身體平衡狀況。

4.　受試者旋轉 15 秒。

5. 閉起眼，併攏雙腳，站立 5 秒鐘，描述其身體的平衡狀況。

6. 受試者睜開眼，沿直線行走，描述其身體平衡狀況。

7. 旋轉前後，身體的平衡狀況有何差異?

實驗29-1 甲狀腺素對蝌蚪變態的影響

甲、前　言

　　體內的各種內分泌腺，經常分泌少量的激素；因此，血液中通常都有三、四十種不同的激素存在，但量則甚少。大部分激素在血液中係與血漿蛋白結合，僅有少數呈游離狀態。激素與血漿蛋白的關係如下：

激素-血漿蛋白⇌游離的激素＋血漿蛋白

游離的激素，不斷爲目標組織自血液循環中攝取而被移除，這些激素，亦可爲肝、腎等移除。

　　甲狀腺素 (thyroxine T_4) 由甲狀腺所分泌，甲狀腺的基本構造爲許多大型的濾泡（圖 29-1-1）， 構成濾泡的細胞可以分泌激素至中央的空腔中並儲存於此。甲狀腺分泌激素要以碘爲原料，濾泡的細胞自血

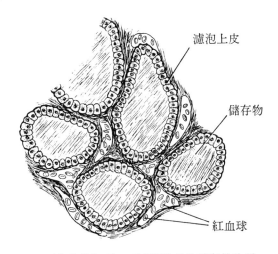

濾泡上皮

儲存物

紅血球

圖29-1-1　甲狀腺橫切面，示濾泡及其內儲存的物質。
（錄自：Arthur C. Guyton, *Function of the Human Body*, 3rd ed., W. B. Saunders Company, 1969. p. 414。）

液中吸收碘， 碘與濾泡中的酪胺酸 (tyroxine) 乃形成甲狀腺素 (或三碘甲狀腺素， triiodothyronine T_3)，合成的甲狀腺素可在濾泡中儲存數週。甲狀腺素的形成過程， 係受腦垂腺所分泌之促甲狀腺激素 (thyrotropin) 所控制。 甲狀腺素可以控制體內所有細胞之代謝速率， 也可影響細胞的分化；分泌過多或過少皆會引起疾病。

乙、實驗設計

目 的

許多動物在發育的過程中， 要經過變態才會形成成體。動物的變態與激素有密切的關聯， 例如甲狀腺分泌的甲狀腺素， 可作用於蝌蚪的組織而誘導其變態。甲狀腺的機能復受腦垂腺分泌的促甲狀腺激素的控制，因此， 缺少腦垂腺的蝌蚪卽不變態。本實驗用甲狀腺素餵蝌蚪，以觀察其對變態的影響。

器 材

蝌　蚪（已長出後肢）	20隻
池　水（或放置 72 小時以上的自來水）	酌量
飼　料（配置方法見附錄）	酌量
甲狀腺素母液（濃度為十萬分之一，配製方法見附錄）	酌量
盆（40cm×30cm×12cm，能儲水 3000～4000ml 者）	2 個

步 驟

1. 兩個盆內盛池水約七分滿，分別標註甲或乙。

2. 盆中分別放入蝌蚪 10 隻。

3. 甲盆中每 1000ml 水中加入甲狀腺母液 0.4ml，使每 1000ml 水中含甲狀腺素 $4\mu g$。若盆中盛水 3000ml，則加入母液 1.2ml。

4. 每天餵以飼料半塊，食物量可視情形酌量增減，若每次吃光卽

略增加。

5. 隔天換水，換水時用網將蝌蚪撈起，倒去盆中的水及穢物，換
以同量的清潔池水。

6. 每次換水後，甲盆中要重新加入甲狀腺素母液。

7. 每天觀察蝌蚪的生長情形，何時長出前肢？再過多久有縮尾現
象，將結果記錄下來。

實驗30-1 蛙的生殖

甲、前　　言

蛙雖生活陸地，但精子與卵皆產於水中，行體外受精。雌蛙在春天產卵，將達產卵期時，腦垂腺即分泌大量激素，刺激卵巢排卵。腦垂腺激素也可刺激雄蛙的睪丸分泌性激素，該性激素影響其神經系統，使雄蛙自冬眠藏身之處遷移至池塘邊。雌蛙雄蛙互相抱合，數日後，兩者分別產卵或精子，於體外完成受精作用。

雌蛙雖在春天產卵，但夏天時，體內又復產生許多卵，所以在夏秋時，可用人工方法將腦垂腺激素注射至成熟的雌蛙體內，即可促使其排卵。

施行蛙人工受精的最佳季節是三月至五月，自九月至十一月也可以做，只是效果不及春夏時佳。選擇的雌蛙必須體內有許多長大的卵，因此，當青蛙剛開始冬眠或剛結束冬眠時是採集青蛙的適當時刻。若採集青蛙後，不立即做實驗，可將蛙暫存於有通風的冷藏箱 (refrigerator) 或生長箱 (growth chamber) 內， 溫度保持 8 ～10°C。 保存時， 將四、五隻蛙（雌、雄分開）置於一容器內（直徑 20 公分、高 15 公分的玻璃缸或塑膠缸， 上加鐵絲網蓋）。 容器內盛生理鹽水 (Ringer's solution)。 水高約至青蛙頸部， 使蛙能行呼吸 （水可保持其皮膚濕潤）， 每星期換水二、三次，如此保存三至四個星期，蛙仍然很健康。

（一）卵的形態

蛙的卵屬端黃卵，其卵黃位於植物性極 (vegetal pole) 的一端；當靜置於水中時，植物性極的一端因含有卵黃，卵黃較細胞質重，故植

物性極向下，另一端卽動物性極 (animal pole) 則在上。 卵的表層含有色素，但分布不均，靠動物性極的一邊，含色素較多，呈淡褐色，稱動物性半球 (animal hemisphere)。靠植物性極的一半色素甚少，故顏色淺，幾呈白色，稱植物性半球 (vegetal hemisphere)。

（二）受精作用

蛙卵受精時，精子的頭部穿入卵內，尾部則遺留在外，然後精核與卵核結合而完成受精。精子穿入時，會引起卵內色素的移動，因而在近赤道處之色素便向動物性極移動，該處之顏色乃呈中間型，叫做灰月區 (gray crescent) （圖 30-1-1）。

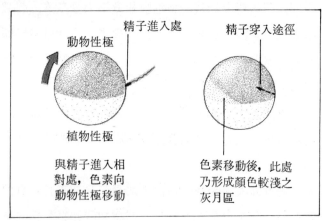

圖30-1-1 灰月區的形成。（錄自：Ceice Starr, Ralph Taggart, *Biology*, 5th ed., Wadsworth, 1989. p.493。）

乙、實驗設計

目　的

本實驗在了解激素對雌蛙排卵和雄蛙釋出精子的影響；此外，亦趁機觀察卵和精子的形態構造， 並進行蛙卵的人工受精。 爲達成此等目的，本實驗之設計，乃分爲三部分： （一）生殖激素和排卵， （二）觀察蛙的精子， （三）蛙的人工受精。

器　材

（一）生殖激素和排卵

　　成熟的雌蛙　　　　　　　　　　　　　　　　　1 隻

脑垂腺懸液（pituitary suspension）（腦垂腺　酌量
　摘取見備註，懸液配置見步驟1）

注射筒（2ml 或稍大）　　　　　　　　　　1 個

注射針（No. 18 約 1 吋長）　　　　　　　1 個

大燒杯（用以盛放經注射腦垂腺懸液後之雌蛙，
　瓶口要加蓋鐵絲網）　　　　　　　　　1 個

生理鹽水（配製法見附錄一）　　　　　　酌量

（二）觀察蛙的精子

成熟的雄蛙　　　　　　　　　　　　　　1 隻

石氏稀釋液（配製法見附錄一，或用無強烈化　酌量
　學物污染之池水，過濾之。或用放置 72 小
　時以上以除去氯的自來水）

解剖盤　　　　　　　　　　　　　　　　1 個

培養皿　　　　　　　　　　　　　　　　1 個

凹槽玻片　　　　　　　　　　　　　　　1 片

蓋玻片　　　　　　　　　　　　　　　　1 片

乳頭吸管　　　　　　　　　　　　　　　1 個

解剖剪 ⎤ （必須清潔，無福馬林、清潔劑　一把
鑷　子 ⎦ 　或其他化學物沾染）　　　　　一把

複式顯微鏡　　　　　　　　　　　　　　1 臺

亞甲藍液　　　　　　　　　　　　　　　少許

（三）人工受精

精子懸液（第二部分製備者）　　　　　　酌量

蛙卵（可取自第一部分之雌蛙）　　　　　多個

培養皿　　　　　　　　　　　　　　　　1 個

乳頭吸管　　　　　　　　　　　　　　　1 個

簽字筆　　　　　　　　　　　　　　　　1 枝

石氏稀釋液（或清潔池水、除去氯的自來水）　酌量

　　　　　解剖顯微鏡或放大鏡　　　　　　　　　1臺

　　　　　鑷　子　　　　　　　　　　　　　　　1把

步　驟

（一）生殖激素與排卵

（注意: 雌蛙經注射腦垂腺後，通常需48小時以後始排卵，因此，必須在實驗以前 48 小時先行注射。）

　　1. 用注射筒將置於生理鹽水中之腦垂腺（依備註一取出者）吸入針筒內，裝上注射針，推動針軸，將內容物從針尖擠出來，盛在原來之錶玻皿中。如此重複兩三次，腺體就被擠碎，而製成腦垂腺懸液。

　　2. 將腦垂腺懸液注射至雌蛙之腹腔內。注射時，用大拇指和食指將腹部腹面的皮膚和肌肉捏起，針尖自捏起的體壁插入至適當深度，避免觸及腹腔內部的器官。注射完畢後，最好針筒內再吸入數 ml 生理鹽水，作第二次注射，以確保無腦垂腺殘留於注射筒內。

　　3. 將注射腦垂腺懸液之雌蛙置於大燒杯中，加入少量水（約 2cm 深），瓶口蓋以鐵紗，上加重物，以防蛙將鐵紗頂開而逃逸。在室溫下（約 23°C），於 24 至 48 小時內卽行排卵。

　　3. 注射後經 48 小時，可將卵擠出。依照圖 30-1-2 用右手握住

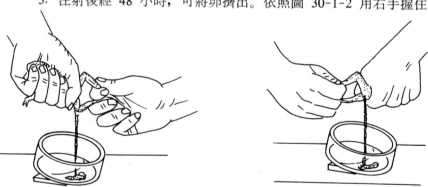

圖30-1-2　圖示以雙手握著雌蛙擠卵的位置

蛙的身體，蛙的背部向着手掌，後肢伸展於拇指與食指間。用左手握其後肢，輕輕將骨盤部位向腹面彎曲。右手輕輕將腹部向泄殖腔擠壓，輸卵管內的卵卽被擠出。一雌蛙約產卵 2000～3000 個，這些卵正進行減

數分裂，可供受精。注意: 該雌蛙必須保留以供本實驗第三部分使用。

（二）觀察蛙的精子

1. 將雄蛙用穿刺法殺死，自腹面中央線剖開，在背部脊柱之兩側、腎臟的腹面，約在身體中段處，有一對卵圓形的睪丸。

2. 取出睪丸，置於盛 10ml 石氏稀釋液（10％ Steinburg's solution）的小培養皿中，用解剖剪刀將睪丸剪碎，精子便釋出，將此精子懸液放置十分鐘，以待精子漸趨活動。此等精子可以保持其活動能力至少六小時，保留此精子懸液以供本實驗第三部分使用，但必須盡量在半小時以內使用，因為精子穿入卵的能力約三十分鐘後卽迅速減退。

3. 用乳頭吸管吸取精子懸液少許，滴數滴於凹槽載玻片之凹槽內，加上蓋玻片。

4. 將載玻片置複式顯微鏡下，觀察精子的形態及其運動。

5. 另製備一精子懸液的玻片標本，加一、二滴亞甲藍液染色，染色後顯出何種構造?

（三）人工受精

1. 施行人工受精時，可將本實驗第二部分製備之精子懸液（從製備至應用時不超過三十分鐘），置於培養皿中（恰好蓋滿皿底）。取本實驗第一部分的雌蛙（卽經腦垂腺處理過者），將卵 100 至 200 個擠於精子懸液（20ml）中，使卵散開以盡量能與精子接觸，可用清潔乳頭吸管輕輕攪動使卵浸浴於精子懸液中。

2. 將行使人工受精的時間標註在培養皿上。

3. 十分鐘後，倒去精子懸液，換以大量生理鹽水，

4. 二十分鐘後，倒去生理鹽水，再換以清潔生理鹽水，以除去多餘的精子和不潔物，減少細菌的滋長。

5. 用清潔鑷子取去睪丸碎片及其他異物，受精作用便告完成。

6. 在步驟 3 和 4 的十分鐘及二十分鐘等待期間，用解剖顯微鏡觀察卵。注意此未受精的卵在膠質中的位置，卵的那一端在上? 膠質可以保護卵，免受機械傷害或抵抗黴菌感染。

7. 卵若受精成功，在 20°C 的溫度下，一小時後，即在膠質內轉動，於是，色深的動物性極轉向上方，而植物性極則朝向皿底。

8. 受精後二小時半，開始出現卵裂，此即為發生的開始。

9. 保存此等受精卵，以供「實驗 31-1 蛙的發生」繼續觀察。

由受精卵發育至囊胚期，在 24°C 的溫度下，約需 32 小時；蛙的發生為連續的過程，故實驗 31-1 蛙的發生應提前於此時進行，將培養

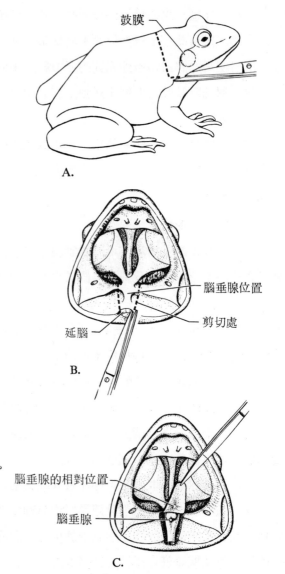

圖30-1-3 蛙去頭並取出其腦垂腺的方法。
（錄自：Biological Sceience Curriculum Study, *Biological Science, Teacher's Manual*, 2nd ed., Harcourt, brace & World, Inc., 1969. p. 264。）

皿置實驗桌上，供實驗 31-1 隨時觀察。

〔備註一〕腦垂腺的切取法

　　將蛙用乙醚或哥羅仿（chloroform）麻醉，然後用尖頭、鋒利的剪刀截去其頭部，剪時將剪刀置於蛙的口角，如圖 30-1-3 A，向後直剪至鼓膜後方，然後橫剪，將此頭部截下，沖洗乾淨後，置解剖盤中，腹面（口面）向上，將口腔頂部之皮膚切除，露出十字形的頭骨。

　　將剪刀細心插入腦基部的枕骨大孔（圖 30-1-3 B），向左、右各斜剪一刀至眼窩附近，切口自中央線至兩側各寬約 2.5mm。用小鑷子將此切開的三角形骨片掀開（圖 30-1-3 C），便露出腦的下部，腦垂腺卽附於腦上，恰好在左右視神經交叉處。此腺呈粉紅色，大小約爲針頭的三倍，其旁有白色的網狀物包圍，應易辨認。用小鑷子挾住白色網狀物而提出腺體，置於盛少量生理鹽水的錶玻皿中。

　　通常誘導一雌蛙排卵，於九月至翌年一月，約需腦垂腺五個，二月間四個，三月時三個，四月時一個。但爲保證受精成功起見，最好任何時候皆用五個。

實驗30-2 海膽的生殖

甲、前　　言

海膽 (sea urchin) 與海星（圖 30-2-1）、海參、陽燧足（圖 30-2-2）等同屬棘皮動物門 (Phylum　Echinodermata)。棘皮動物皆生活於海洋中，底棲，是海邊常見的無脊椎動物，最顯著的特徵是身體呈五輻對稱，卽通過身體中央的軸，可將之分爲五等分。棘皮動物的幼蟲爲兩側對稱，根據化石推測，其祖先亦爲兩側對稱，因此，棘皮動物與腔腸動物等體呈輻射對稱的種類，血緣關係並不密切。

棘皮動物具有內骨骼，骨骼包括許多骨片，這些骨片或彼此以結締組織疏鬆連接，如海星和陽燧足等，或是彼此以縫合線密切接合而成一

圖30-2-1 海星大多生活於岩岸地帶。（錄自: Ralph Buchsbaum, *Animals Without Backbones*, the University of Chicago Press, 1955. p. 310-1。）

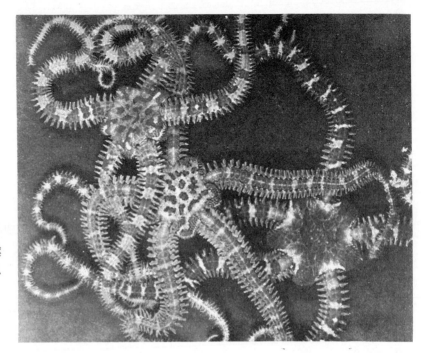

圖30-2-2　陽燧
足，利用腕可以
快速行走。
（同圖 30-2-1,
p. 310-5。）

硬殼，如海膽及海錢等。骨骼上通常有棘（spine）。表皮（epidermis）
有纖毛，覆於全身包括棘的表面，故名棘皮（spiny skin）。棘皮動物
體內有水管系（water vascular system），其管道的分枝末端形成管足
（tube foot），管足可自體表之隙縫或小孔伸至外界，此爲棘皮動物的
運動器官。棘皮動物雌雄異體，行體外受精，幼蟲具有纖毛能自由游
泳，體呈兩側對稱，經變態（metamorphosis）而爲成體，成體則爲輻
射對稱。

　　棘皮動物與脊索動物同屬後口類（deuterostomia），兩者早期的胚
胎發生相同，例如卵裂（cleavage）爲輻射卵裂（radial cleavage）（圖
30-2-3）；（原口類則爲螺旋卵裂 spiral cleavage，圖 30-2-4）胚
胎早期其細胞的命運尚未決定；原口（blastopore）封閉，口則另外發
生（故稱後口）等。因此，在胚胎學上，常以棘皮動物爲實驗材料，以
了解脊椎動物的早期發生過程。

　　茲將海膽的特徵，簡述如下：

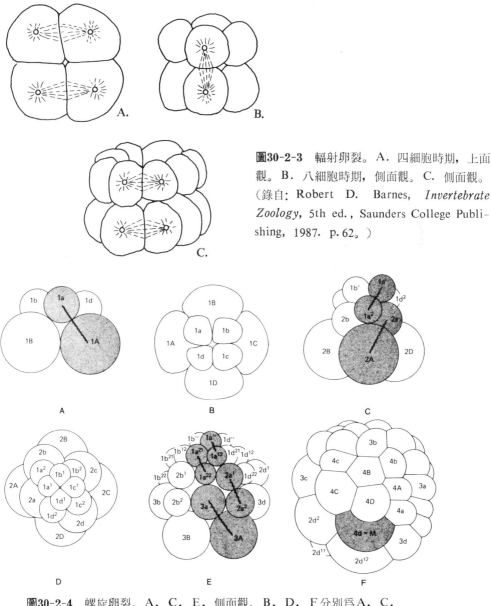

圖30-2-3　輻射卵裂。A. 四細胞時期，上面觀。B. 八細胞時期，側面觀。C. 側面觀。（錄自：Robert D. Barnes, *Invertebrate Zoology*, 5th ed., Saunders College Publishing, 1987. p. 62。）

圖30-2-4　螺旋卵裂。A，C，E，側面觀。B，D，F 分別為A，C，E 的相同時期之上面觀。（同圖30-2-3，p. 62。）

（一）**外形**　海膽體呈球狀，表面有許多長棘（圖 30-2-5）。生活時身體向下的一面較為平坦，中央有口，稱為口面（oral surface）；向上的一面呈穹頂狀，近中央處有肛門，稱為反口面（aboral surface）。

圖30-2-5 兩種不同的海膽，棘亦各異。（同圖30-2-1，pp. 310-8。）

口的周圍有圍口膜（peristomial membrane）（圖 30-2-6），此膜沿口的邊緣較厚，稱為唇（lip）。圍口膜上有五對口管足（buccal podia），此為特化的管足。在圍口膜的外緣，有五對鰓。肛門的周圍為一小型圓形的膜，叫做圍肛部（periproct），膜內含有骨板，稱為肛上板（suranal plate）（圖 30-2-7），在圍肛部的外圍，有五個較大和五個較小的骨板，兩者交互排列。大者是生殖板，其上各有一生殖孔；小者稱為眼板（occular plate），眼板表面之表皮具有眼點，可以感光，海膽為背光性。

　　海膽的身體自反口極至口極可分為呈輻射排列的十個區，其中五區具有管足，稱步帶區（ambulacral zone），另五區稱間步帶區（interambulacral zone），兩者交互排列。在步帶區和間步帶區，都有成行排列的棘，棘有長短兩種，兩者平均分布身體各部。各棘的基部凹陷，稱為窩（socket），窩與骨板上突出的瘤（tubercle）相接，兩者形成杵臼

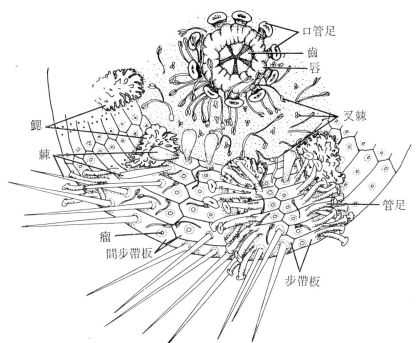

口管足
齒唇
叉棘
鰓棘
管足
瘤
間步帶板
步帶板

圖30-2-6 海膽的口面，示圍口膜及相關構造。(錄自: Cleveland P. Hickman, *Biology of the Invertebrates*, 2nd ed., Saint Louis: Mosby, 1973. p. 379。)

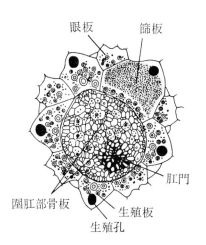

眼板 篩板
肛門
圍肛部骨板
生殖板
生殖孔

圖30-2-7 圍肛部及其周圍的骨板。(同圖30-2-3, p. 803。)

關節（圖 30-2-8），因此，棘可以向各方轉動。棘與骨板間有肌肉連繫，藉肌肉的舒張或收縮，使棘得以轉動。棘可用以行走或保護，有些種類的棘有毒（圖 30-2-9），毒性強者會傷害人體。

海膽體表尚具有叉棘（pedicellaria）（圖 30-2-10），叉棘微小，要用顯微鏡才能觀察到，通常以柄連於骨板，柄的先端有三個顎片

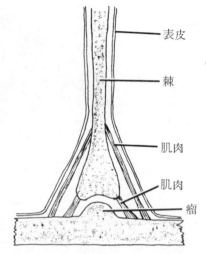

表皮

棘

肌肉

肌肉

瘤

圖30-2-8 海膽的棘與骨板上的瘤兩者形成關節，並有肌肉助其運動。（同圖30-2-6, p. 658。）

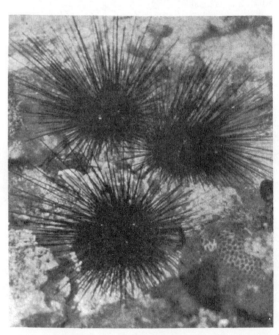

圖30-2-9 *有毒的海膽。*
（同圖30-2-1, p. 310-8。）

（jaw）（有的有 2 個、 4 個或 5 個）， 顎片可以張開或閉起，其功用在保護、捕食，亦可用以清潔體表。有的叉棘具有毒腺，毒液自顎片先端排出，用以麻醉小型食物。

海膽的管足位於步帶區，這些管足自步帶區骨板上的小孔伸出。管足細長，先端有吸盤。管足與棘皆為海膽的運動器官。

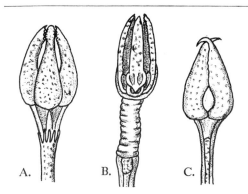

A.　　　B.　　　C.

圖**30-2-10**　叉棘，A及B有三個顎片，
C有二個顎片。（同圖30-2-6, p. 658。）

（二）內部構造

1. **體壁**　海膽的體壁包括表皮（epidermis）和眞皮（dermis），
表皮爲一層具有纖毛的細胞，眞皮爲結締組織，眞皮中有內骨骼。表皮
與眞皮皆有色素細胞（chromatophore），常見的色素爲黑色素（mela-
nin）。海膽的內骨骼，爲許多緊密相接的骨板，所有骨板相接後，乃形
成一不能活動的硬殼。　若將體表的棘除去，　則可清晰看到骨板的排列
方式（圖 30-2-11）；　在步帶區和間步帶區自反口極至口極各有二排骨

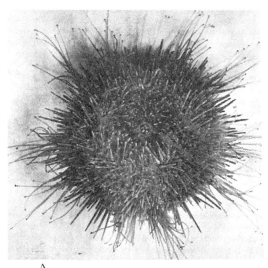

A.　　　　　　　　　　　B.

圖**30-2-11**　海膽。A. 外觀，較棘猶細長之管足，先端有吸盤。B. 除去
棘之海膽，示其骨骼連結成一硬殼。步帶區與間步帶區各有二排骨板，步
帶區之骨板上有小孔。（同圖30-2-1, pp. 310-7。）

板，通常步帶區較間步帶區窄，具有小孔，管足卽自此等小孔伸出；各
骨板上都有大小不等的瘤，此卽棘與骨板連接之處。

2. **水管系** 水管系爲棘皮 動物所 特有，海膽的水管系 包括 篩板
(madreporite)，石管 (stone canal)、環管(radial canal) 和五條輻射
管 (radial canal) 等（圖 30-2-12）。篩板爲一特化的生殖板，其上除

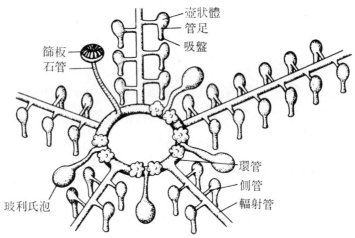

圖30-2-12 水管系。
（同圖30-2-3, p. 782。）

生殖孔外，尙有許多小孔，此爲海水出入水管系之通道。石管自反口面
向口面延伸，周圍有軸腺 (axial gland)，功用不明，可能與排泄有
關。環管圍於食道周圍，五條輻射管及五個玻利氏泡(polian vesicle)交
互輻射自環管延伸而出。輻射管自環管延伸至各步帶骨板的內側，兩側
交互發生分枝，稱側管 (lateral canal)，其末端連管足和壺狀體 (am-
pulla)，側管與壺狀體間有活瓣 (valve)。

水管系的整個管道中，充滿液體，該液體與海水的成分相似，只是
其中尙含有體腔細胞 (coelomocyte)、少許蛋白質以及較多的鉀離子。
當壺狀體收縮時，其與側管間的活瓣便關閉，壺狀體中的液體便流入管
足，管足便延長。管足伸長後便利用吸盤吸附他物；待管足附著後，管
足的縱肌便收縮，壓迫管足中的液體流回壺狀體，管足乃縮短。

3. **消化系** 海膽的消化系包括口、食道、胃、腸及肛門（圖 30-
2-13）。口位於口面的圍口膜中央，內通口腔；口腔內的齒構成亞氏提
燈 (Aristotle's lantern)，其先端自口突出。亞氏提燈是海膽的口器，

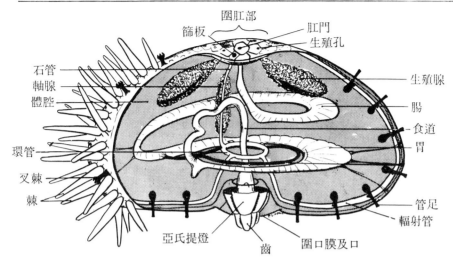

圍肛部
篩板
肛門
生殖孔
石管
軸腺
體腔
生殖腺
腸
食道
胃
環管
叉棘
棘
管足
輻射管
亞氏提燈
齒
圍口膜及口

圖30-2-13 海膽主要的內部**構**造。 （同圖30-2-6, p. 664。）

構造複雜，用以攝食並咀嚼食物。口腔下接食道，食道通過亞氏提燈自
口面向反口面垂直延伸，下接胃，胃以反時鐘方向繞食道一周，腸則以
順時鐘方向繞食道一周，然後連至直腸（ rectum ），直腸通至反口面的
肛門。 海膽的食物， 包括各種動植物， 但主爲海中的藻類， 生活深海
者，則以掉落海底之有機碎片爲食。

4. **生殖和發生** 海膽爲雌雄異體，但雌雄在外表卻無法區別。睪
丸與卵巢皆有五個， 位置亦相同， 卽各生殖腺位於間步帶骨板的內側
（圖 30-2-13），各生殖腺都有一短管連於反口面生殖板上的生殖孔。

精子與卵皆排至水中，行體外受精。有些種類會孵育幼體（圖 30-
2-14）， 在圍肛部有一凹陷的育兒袋，或者利用圍口膜上的棘以支持育
兒袋。

海膽的卵爲均黃卵(homolecithal)，卵受精後，卽進行卵裂（圖30-
2-15）， 第一次卵裂係經過動物性極和植物性極分爲兩個細胞，第二次
卵裂亦通過動物性極和植物性極，但與第一次的分割面相垂直，於是分
成四個等大的細胞。第三次卵裂爲水平面分割，將四個細胞分成上面及
下面各四個等大的細胞，上下細胞重疊排列，成輻射卵裂。 細胞繼續分
裂，形成單層細胞中空的囊胚（blastula），然後植物性極的細胞向內凹

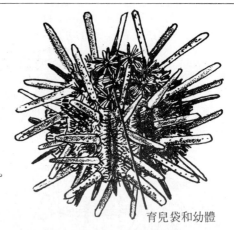

圖20-2-14 海膽的育兒袋內充滿著幼體。
（同圖30-2-14, p. 666。）

育兒袋和幼體

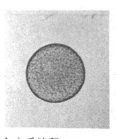

1. 未受精卵

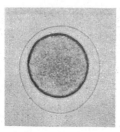

2. 受精卵

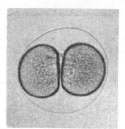

3. 二細胞時期

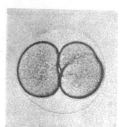

4. 各細胞分裂

5. 四細胞時期

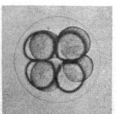

6. 八細胞時期

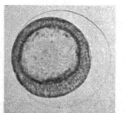

7. 囊胚（中空球狀）

8. 原腸胚, 有二層細胞

圖30-2-15 海膽的發生。（同圖30-2-1, pp. 310-9。）

陷，乃進入原腸胚（gastrula）時期。 其原口將來形成肛門， 口則另外
發生。 發生過程中的輻射卵裂、口另形發生而非由原口形成等，皆屬後
口類的特徵。卵受精後約 12 小時，即發育為幼蟲。幼蟲兩側對稱，具
六對腕，叫做長腕幼蟲（pluteus）（圖 30-2-16）。 幼蟲在水中游泳，
行浮游生活，在此期間即產生骨板，游泳一段時間，即沉至水底，經變
態而為成體。變態過程十分快速，約一小時左右即告完成。初形成之海
膽，體甚小，直徑不超過 1mm。

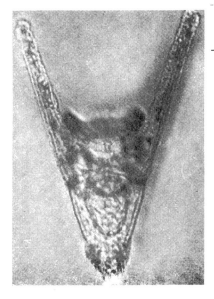

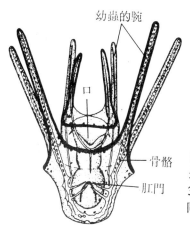

幼蟲的腕

口

骨骼

肛門

圖30-2-16　海膽的長腕幼蟲。(左：同圖30-2-1, p. 310-9。右：同圖30-2-3, p. 815。)

　　此外，在沿海沙岸地帶常見的海錢 (sand dollar)，生活時埋於泥沙中，與海膽同屬海膽綱，但身體扁平，口面與反口面皆有棘和管足(圖30-2-17)，棘短，管足小，運動時，藉棘在泥沙中移動身體。

乙、實驗設計

目　的

　　臺灣四面環海，海膽是海邊常見的動物，故材料易覓。海膽的人工受精，處理簡便；其發生過程爲時甚短；早期發生與脊椎動物雷同，故不失爲實驗的良好材料。

　　採集海膽注意事項　本實驗所用之海膽，任何種類皆可，但雌雄必須是同種的。本省海邊常見的紫海膽，材料易覓，採集最爲方便。採集時間自3月～11月皆可，但以4、5、6月生殖季節最佳。採得之海膽，宜用魚簍底部舖海水浸濕的毛巾裝載最佳。携帶時，盡量不要搖晃，以免海膽受刺激而排出精子或卵。除海膽外，自海邊携回海水，使用前加以過濾，則不但經濟，而且效果佳。海膽排卵量視情況而異，多時，一個海膽的排卵量，便足供十多人使用。

器　材

　　海　膽　　　　　　　　　　　　　數個（全班合用）

圖30-2-17　海錢。上：生活時的口面與反口面。下：除去棘後乾製的標本，圖中位置與上圖相當。（同圖 30-2-1，p. 310-10。）

注射筒及針	1 副
0.53M KCl	酌量
250ml 燒杯	3 個
培養皿	2 個
乳頭吸管	數支
顯微鏡	1 臺
凹槽玻片	1 片
蓋玻片	1 片
玻璃棒	1 支
海　水	酌量

步　驟

本實驗分為收集配子與人工受精兩個階段。注意：海水的腐蝕力很強，若是顯微鏡粘到海水，卽使是很少量的海水，也要立刻徹底清理乾淨。

（一）收集精子與卵

1. 用注射器吸收 0.5ml 等張 (0.53M) KCl 液，自圍口膜外圍與間步帶骨板相近處注入，注射時，將針頭朝向生殖腺的位置，使 KCl 液能直接接觸到生殖腺，則排卵或排精子的效果佳。注射後不久，卽自生殖孔排出卵或精子，卵具有色素，精液白色。由於海膽的性別無法從外觀區別，待卵或精子排出後，始能決定其性別。

2. 取 250ml 的燒杯，盛滿海水，將雌海膽的反口面向下，架在燒杯邊緣，使反口面的生殖孔浸至海水中，卵便產於水中，藉以收集卵。

3. 將雄海膽架在 250ml 燒杯邊緣，燒杯是空的，不置放海水或其他，以收集精液。精液不需處理，可以保持其活力，要到進行人工受精時，才用海水沖稀。

4. 步驟 2 所收集的卵，在進行人工受精以前，要沖洗兩次。沖洗時，先待卵沉澱，然後倒去燒杯中的海水，再加入清潔的海水，若卵在 20～30 分鐘內不迅速沉澱，這種卵也不可能受精，故可將之與海水一

併倒棄。

（二）人工受精

5. 250ml 燒杯中盛海水 200ml，將卵置入水中。

6. 培養皿中置 10ml 海水，加入一滴精液，使之稀釋。

7. 用乳頭吸管吸取 1 或 2 滴稀釋之精液，置入盛有卵的燒杯中。

8. 用玻璃棒將燒杯中的精子與卵輕輕攪拌。

9. 用清潔之乳頭吸管吸取攪拌後之混合液，置於凹槽玻片中，加放蓋玻片，在顯微鏡下用低倍鏡（10×）觀察之。精子附於卵並進入卵可能已來不及觀察到，不過在攪拌後 2 ～ 5 分鐘後，可以看到精子進入卵以後受精膜隆起的情形（圖 30-2-15, 2）（未受精的卵則有一大而清晰的細胞核，圖 30-2-15, 1）。 試著觀察受精卵內的精原核， 並注意其在卵內移動以與卵核結合的情形（約受精後 $\frac{1}{2} \sim \frac{3}{4}$ 小時）。受精後約一小時卽進行第一次卵裂。

10. 將盛受精卵燒杯中的海水倒去，更換新鮮海水以除去過多之精子。將受精卵移入培養皿中，加海水。注意：受精卵只要在培養皿底有稀疏的一薄層卽可，過多的受精卵會影響發育。

11. 參照圖 30-2-15 觀察海膽發生的過程。

實驗31-1　蛙的發生

甲、前　言

蛙卵受精後卽進行卵裂，所需時間如下表：

發育情形	所需時間（單位為小時，溫度 24℃）
受精卵	0
二細胞時期	2.5
四細胞時期	3.5
八細胞時期	4.5
十六細胞時期	5.5
三十二細胞時期	6.5
桑椹期	17
囊胚期	32

（一）卵裂及囊胚的形成

卵受精後，卽進行一連串有絲分裂，此卽卵裂（cleavage）（圖31-1-1），此時細胞不長大，故卵裂次數愈多，細胞愈小。第一次卵裂，其分割面自動物性極至植物性極分為兩個等大的細胞。第二次卵裂的分割面亦自動物性極至植物性極，但與第一次分割面相垂直，結果，分裂成四個等大的細胞。第三次分割面為水平方向，與前兩次的分割面相垂直，但靠近動物性極，結果形成的八個細胞，近動物性極的四個較小，近植物性極的四個較大。繼之，動物性半球的卵裂速度快，產生許多小型的細胞；植物性半球的細胞含卵黃多，卵黃會阻礙卵裂的進行，故卵裂速度慢，產生的細胞數目少，但細胞體積較大。

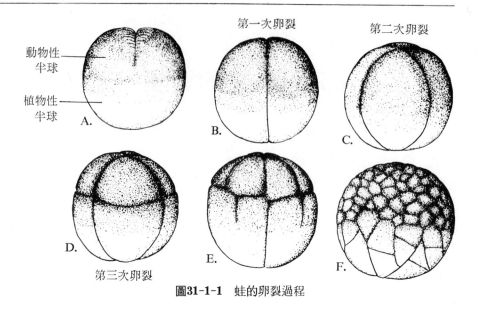

圖31-1-1　蛙的卵裂過程

卵裂繼續進行而形成一個由 數百個細胞組成的 空心球體， 此時稱為囊胚 (blastula)。 胚體至此並未長大， 其內部的空腔， 叫做囊胚腔 (blastocoel) (圖 31-1-2)， 該腔位於動物性半球， 腔內充滿液體。

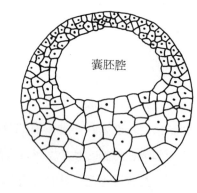

囊胚腔

圖31-1-2　囊胚的切面

（二）原腸胚形成

繼之， 囊胚表面的細胞， 有的會逐漸移至內部， 胚胎亦開始長大， 此時， 稱為原腸胚 (gastrula)。開始時， 先在灰月區產生一凹陷， 叫做原口 (blastopore)。胚胎表面的一部分細胞會向原口移動， 並經原口移行至胚胎內部。原口的背側， 最先僅為一彎曲約 180° 的淺溝 (圖 31-1-3A，B)， 稱為背唇 (dorsal lip)， 然後背側向兩側延伸， 產生側唇 (lateral lip) (圖 31-1-3C)， 並繼續延伸， 最後在背唇的對側相連

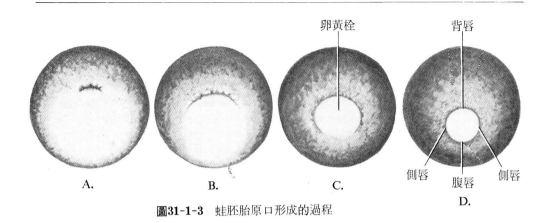

圖31-1-3 蛙胚胎原口形成的過程

接，原口乃成為圓形，相接的一邊即為腹唇（ventral lip）（圖 31-1-3D）。被原口所包圍含卵黃的細胞，形成一如瓶罐的栓塞，故稱卵黃栓（yolk plug）。遷移至胚胎內部的細胞，在胚胎內部，另行圍成一新的空腔，叫做原腸腔，簡稱原腸（archenteron）（圖 31-1-4），此為

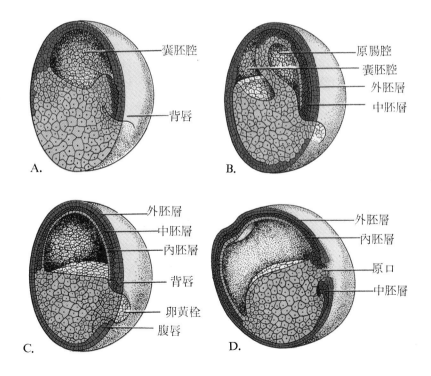

圖31-1-4 蛙原腸胚形成過程。藍色示外胚層，紅色示中胚層，黃色示內胚層。

將來發育爲消化管的部位。 囊胚腔則愈變愈小， 終至消失。 原腸胚的
細胞經內移後便重新排列， 形成三種胚層， 位於胚囊表面的爲外胚層
(ectoderm)， 原腸周圍的細胞爲內胚層 (endoderm)， 介於兩者之間的
細胞爲中胚層 (mesoderm)。 以後由該三種胚層， 分化爲各種組織和器
官。

（三） 神經胚的形成

原腸胚繼續發育， 其背面自原口至前端的細胞乃增殖加厚， 且前後
延長， 形成神經板 (neural plate) （圖 31-1-5 A）。神經板的邊緣漸漸
的隆起， 最後在背中央線處連接癒合， 形成縱走而中空的神經管 (neu-
ral tube) （圖 31-1-5 B, C）， 此時的胚胎， 稱爲神經胚 (neurula)。
蛙胚的原口則會封閉， 而在原口的下方， 另外形成一新的開口， 是爲肛
門； 而口則另外發生， 由原腸最前端的外胚層， 產生一新的開口， 是爲
口。

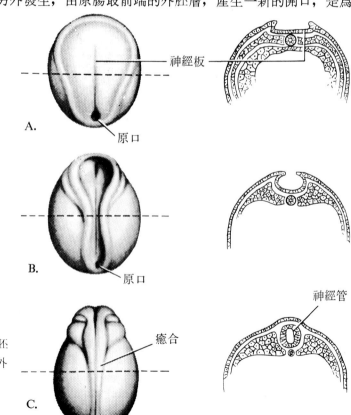

圖31-1-5　自 A 至 C 示蛙神經胚
背面神經管的形成過程，左爲外
形，右示虛線處的橫切面。

神經板

原口

A.

原口

B.

癒合

神經管

C.

（四）胚層的分化

由三種不同的胚層，可以分化爲各種組織器官（圖 31-1-6）。 外

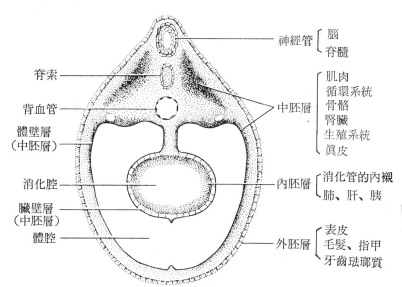

神經管 ⎰ 腦
　　　 ⎱ 脊髓

脊索

背血管

體壁層
（中胚層）

消化腔

臟壁層
（中胚層）

體腔

中胚層 ⎰ 肌肉
　　　 ⎢ 循環系統
　　　 ⎢ 骨骼
　　　 ⎢ 腎臟
　　　 ⎢ 生殖系統
　　　 ⎱ 真皮

內胚層 ⎰ 消化管的內襯
　　　 ⎱ 肺、肝、胰

外胚層 ⎰ 表皮
　　　 ⎢ 毛髮、指甲
　　　 ⎱ 牙齒琺瑯質

圖31-1-6　蛙神經胚的橫切面並說明由三胚層所發育而成的組織或器官

胚層分化爲神經管， 神經管的前端發育爲腦， 中部及後端則發育爲脊髓。眼、耳、鼻等感覺器官的主要構造，亦由外胚層形成；此外，外胚層亦分化而形成表皮及其衍生物如毛髮、指甲、蹄或爪等。

　　緊接在神經管下方的中胚層，與其餘的中胚層細胞分離，自頭部延伸至尾部，形成一條桿狀的構造，叫做脊索（notochord）。 脊索可以支持胚胎，在發生後期，脊索即行消失而由脊柱所替代。在脊索兩側的中胚層，其外側成爲體壁層，內側成爲臟壁層，兩壁層之間的空腔即爲體腔（coelom）。 此外， 中胚層亦形成脊柱、泌尿生殖器、心臟、血管、骨骼、肌肉及真皮等構造。

　　內胚層發育爲消化管的內襯；此外，肺臟、肝臟及胰臟等也由內胚層發育而來。

　　成體的所有組織和器官，皆源自外、中、內三胚層。通常一種器官係由兩種或三種胚層的細胞分化而形成，例如皮層的表皮由外胚層、真皮由中胚層分化而來；胃壁的內襯爲內胚層，胃壁中的肌肉和血管爲中胚層，胃壁的神經則由外胚層分化而來。

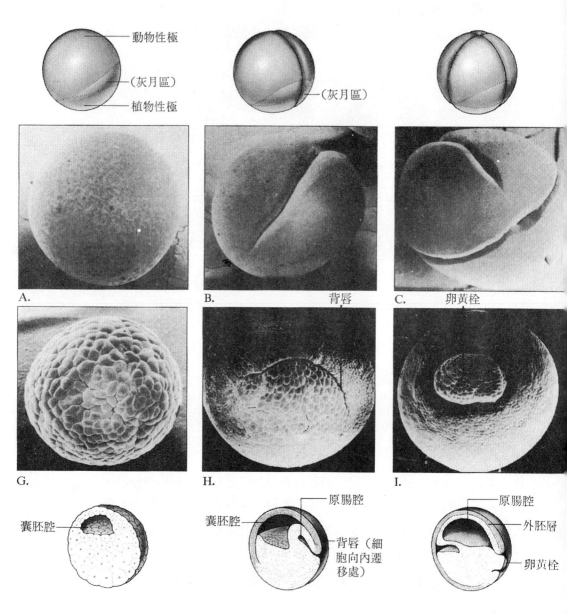

圖31-1-7　蛙早期胚胎發生，圖中之掃描電子顯後一小時內，出現灰月區。B～G經卵裂而形成細胞內移，並重新排列形成胚層，原腸腔出現。（錄自: Ceice Starr, Ralph Taggart, *Biology*,

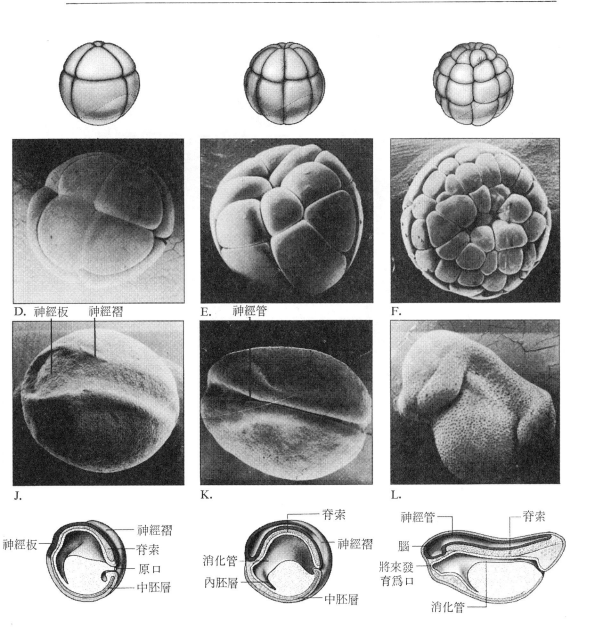

D. 神經板　神經褶　　　E.　神經管　　　　　F.

J.　　　　　　　　　　　K.　　　　　　　　　L.

神經板　　神經褶　　　　　　脊索　　　　　神經管　　　脊索
　　　　　脊索　　　　消化管　　神經褶　　腦
　　　　　原口　　　　內胚層　　　　　　將來發
　　　　　中胚層　　　　　　　中胚層　　育為口　　　消化管

微鏡攝影圖，卵外面的膠質已經除去。A．受精
囊胚，內部有囊胚腔。H．I．原腸胚形成過程中
J．K．神經管形成。L．開始分化。
5th ed., Wadsworth, 1989. p.494～495，）

乙、實驗設計

目　的

了解蛙卵受精後的發育情形。由於胚胎發生是動態的，其過程是漸進的，因此，必須用活體材料卽活的生物胚胎來觀察，如此則學習將生動而有趣。

器　材

實驗 30-1 所保存之受精卵	多個
解剖顯微鏡或放大鏡	1 臺
餵食蝌蚪之菠菜（配製法見附錄或	
以嬰兒食用之罐裝菠菜代替）	酌量

步　驟

1. 參照本實驗前言中蛙發生之時間表，以及圖 31-1-7 觀察蛙發生的情形。

2. 待發育爲蝌蚪，便要餵食。餵食時，每十隻蝌蚪，每次約半葉菠菜，也可視情形酌量增減，若每次吃光，卽略增加。隔天換水，換水時，用網將蝌蚪撈起，倒去盆中的水及穢物，換以清潔水。

3. 盡量保持蝌蚪至變態爲蛙。蛙卵受精後，在 23～25°C 溫度下，約 75 天開始變態。

實驗35-1 生態的消長

甲、前　言

環境中的生物羣聚並非一蹴卽成，而是經過一系列的程序，漸漸改變，直至出現較爲穩定的種類，卽到達顛峯羣聚（Climax community）。這種生物羣聚的發展過程，叫做消長（succession）。

（一）**初生消長**（primary succession）　初生消長是指生物羣聚從原生裸地開始。原生裸地是從未有生物生長過的地方，例如冷卻的火山岩漿，或是原來有過生物，但已由於冰川的作用而被徹底消滅。羣聚形成的首要條件是植物的侵入，植物的孢子、種子、鱗莖及其他能繁殖的部分，借助各種媒介（如風、水、動物等）到達裸地，並開始萌芽、生長和繁殖而定居下來。隨著定居植物的不斷繁殖產生新的個體、以及他種生物不斷侵入，裸地的空間逐漸減少，生物彼此間爲空間而競爭，競爭結果，往往是生長速度快、以及對不利環境抵抗力強大的種類被保存下來，開始形成羣聚。由此可知，一個羣聚的形成，要經過侵入、定居和競爭三個步驟。不過，初始形成的羣聚，仍處於不斷變動之中。

從一個羣聚形成，到被另一個羣聚所替代，每一個羣聚都有一個發育過程。一般將此過程分爲三個時期，卽初期、盛期和末期。在自然情況下，一個羣聚的發育，與另一個羣聚形成之間，是沒有截然界限的。一個羣聚的發育末期，也就孕育著下一個羣聚發育的初期；不過，要等到下一個羣聚進入發育盛期，被替代的原有羣聚之特點，才會全部消失。在羣聚的自然消長中，這種上下階段之間，羣聚發育時期的交叉和逐步過渡的現象，是很常見的。

（二）**次生消長**（secondary succession） 次生消長是指羣聚的形成是從次生裸地開始。次生裸地是棲所曾爲先前的羣聚所居住，例如火災後的森林、廢棄的農田等。有些生物尤能適應次生消長的早期，例如某些松在森林火災後生長特佳。次生消長，除裸地爲次生外，其餘的羣聚變動方式則與初生消長相同。不過次生消長開始時，許多植物是由原來即存於該地的種子甚至幼苗發育成長而來。

（三）**他發性消長和自發性消長**（ allogenic succession and autogenic succession） 消長的發生，主要是環境中物理與化學因素的改變所致。有時是由於羣聚外部的環境改變，例如池塘漸漸爲淤泥充塞而變爲陸地，這種情形，稱爲他發性消長（allogenic succession）。通常根據其成因，可以分爲：火成消長、氣候性消長、土壤性消長和人爲消長等。另一種情況是羣聚改變了生態環境，而該羣聚本身又被新形成的羣聚所替代，這叫做自發性消長（autogenic succession），水域中生物羣聚消長的過程，即是一例。

乙、實驗設計

目　的

環境會隨時間而變化，棲於環境中的生物，也要隨環境的改變而變化，這種現象便是消長。研究消長，要費很久很久的時間，有些要經過數年乃至數十年。本實驗之設計，簡單易行，使學生了解短時間內生物的消長情形。

器　材

捕蟲網	1 個
毒　瓶	1 個
浮游生物採集網	1 個
玻璃瓶	3 個
曝光計	1 個

步　驟

（一）觀察地上的動物消長

1. 選擇校園或其他花園。

2. 用曝光計測定校園中早上、中午、晚上的照光。

3. 早上有鳥類等動物出現，中午有蜂、蝶等動物出現，晚上有蝙蝠、蚊蛾等動物出現。觀察這些動物，記錄之，並在可能範圍內，採集昆蟲及其他動物。

4. 上例就是校園中的動物消長。引起這種現象的重要因素，是光的變化。

（二）觀察水中的生物消長

1. 選擇學校附近的池或湖。

2. 白天用浮游生物採集網，採集浮游生物，置於玻璃瓶中，帶回實驗室，用顯微鏡檢查，水中是否體呈綠色或其他顏色的藻類較多？

3. 晚上或早晨五時以前，用浮游生物網採集，將採得的浮游生物，置於玻璃瓶中，帶回實驗室，用顯微鏡檢查，都是水蚤等浮游動物嗎？

4. 上例因水中光度晝夜不同，引起生物的消長。白天出現行光合作用的浮游生物，夜間出現背光的浮游動物。

實驗37-1　植物羣聚

甲、前　　言

　　地球表面，覆蓋著各種各樣的植物。從炎熱的赤道到酷寒的極地，不論在平地、高山或是湖沼、海洋，都有植物分布。天然的森林、草原和沙漠植物，都是有規律地分布在適於他們生存的地方。人們種植的農田、果園及人工林等，這些作爲對植物的分布，影響則更爲廣泛。生物學家將地球成羣生長的種種植物羣，稱爲植被；植被包括天然植波以及人們培植的人工植被。

　　植被並不是各種植物雜亂無章的堆積在一起，而是在一定範圍的自然環境條件下，由一定種類的植物形成有規律的組合。每一個這樣組合的單元植被，稱爲植物羣聚。例如草原地帶的草原植被，便是由許許多多的植物羣聚組成的。

　　植物羣聚是在一定範圍的地面上植物羣的組合，具有一定的種類、結構和產量，並在植物與植物間、植物與環境間，構成一定的相互關係。

　　羣聚中的各種植物，都佔有一定的空間，而全部植物的分布狀況，乃構成植物羣聚的垂直和水平結構。在森林羣落內，植物沿著垂直高度和光度，占有不同的位置。根據植物的垂直高度，可以畫出一定的層次，稱爲羣層 (stratum)。在森林羣聚中，一般可以畫分出垂直最高的喬木層、林下的灌木層、草本層以及地被層 (floor covering，包括貼地的苔蘚、地衣等) 四個基本結構層。不過，在自然界，情況並不是那樣簡單，有時灌木也可長成幼樹的狀態，因而往往與小喬木交錯生長在

近似的高度內，這樣就會產生喬木層和灌木層相重疊的現象。

乙、實驗設計

目　的

本實驗在使學生了解植物羣聚的生態。

器　材

木　樁	4 個
鐵　錘	1 把
鏟　子	1 把
皮　尺	1 個
一公尺見方之鐵絲圈	1 個
曝光計	1 個
溫度計	1 支
濕度計	1 個
稱	1 個
塑膠袋	1 個
細麻繩	50公尺

步　驟

（一）調查羣聚的羣層

1. 選定學校附近的森林羣聚。

2. 調查羣聚裏的羣層，最高層是喬木，其次是灌木，其三是草本，最底層是敷在地面上的地被層。

3. 喬木層有多高，是落葉類抑常綠類？是濶葉樹抑針葉樹？

4. 灌木層有多高，是那一類灌木，是單純的一種抑多種？

5. 草被層有多高，是那些雜草？

6. 地被層，是地衣抑其他植物？

（二）調查各羣層的密度

1. 測定喬木層的密度: 以木樁及細麻繩，圈定 10 公尺見方的區域，計算其中有喬木幾株?

2. 測定灌木層的密度： 以木樁及細麻繩， 圈定 4 公尺見方的區域，計算其中有灌木幾株?

3. 計算草本層的生產，將一平方公尺內的草全部剷起，裝於塑膠袋內，稱其重量，計算每平方公尺的土地，能產生若干公斤的有機物?

（三）羣落的環境因素

1. 各羣層的照光有差異嗎? 試用曝光計測定，那一羣層的照光最強? 那一羣層的照光最弱?

2. 有無爭光量的現象? 密度大的喬木生長較高，密度小的地方生長較矮。

3. 有無妨礙樹形的現象? 林中央的樹形與林邊緣的樹形有 差 異嗎?

4. 林中的濕度比林外是否高些? 試用濕度計測定之。

5. 用溫度計測定林中與林外的溫度，是否有差異?

實驗38-1　空氣污染

甲、前　言

　　人們生活在污染的空氣中，一如魚兒生活在污染的水中，時時暴露
於有毒的物質中而無法逃避。 每次吸氣都會吸入各種毒氣及微粒（par-
ticulate）。 這些物質係由汽車、發電廠、工廠以及吸煙所排放，排放以
後，並可形成光煙霧以及有毀壞性的酸雨。空氣污染常常由於空氣不流
動以及大氣倒置（atomospheric inversion）而更形惡化。

　　空氣污染的污染物包括一氧化碳、硫的氧化物、氮的氧化物、碳氫
化合物及微粒等。 這些物質造成空氣污染的相對影響如圖 38-1-1。 污

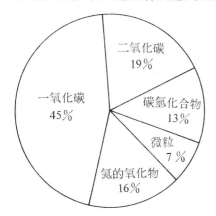

圖38-1-1 造成空氣污染的物質及其百分比。
（錄自: Claude A. Villee et al., *Biology*,
2nd ed., Holt, Rinehart and Winston,
Inc., 1989. p.1392。）

染物又可相互作用而形成次級污染物、霧、產生酸（爲硝酸和硫酸）而
形成酸性沉澱。吸煙爲主要的室內空氣污染，雖然吸煙所污染的空氣量
與工業污染者相比，是微不足道，但對健康的影響卻更爲嚴重，因爲被
吸煙所污染的空氣都近在咫尺，而工業污染的空氣，在接近人體時，已
隨空氣流動而被冲淡。

（一）**空氣污染的生態效應**　空氣污染有時會減少地面的陽光，陽光量減少，植物的光合作用便降低。此外，植物也會直接自空氣吸入污染物而傷害光合組織（葉肉）。二氧化硫、氟微粒以及極細的煤煙，都能殺死植物；二氧化硫是常見的污染物（圖 38-1-2），其濃度在百萬分之一時，會使蕃茄的生長減少 30％。

圖38-1-2　二氧化硫對白樺樹的葉造成傷害 。（同圖 38-1-1, p. 1393。）

酸性沉澱對陸生及水生植物，都會造成傷害。酸雨或 pH 低的雪，在河流或湖泊中可以毀滅水生生物，土壤中的酸性沉澱物會直接傷害植物的根。目前空氣污染的加劇，已對全球水生或陸生植物造成傷害，因爲空氣污染是不分國界的，要解決空氣污染的問題，必須透過外交及其他國際途徑。

（二）**空氣污染影響氣象**　空氣污染會造成大氣倒置，這時，熱空氣位於污染的冷空氣上方，形成一個罩子使下方含有污染物的冷空氣無法擴散；由於空氣不流動，污染物便不能藉風移去。

風力雖有助於髒空氣的移除，但卻會飄揚至遠處，造成數千里外的鄰國降下酸雨，國際間如英國與瑞典、美國與加拿大之間，因此而發生爭論。

（三）**全球性空氣污染**　某些型式的空氣污染，幾已確定會影響整個地球的氣候和大氣，例如二氧化碳造成的溫室效應，至本世紀末，將

使地球上的溫度升高數度，如此則農作物的生產，自會受到嚴重影響。
又如用作冷媒的氟氯碳化合物（CFC），會破壞臭氧層。臭氧層對生物
有保護作用，因其可以吸收陽光中的紫外線，紫外線會傷害皮膚細胞的
DNA 而導致皮膚癌。目前南極上空的臭氧層破洞，已愈趨嚴重，值得
大家關切。

<h2 style="text-align:center">乙、實驗設計</h2>

目　的

本實驗在了解空氣中污染物對生物的影響。近年來，本省工業發
達，工廠林立；但是工廠燃燒重油或煤，產生的黑煙是否會危害生物，
由本實驗結果，可以略見端倪。

器　材（全班合做）

蠶豆苗（長新葉 3～4 片）	3株（分栽於三個花盆中）
（或其他葉較大型的幼苗）	
重　油	12ml
硫　粉	3g
玻璃管（內徑 2mm，長 60cm）	2支
蒸發皿	1個
漏　斗（直徑要大於蒸發皿）	1個
水流抽氣唧筒	1個
鐵　架	1個
細橡皮管（連接玻璃管用，長 5cm）	3段
酒精燈（或本生燈，彎玻璃管用）	1個
橡皮塞或軟木塞（大小須配合鐘罩之開口）	1個
鑽孔器	1付

步　驟

1. 按照圖 38-1-3，將玻璃管彎好，橡皮塞穿孔。

2. 利用水流抽氣唧筒、玻璃管、橡皮管、鐘罩、漏斗、鐵架等，裝置成通氣系統，如圖 38-1-3。

3. 將三盆蠶豆苗，分別標註A， B， C三組。

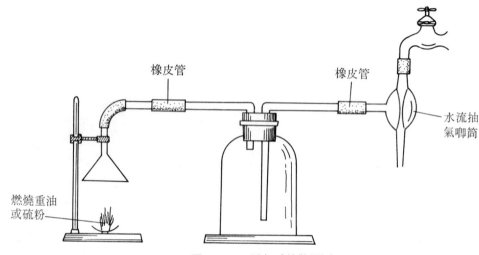

圖38-1-3 通氣系統裝置圖

4. 先將A組蠶豆苗置於鐘罩內，重油 2 g 置於蒸發皿內。

5. 點燃重油，打開水龍頭以抽氣，將燃燒重油的氣體抽入鐘罩內（漏斗大於蒸發皿，可以盡量將燃燒產生的氣體抽入鐘罩內），直至燃燒完畢，關閉水龍頭，取出A組蠶豆苗。

6. 將B組蠶豆苗置於鐘罩內，硫粉 0.5g 置於蒸發皿內。

7. 點燃硫粉，打開水龍頭，將燃燒硫粉產生的氣體抽入鐘罩內，至燃燒完畢，關閉水龍頭，取出蠶豆苗。

8. C組蠶豆苗不加處理。

9. 連續一星期，每日照上法通氣處理A組及B組的蠶豆苗。

10. 觀察並記錄三組蠶豆苗的生長情形。A組和B組的生長情形有無差異？燃燒硫粉會產生二氧化硫，根據實驗結果，推測燃燒重油產生的黑煙中，可能含有何種成分？

附錄一　溶液的配置

一、百分率溶液（percentage solution）

1. 體積百分率（percentage by volume）　兩液體所成之溶液，常以體積百分率表示其濃度。100ml 溶液中所含溶質之體積（ml），卽體積百分率。配置時，先量取原來之溶液，其 ml 數目卽爲欲配置溶液濃度之百分數。例如欲將 95％酒精配置爲 50％酒精時，卽量取 95％酒精 50ml，然後再加蒸餾水至體積爲 95ml。

2. 重量百分率（percentage by weight）　溶液 100g 中所含溶質的克數，叫做重量百分率濃度。配置時，先稱取物質的特定 g 數，置量筒中，加溶劑（一般爲水）至 100ml。例如欲配置 5％食鹽溶液，卽稱取食鹽 5g，置量筒中，加蒸餾水至 100ml。

二、莫耳濃度（molar solution）

莫耳濃度以 M 代表，配置時，稱取物質分子量之 g 數，溶於蒸餾水（或其他溶劑）中，稀釋至 1000ml。例如鹽酸之分子量爲 36.5，稱取鹽酸 36.5g，溶於水中，至體積爲 1000ml，此一液體爲一莫耳，寫作 1M HCl。0.1M HCl 的鹽酸量爲 36.5g×0.1＝3.65g，故 1000ml 溶液中含鹽酸 3.65g。0.4M 氯化鈉，則在 1000ml 溶液中含氯化鈉 58.45g×0.4 卽 23.38g。

數種常用化學藥品的分子量如下:

醋酸（acetic acid）	60.05
氫氧化鋇（barium hydroxide）	315.51
鹽酸（hydrochloric acid）	36.5

氫氧化鈉 (sodium hydroxide)	40.01
氯化鈣 (calcium chloride)	74.55
氯化鎂 (magnisium chloride)	95.23
氯化鈉 (sodium chloride)	58.45
硫酸 (sulfuric acid)	98.08

三、當量濃度 (normality, normal solution)

　　當量濃度（以 N 代表）是指一公升溶液中所含溶質的克當量數。簡言之，當量卽物質互相反應時相當之量。當量濃度常用於氧化—還原反應、與酸—鹼中和反應，故當量有氧化—還原當量、與酸鹼當量兩種。元素之當量定義爲原子量除以其原子價。酸鹼之當量爲其式量除以其於溶液中完全解放出的氫離子或氫氧離子的個數，故硫酸之當量爲 49.04 $\left(\dfrac{98.08}{2}\right)$，氫氧化鈉之當量爲 40.01。一當量硫酸卽 1000ml 溶液中含硫酸 49.04g，兩當量硫酸卽 1000ml 溶液中含硫酸 98.08g。

四、常用化學藥品之配方

Acetic acid 1% （醋酸 1%）

　　1ml 冰醋酸 (glacial acetic acid)

　　99ml 蒸餾水

Acetic acid 10% （醋酸 10%）

　　10ml 冰醋酸

　　90ml 蒸餾水

Acetic acid 1M （醋酸 1M）

　　60.05g 醋酸溶於蒸餾水中至成 1 公升溶液。

Aceto-carmine stain （乙醯胭脂紅）

　　45ml 冰醋酸

　　55ml 蒸餾水

粉狀胭脂紅 (carmine) 過量

將胭脂紅溶於冰醋酸中，加水，於通風良好之室內煮沸、冷卻、過濾。使用前，加二滴氯化鐵 (ferric chloride)，氯化鐵不要過量。

Aceto-ocein stain (乙醯地衣紅染液)

45ml 冰醋酸

2g 地衣紅 (ocein)

55ml 蒸餾水

將 45ml 冰醋酸加溫，待熱後，加入 2g 地衣紅，冷卻，加入 55ml 蒸餾水，靜止至第二日過濾。

Benedict's solution (本氏液)

本溶液可以測定 0.15～0.20 ％之右旋糖 (dextrose)，當與未知的溶液一起加熱後，若出現黃紅色沉澱，即示有糖分存在。

173.0g 檸檬酸鈉或鉀 (sodium or potassium citrate)

200g　碳酸鈉結晶 (crystalline sodium carbonate Na_2CO_3) 或 100g 無水 Na_2CO_3

17.3 硫酸銅結晶 (crystalline copper sulfate $CuSO_4$)

1000ml 蒸餾水

將檸檬酸鈉與碳酸鈉溶於 700ml 水中，加溫使加速溶解，過濾。將硫酸銅溶於 100ml 水中，再以此 100ml 溶液徐徐加入 700ml 溶液中，一邊加入一邊攪動，冷卻，加水使成 1000ml。

Borax carmine (硼砂洋紅)

100ml　4％硼砂水溶液

1g 洋紅 (carmine)

加熱至完全溶解，繼續加熱 30 分鐘，放置三天，加100ml 70 ％酒精，經 24 小時後，過濾之。

Bouins fluid (波氏液)

750ml 苦酸(picric acid) 飽和水溶液（約 1.22%）

200ml 福馬林

50ml 冰醋酸

Brom thymol blue indicator（溴瑞香草藍指示劑）

0.1g 溴瑞香草藍（brom thymol blue）

16.0ml N/100 氫氧化鈉丸（sodium hydroxide NaOH pellet）

將溴瑞香草藍與氫氧化鈉在研缽中研碎（注意：操作氫氧化鈉要小心，因其有腐蝕性），稀釋至 250ml，此一指示劑在 pH 6~7.6 時由黃色變爲藍色。

Brom thymol blue, 0.04% solution（溴瑞香草藍液0.04%）

0.2g 溴瑞香草藍

250ml 95%乙醇

250ml 蒸餾水

將酒精與水置量筒中，加入溴瑞香草藍，攪動至溶解。

Calcium hydroxide solution Ca(OH)$_2$（氫氧化鈣溶液，石灰水）

5g 氫氧化鈣

1000ml 蒸餾水

氫氧化鈣不易溶解，故置入水中後，任其慢慢溶解，至使用前再行過濾，過濾之石灰水爲澄清之液體。

Carmine solution 胭脂紅溶液

0.65g 胭脂紅（carmine）

10ml 水

胭脂紅不溶於冷水，此種特殊液體用來在顯微鏡下觀察其移動情形。

Cobalt chloride paper（氯化鈷紙）

5g 氯化鈷（CoCl$_2$）

100ml 蒸餾水

將水加入 5g 氯化鈷中，使成 100ml，將濾紙條浸入此溶液

中，待乾燥變成藍色，保存於密閉之瓶中。若紙變爲粉紅色，
施用前加溫使乾燥變成藍色。

Congo red solution（剛果紅溶液）

0.5g 剛果紅

100ml 蒸餾水

將剛果紅置水中，攪和至所有染料溶解，過濾以除去大顆粒物
質。

Crystal violet stain（結晶紫染液）

2g 結晶紫（亦稱龍膽紫 gentian violet）

20ml 95％乙醇

180ml 蒸餾水

將結晶紫溶於酒精中，加水。此溶液可作爲革蘭氏染液之替代
品，本溶液爲革蘭氏染液中的一部分。

Diastase solution（澱粉酶溶液）

0.3g 澱粉酶

100ml 蒸餾水

FAA (formaldehyde, alcohol, acetic acid) solution（FAA液）

50ml 95％乙醇 (ethyl alcohol)

2ml 冰醋酸

10ml 40％甲醛 (formaldehyde)

40ml 蒸餾水

Fehling's solution（費林氏溶液）

溶液 A: 34.65g 硫酸銅 ($CuSO_4$)

500ml 蒸餾水

溶液 B: 125g 氫氧化鉀 (KOH)

173g 酒石酸鉀鈉 (potassium sodium tartrate)

500ml 蒸餾水

本溶液可測定單糖，將等量之溶液A和溶液B加於欲測定之物

上，加熱，若該物含有糖分，即有黃紅色沉澱。

Formalin solution 5% (福馬林溶液 5%)

　　1分甲醛 (formaldehyde)

　　19分水

　　(注意：使用甲醛後，必須將手洗淨，避免吸入甲醛之氣味。)

Gelatin solution (明膠溶液)

　　1%　1g明膠 (gelatin)

　　　　100ml 水

　　5%　5g 明膠

　　　　100ml 水

　　將明膠置於冰水中攪拌，徐徐加熱。

Glucose solution 0.1%, 4%, 80% (葡萄糖溶液0.1%, 4%, 80%)

　　0.1% 0.1g 葡萄糖

　　　　100ml 蒸餾水

　　4%　4g 葡萄糖

　　　　100ml 蒸餾水

　　80%葡萄糖，則將糖加入 100ml 水中，使呈飽和，取 80ml 飽和之葡萄糖液，置量筒中，加蒸餾水使成 100ml。

Glycerol solution 15% (甘油溶液15%)

　　15ml 甘油

　　85ml 蒸餾水

Glycogen solution 1% (肝糖溶液 1%)

　　1g 肝糖

　　100ml 蒸餾水

Gram's staining technique (革蘭氏染色技術)

　　ammonium oxalate-crystal violet solution (草酸胺—結晶紫溶液)

溶液A：

　　2g 結晶紫（染料含量 90%）

　　20ml 乙醇（95%）

溶液 B：

　　0.8g 草酸胺

　　0.80ml 蒸餾水

　　將溶液A與 B混和

溶液 C：

　　1g 碘

　　2g 碘化鉀（KI）

　　300ml 蒸餾水

將欲染色之培養液，塗抹於載玻片上，通過火焰數次以固定之。滴加溶液A和B，染色 1 分鐘，徐徐用自來水洗。再注滿溶液C，靜置 1 分鐘，再用自來水洗，吸乾。在 95% 酒精中輕輕移動 30 秒以褪色。用番紅沙紅（safranin）複染 10～30 秒，用自來水輕輕洗，吸乾，若細胞染成紫色，示其爲革蘭氏陽性，呈桔色則爲革蘭氏陰性。

Hydrochloric acid（鹽酸）

　　1M

　　　36.5g 濃鹽酸（HCl）

　　　將鹽酸緩緩加入蒸餾水中，使成 1 公升溶液。

　　0.1M

　　　3.65g（約 9.3ml）濃鹽酸

　　　將鹽酸緩緩加入蒸餾水中，使成 1 公升溶液。

　　　HCl 的當量溶液與莫耳溶液相同。

Indophenol solution 0.1%（靛基酚溶液 0.1%, 2,6-dichlorophenol indophenol 2,6- 二氯酚靛酚）

　　0.1g 靛基酚

100ml 蒸餾水

Iodine solution (碘液) (Lugol's solution)

10g 碘化鉀 (potassium iodide KI)

100ml 蒸餾水

5g 碘結晶 (iodine crystal)

碘化鉀溶於蒸餾水中，加入碘，有時需再稀釋。

Iodine-potassium iodide solution (碘—碘化鉀溶液)

3g 碘化鉀溶於 25ml 蒸餾水中

0.6g 碘

200ml 蒸餾水

將碘加入碘化鉀溶液中，攪動直至溶解。加入蒸餾水，使成 200ml 溶液，保存於深色瓶中。任何需要以碘染色之材料皆可使用。

Maltose solution 1% (麥芽糖溶液 1 %)

1g 麥芽糖

100ml 蒸餾水

Methyl cellulose solution (甲基纖維液)

10g 甲基纖維

98ml 水

將甲基纖維溶於水中。滴一滴甲基纖維液於原生動物培養液中，培養液變濃厚，可以減緩原生動物之運動。

Methylene blue (stock solution) (亞甲藍母液)

0.5g 亞甲藍溶於 100ml 95% 乙醇中，放置 2～3 天，不時攪拌，過濾，貯於褐色的細口瓶中，使用時，取母液 10ml，加 90ml 蒸餾水，混和後即可使用。

Pepsin 0.5% (蛋白腖 0.5%)

0.5g 蛋白腖

100ml 蒸餾水

Phenol （酚）

　　1g 酚結晶 （phenol crystal）

　　15ml 水

　　將酚結晶溶於水中呈飽和溶液，置於密閉之瓶中，並防光線
　　（注意: 勿用手取拿酚）。

Phenolphthalein solution （酚酞試液）

　　1g 酚酞

　　40ml 乙醇

　　120ml 蒸餾水

Phenylthiocarbamide solution （PTC）　（苯胺基硫甲醯基液）

　　650mg 苯胺基硫甲醯基

　　100ml 蒸餾水

　　將水加入苯胺基硫甲醯基，煮至溶解。

Physiological saline （生理鹽水），見 saline solution （鹽水）

Ringer's solution (amphibian) （林格氏液，兩生類用）

　　0.14g 氯化鉀 （KCl）

　　6.50g 氯化鈉 （NaCl）

　　0.12g 氯化鈣 （CaCl$_2$）

　　0.1g 碳酸氫鈉 （NaHCO$_3$）

　　1000ml 蒸餾水

　　將上列各物溶於水中，充分混和，用來保存多眠青蛙的生理鹽
　　水，在每1000ml中應加入少許（30～50mg)四環黴素 （tetracy-
　　cline) 以防止菌類在蛙體表面生長。

Ringer's solution (mammalian) （林格氏液，哺乳類用）

　　0.42g KCl

　　9.0g NaCl

　　0.24 CaCl$_2$

　　0.20 NaHCO$_3$

1000ml 蒸餾水

將各種鹽類溶於水中，充分混和。

Safranin（番紅花紅）（沙黃）

10ml 番紅花紅（25％溶液、溶於 95％酒精中）

100ml 蒸餾水

Saline solution（鹽水）（氯化鈉）

2％　　2g 氯化鈉

加蒸餾水至 100ml

5％　　5g 氯化鈉

加蒸餾水至 100ml

10％　　10g 氯化鈉

加蒸餾水至 100ml

生理鹽水（0.9％）則使用 0.95g 氯化鈉溶於 100ml 蒸餾水。

飽和溶液則於 1000ml 蒸餾水中加入氯化鈉　360g。

Silver nitrate solution 1％（硝酸銀溶液 1％）

1g 硝酸銀（$AgNO_3$）

100ml 蒸餾水

Sodium deoxycholate solution（去氧膽酸鈉液）

1g 去氧膽酸鈉

60ml 蒸餾水

用力攪和，靜置 24 小時，過濾數次，貯於有螺旋蓋之滴瓶中。

Sodium hydroxide（NaOH）（氫氧化鈉）0.1M 或 0.1N

4g 氫氧化鈉

加蒸餾水使成 1 公升溶液

Starch 1 and 0.2％ solution（澱粉溶液 1 及0.2％）

1g 玉米粉（ cornstarch ）與 3ml 蒸餾水調勻成漿狀，加入

97ml 沸騰之蒸餾水，加熱 2 分鐘，邊煮邊攪拌，冷卻後備用。

0.2％澱粉液則使用 0.2g 玉米粉，其他則同上。

Steinburg's solution（石氏液）

> 3.4g NaCl
>
> 0.05g KCl
>
> 0.08g $Ca(NO_3)_2 \cdot 4H_2O$
>
> 0.20g $MgSO_4 \cdot 7H_2O$
>
> 0.56g Tris·HCl
>
> 1000ml 蒸餾水

用濃度爲 1N 的 HCl 4ml，將上液的 pH 測定至 7.4。稀釋液（10％ Steinburg's solution）卽爲上液稀釋十倍的液體。

Sudan Ⅳ（蘇丹Ⅳ）

> 0.7g 蘇丹Ⅳ
>
> 100ml 丙二醇或乙二醇（propylene or ethylene glycol）

將蘇丹 Ⅳ 溶於丙二醇或乙二醇中，加熱至 100°C，攪拌數分鐘，趁熱過濾，再冷却之。

Sucrose 1, 5, 8 and 16％ solutions（1，5，8 及16％蔗糖溶液）

> 1％　　1g 蔗糖
>
> 5％　　5g 蔗糖
>
> 8％　　8g 蔗糖
>
> 16％　　16g 蔗糖

加入蒸餾水，至體積爲 100ml。

Sugar solution（糖溶液），見有關之溶液如葡萄糖、蔗糖溶液。

Sulfuric acid 1N（硫酸1N）

> 2.8ml 濃硫酸（H_2SO_4）
>
> 97.2ml 水

將酸加入水中，加時要非常慢。

Thyroxin stock solution（甲狀腺素母液）

將 10mg 甲狀腺素結晶 (thyroxin crystalline) 溶於 5ml 1％ NaOH 中（因其僅溶於鹼性溶劑中）， 再加蒸餾水使總量為 1000ml，即配成十萬分之一甲狀腺素液 (1/100,000)，此種母液置冰箱中，可以長期保存。使用時即利用母液稀釋至所需濃度，例如若欲配每 1000ml 水中含 2μg 甲狀腺素，則可取母液 0.2ml 加水 1000ml 即得。

Yeast suspension（酵母菌懸液）

　　　　1g 蛋白腺 (peptone)

　　　　$\frac{1}{2}$包酵母粉

　　　　500ml 用蒸餾水稀釋之 5 ～10 ％糖漿 (molasses)

將酵母菌懸液在 25～30°C 下至少培養 12 小時。

附錄二　培養基及飼料的配置

一、細菌培養基

Agar, glucose（葡萄糖瓊脂）

瓊脂（洋菜，agar）	2g
葡萄糖-1-磷酸（glucose-1-phosphate）	0.5g
蒸餾水	100ml

混合煮沸直至出現粗泡沫,待稍冷卻,倒入消毒之試管中,置高壓蒸氣滅菌器(autoclave)中,或用壓力鍋在 15 磅壓力、121℃之溫度下滅菌 15 分鐘。

Agar, nonnutrient（非營養瓊脂）

瓊脂（agar）	15g
蒸餾水	1000ml

混合加熱至瓊脂溶解, 於 15 磅壓力下蒸氣滅菌 15 分鐘。

Agar, nutrient（營養瓊脂）

牛肉膏或牛肉粉（beef extract）	3g
蛋白腖（peptone）	5g
蒸餾水	1000ml

將蒸餾水加熱至熱燙但未沸騰, 將瓊脂溶入水中, 加入蛋白腖及牛肉腖（或牛肉粉）。倒入試管或其他容器, 用高壓蒸氣滅菌器或壓力鍋至 15 磅壓力（121℃）下消毒 15 分鐘。

Agar, potato dextrose（馬鈴薯右旋糖瓊脂）

馬鈴薯浸液（potato infusion）	350ml
右旋糖（dextrose）	1g
瓊脂（agar）	10g

製備馬鈴薯浸液，先將 100g 馬鈴薯去皮切片，在 350ml 蒸餾水中煮沸。用紗布過濾，加蒸餾水使保持原來之體積。將濾液加熱，加入右旋糖及瓊脂。製法與營養瓊脂相同，在消毒以前將混合物再過濾一次。

Agar, "soft" (semisolid) nutrient（軟性或半固體營養瓊脂）

氽酮 (tryptone)	10g
氯化鈉 (sodium chloride, NaCl)	5g
瓊脂 (agar)	6g
蒸餾水	1000ml

製備方法同營養瓊脂。倒3ml 至小試管中，加塞並高壓蒸氣滅菌。半固體瓊脂有多種不同的，但皆含瓊脂 5～7g 而非15g。瓊脂乃用以培養噬菌體。

Agar, starch（澱粉瓊脂）

澱粉 (powered starch)	10g
瓊脂 (agar)	10g
蒸餾水	980ml

使用前混和並加壓滅菌。

Broth, nutrient (beef broth)（營養肉湯）

利用營養瓊脂之配方，但剔除瓊脂。將牛肉粉或牛肉膏與蛋白腖溶於水中，置於欲使用之容器內，滅菌方法亦同營養瓊脂所使用者。

Potato sucrose medium (PS medium)（馬鈴薯蔗糖培養基）

馬鈴薯	1 個，重約 200g，去皮切成塊，加水煮沸 5 分鐘，用多層紗布過濾
蔗糖 (sucrose)	15g
蛋白腖 (peptone)	5g
硝酸鈣（含 4 分子水）$Ca(NO_3)_2 \cdot 4H_2O$	0.5g

　　　磷酸氫二鈉（含 12 分子水）

　　　加水至 1000ml

二、果蠅培養基

　　果蠅培養基有數種，均易配置。常用者有玉米培養基及香蕉培養基，玉米培養基較爲乾燥，但營養不及香蕉培養基；香蕉培養基常出水，易於長黴。購置洋菜時應選擇容易煮爛的，酵母菌可購市上用以醱麵的醱粉。培養基的配置方法如下表：

玉米培養基配置法

材　　　　　料	用　　　量	步　　　　　　　驟
①洋菜	18 g	將洋菜置 875ml 水中煮沸至全
②水	875 ml	部溶解，加入蜂蜜再煮沸。將④
③蜂蜜	125 ml	的各種材料調勻後，徐徐加入洋
④玉米粉	66 g	菜溶液內，並一邊攪拌。煮沸 5
水	125 ml	～10分鐘，離火，再加入防腐劑
酵母菌	15 g	丙酸卽成；分裝於培養瓶中。
⑤丙酸（propionic acid）	2—3 ml	

香蕉培養基配置法

材　　　　　料	用　　　量	步　　　　　　　驟
①洋菜	23 g	將洋菜置 750ml 水中煮沸至全
②水	75 ml	部溶解；將③的各種材料置果汁
③香蕉	750 g（去皮淨重）	機或研缽內打碎，加入洋菜溶液
酵母菌	15 g	內，再煮沸 5～10分鐘，離火，
水	少許	加入防腐劑丙酸卽成；分裝於培
④丙酸（propionic acid）	2—3 ml	養瓶中。

【注意】煮好的培養基趁熱倒入燒杯中，迅速分裝於培養瓶內。若爲管瓶，培養基厚約 2.5 公分，若爲大型如牛奶瓶則厚約 3 公分。

三、蝌蚪飼料的配置

材料：（A）
- 魚　粉39％
- 米　糠23％
- 酵母粉20％
- 豆餅（磨成粉）6％
- 綜合維他命2％
- 洋菜（剪成小段）10％

（B）

（C）
- 抗生素 (antibiotic) (tetracyclin) 1g/1000g（A）
- 磺胺藥物 (sulfa drug) (sinomin) 1g/1000g（A）

（D）　水：以（B）項的量作為全量的30％，水則佔全量的70％，故以（B）項除以30％再乘以70％即為水量。

〔注意〕：各種材料分開放置。

配法：

1. 先將（C）項中的兩種藥物混合均勻。

2. 將（A）項中的各種材料分別與（C）項已拌勻的藥物混合。注意：藥物必須與其他材料混合均勻，以防抗生素或磺胺藥物因攪拌不勻而導致蝌蚪死亡。混合方法為：先從（A）項中取量最少的維他命與（C）項的藥物混勻，再逐次依量的多少為序，分別與豆餅粉、酵母粉、米糠、魚粉等混合。混合時，先從（A）項中取與（B）項中藥物等量的維他命，將之與（C）項的藥物混合均勻，再漸漸加入剩餘的維他命，充分混合。其次將此混合物與等量之豆餅粉拌勻，再漸漸加入剩餘的豆餅粉。依此類推，直至（A）項中的各物全部與藥物混合均勻。

3. 藥物與（A）項中的各物混勻後，最好再用攪拌器將之攪拌，以確保藥物均勻分散於飼料中。

4. 鍋中盛水煮沸，將已剪成一吋長短之洋菜倒入水中煮，待洋菜溶解即熄火，將混有藥物的飼料放入，迅速拌勻。

5. 盤內鋪以濕紙，將煮好的飼料趁熱倒入盤內。 刮平， 約0.5公分厚，冷卻。

6. 冷卻後， 切成約一公分見方的小塊， 裝於塑膠袋中， 儲於 －20°C 的冰櫃中。

另用菠菜飼養蝌蚪亦可，製法如下：

　　　將菠菜去梗取其葉， 洗淨， 泡水數小時。鍋中盛水煮沸，放入菠菜葉， 略煮， 取出， 切碎， 放塑膠袋內， 置冰櫃中。餵食時， 十隻蝌蚪， 每次約半葉菠葉， 但可視情況略加增減。亦可用嬰兒食用的罐裝菠菜。

中 西 名 詞 索 引

六 劃

七　　劃

十　　劃

十 二 劃

十 四 劃

十 七 劃

三民大專用書書目

— 1 —

| 強制執行法 | 陳 榮 宗 | 著 | 臺 灣 大 學 |
| 法院組織法論 | 管 歐 | 著 | 東 吳 大 學 |

政治·外交

政治學	薩 孟 武	著	前臺灣大學
政治學	鄒 文 海	著	前 政 治 大 學
政治學	曹 伯 森	著	陸 軍 官 校
政治學	呂 亞 力	著	臺 灣 大 學
政治學概要	張 金 鑑	著	政 治 大 學
政治學方法論	呂 亞 力	著	臺 灣 大 學
政治理論與研究方法	易 君 博	著	政 治 大 學
公共政策概論	朱 志 宏	著	臺 灣 大 學
公共政策	曹 俊 漢	著	臺 灣 大 學
公共政策	朱 志 宏	著	臺 灣 大 學
公共關係	王 德 馨 等	著	交 通 大 學
中國社會政治史㈠～㈣	薩 孟 武	著	前臺灣大學
中國政治思想史	薩 孟 武	著	前臺灣大學
中國政治思想史（上）（中）（下）	張 金 鑑	著	政 治 大 學
西洋政治思想史	張 金 鑑	著	政 治 大 學
西洋政治思想史	薩 孟 武	著	前臺灣大學
中國政治制度史	張 金 鑑	著	政 治 大 學
比較主義	張 亞 澐	著	政 治 大 學
比較監察制度	陶 百 川	著	國 策 顧 問
歐洲各國政府	張 金 鑑	著	政 治 大 學
美國政府	張 金 鑑	著	政 治 大 學
地方自治概要	管 歐	著	東 吳 大 學
國際關係——理論與實踐	朱張碧珠	著	臺 灣 大 學
中美早期外交史	李 定 一	著	政 治 大 學
現代西洋外交史	楊 逢 泰	著	政 治 大 學

行政·管理

行政學（增訂版）	張 潤 書	著	政 治 大 學
行政學	左 潞 生	著	中 興 大 學
行政學新論	張 金 鑑	著	政 治 大 學

— 4 —

系統分析　　　　　　　　　　陳　進　著　　前聖瑪麗大學

社　會

書名	作者	學歷／現職
社會學	蔡文輝 著	印第安那大學
社會學	龍冠海 著	前臺灣大學
社會學	張華葆 主編	東海大學
社會學理論	蔡文輝 著	印第安那大學
社會學理論	陳秉璋 著	政治大學
社會心理學	劉安彥 著	傑克遜州立大學
社會心理學	張華葆 著	東海大學
社會心理學	趙淑賢 著	柏克萊校區
社會心理學理論	張華葆 著	東海大學
政治社會學	陳秉璋 著	政治大學
醫療社會學	廖榮利 等著	臺灣大學
組織社會學	張苙雲 著	臺灣大學
人口遷移	廖正宏 著	臺灣大學
社區原理	蔡宏進 著	臺灣大學
人口教育	孫得雄 編著	東海大學
社會階層化與社會流動	許嘉猷 著	臺灣大學
社會階層	張華葆 著	東海大學
西洋社會思想史	張承漢 等著	臺灣大學
中國社會思想史（上）（下）	張承漢 著	臺灣大學
社會變遷	蔡文輝 著	印第安那大學
社會政策與社會行政	陳國鈞 著	中興大學
社會福利行政（修訂版）	白秀雄 著	臺灣大學
社會工作	白秀雄 著	臺灣大學
社會工作管理	廖榮利 著	臺灣大學
團體工作：理論與技術	林萬億 著	臺灣大學
都市社會學理論與應用	龍冠海 著	前臺灣大學
社會科學概論	薩孟武 著	前臺灣大學
文化人類學	陳國鈞 著	中興大學

書名	著者		機構
中國現代教育史	鄭世興	著	臺灣師大大
中國大學教育發展史	伍振鷟	著	臺灣師大大
中國職業教育發展史	周談輝	著	臺灣師大大
社會教育新論	李建興	著	臺灣師大大
中國社會教育發展史	李建興	著	臺灣師大大
中國國民教育發展史	司琦	著	政治大學
中國體育發展史	吳文忠	著	臺灣師大
如何寫學術論文	宋楚瑜	著	臺灣大學
論文寫作研究	段家鋒	等著	政戰學校等

心理學

書名	著者		機構
心理學	劉安彥	著	傑克遜州立大學等
心理學	張春興	等著	臺灣師大等
人事心理學	黃天中	著	淡江大學
人事心理學	傅肅良	著	中興大學

經濟・財政

書名	著者		機構
西洋經濟思想史	林鐘雄	著	臺灣大學
歐洲經濟發展史	林鐘雄	著	臺灣大學
比較經濟制度	孫殿柏	著	政治大學
經濟學原理（增訂新版）	歐陽勛	著	政治大學
經濟學導論	徐育珠	著	南康涅狄克州立大學
經濟學概要	歐陽勛	等著	政治大學
通俗經濟講話	邢慕寰	著	前香港大學
經濟學（增訂版）	陸民仁	著	政治大學
經濟學概論	陸民仁	著	政治大學
國際經濟學	白俊男	著	東吳大學
國際經濟學	黃智輝	著	東吳大學
個體經濟學	劉盛男	著	臺北商專
總體經濟分析	趙鳳培	著	政治大學
總體經濟學	鐘甦生	著	西雅圖銀行
總體經濟學	張慶輝	著	政治大學
總體經濟理論	孫震	著	臺灣大

國際貿易理論與政策（修訂版）	歐陽勛等編著	政 治 大 學
國際貿易政策概論	余 德 培 著	東 吳 大 學
國際貿易論	李 厚 高 著	逢 甲 大 學
國際商品買賣契約法	鄧 越 今 編著	外 貿 協 會
國際貿易法概要	于 政 長 著	東 吳 大 學
國際貿易法	張 錦 源 著	政 治 大 學
外匯投資理財與風險	李 麗 著	中 央 銀 行
外匯、貿易辭典	于政長 編著 張錦源 校訂	東 吳 大 學 政 治 大 學
貿易實務辭典	張 錦 源 編著	政 治 大 學
貿易貨物保險（修訂版）	周 詠 棠 著	中 央 信 託 局
貿易慣例	張 錦 源 著	政 治 大 學
國際匯兌	林 邦 充 著	政 治 大 學
國際行銷管理	許 士 軍 著	新 加 坡 大 學
國際行銷	郭 崑 謨 著	中 興 大 學
行銷管理	郭 崑 謨 著	中 興 大 學
海關實務（修訂版）	張 俊 雄 著	淡 江 大 學
美國之外匯市場	于 政 長 譯	東 吳 大 學
保險學（增訂版）	湯 俊 湘 著	中 興 大 學
人壽保險學（增訂版）	宋 明 哲 著	德 明 商 專
人壽保險的理論與實務	陳 雲 中 編著	臺 灣 大 學
火災保險及海上保險	吳 榮 清 著	文 化 大 學
市場學	王 德 馨 等著	中 興 大 學
行銷學	江 顯 新 著	中 興 大 學
投資學	龔 平 邦 著	前 逢 甲 大 學
投資學	白 俊 男 等著	東 吳 大 學
海外投資的知識	葉 雲 鎮 等譯	
國際投資之技術移轉	鍾 瑞 江 著	東 吳 大 學

會計・統計・審計

銀行會計（上）（下）	李 兆 萱 等著	臺灣大學等
初級會計學（上）（下）	洪 國 賜 著	淡 水 工 商
中級會計學（上）（下）	洪 國 賜 著	淡 水 工 商
中等會計（上）（下）	薛 光 圻 等著	西東大學等

機率導論	戴久永	著	交通大學

新　　聞

傳播研究方法總論	楊孝濚	著	東吳大學
傳播研究調查法	蘇衡	著	輔仁大學
傳播原理	方蘭生	著	文化大學
行銷傳播學	羅文坤	著	政治大學
國際傳播	李瞻	著	政治大學
國際傳播與科技	彭芸	著	政治大學
廣播與電視	何貽謀	著	輔仁大學
廣播原理與製作	于洪海	著	中廣
電影原理與製作	梅長齡	著	前文化大學
新聞學與大眾傳播學	鄭貞銘	著	文化大學
新聞採訪與編輯	鄭貞銘	著	文化大學
新聞編輯學	徐旭	著	新生報
採訪寫作	歐陽醇	著	臺灣師大
評論寫作	程之行	著	紐約日報
新聞英文寫作	朱耀龍	著	前文化大學
小型報刊實務	彭家發	著	政治大學
廣告學	顏伯勤	著	輔仁大學
媒介實務	趙俊邁	著	東吳大學
中國新聞傳播史	賴光臨	著	政治大學
中國新聞史	曾虛白	主編	
世界新聞史	李瞻	著	政治大學
新聞學	李瞻	著	政治大學
新聞採訪學	李瞻	著	政治大學
新聞道德	李瞻	著	政治大學
電視制度	李瞻	著	政治大學
電視新聞	張勤	著	中視文化公司
電視與觀眾	曠湘霞	著	政治大學
大眾傳播理論	李金銓	著	明尼西達大學
大眾傳播新論	李茂政	著	政治大學

大眾傳播與社會變遷	陳世敏	著	政治大學
組織傳播	鄭瑞城	著	政治大學
政治傳播學	祝基瀅	著	政治大學
文化與傳播	汪琪	著	政治大學

歷史・地理

中國通史（上）（下）	林瑞翰	著	臺灣大學
中國現代史	李守孔	著	臺灣大學
中國近代史	李守孔	著	臺灣大學
中國近代史	李雲漢	著	政治大學
中國近代史（簡史）	李雲漢	著	政治大學
中國近代史	古鴻廷	著	東海大學
隋唐史	王壽南	著	政治大學
明清史	陳捷先	著	臺灣大學
黃河文明之光	姚大中	著	東吳大學
古代北西中國	姚大中	著	東吳大學
南方的奮起	姚大中	著	東吳大學
中國世界的全盛	姚大中	著	東吳大學
近代中國的成立	姚大中	著	東吳大學
西洋現代史	李邁先	著	臺灣大學
東歐諸國史	李邁先	著	臺灣大學
英國史綱	許介鱗	著	臺灣大學
印度史	吳俊才	著	政治大學
日本史	林明德	著	臺灣師大
日本現代史	許介鱗	著	臺灣師大
近代中日關係史	林明德	著	臺灣師大
美洲地理	林鈞祥	著	臺灣師大
非洲地理	劉鴻喜	著	臺灣師大
自然地理學	劉鴻喜	著	臺灣師大
地形學綱要	劉鴻喜	著	臺灣師大
聚落地理學	胡振洲	著	中興大學
海事地理學	胡振洲	著	中興大學
經濟地理	陳伯中	著	前臺灣大學
都市地理學	陳伯中	著	前臺灣大學